冶金安全防护与规程

刘淑萍　张淑会　吕朝霞　吴　培　编著

U0315661

北　京
冶金工业出版社
2021

内 容 提 要

本书共有 8 章,主要内容包括焦化、烧结、炼铁、炼钢、轧钢、动能部及质检等主要钢铁生产工序中的工作安全防护与规程,并结合目前生产中出现的常见事故及案例分析提出防护措施,同时书中还介绍了钢铁企业现行实用的主要岗位安全规程。

本书可作为大、中、小型钢铁厂矿的工人、技术员以及管理人员用书和职业培训用书,也可作为高等院校、高等职业技术院校冶金工程系的学习、参考用书和研究生用书。

图书在版编目(CIP)数据

冶金安全防护与规程/刘淑萍等编著.—北京:冶金工业出版社,2012.3(2021.8 重印)
ISBN 978-7-5024-5871-3

Ⅰ.①冶… Ⅱ.①刘… Ⅲ.①冶金工业—安全规程
Ⅳ.①TF088-65

中国版本图书馆 CIP 数据核字(2012)第 022794 号

出 版 人 苏长永
地 址 北京市东城区嵩祝院北巷 39 号 邮编 100009 电话 (010)64027926
网 址 www.cnmip.com.cn 电子信箱 yjcbs@cnmip.com.cn
责任编辑 徐银河 杨盈园 美术编辑 彭子赫 版式设计 孙跃红
责任校对 禹 蕊 责任印制 禹 蕊
ISBN 978-7-5024-5871-3

冶金工业出版社出版发行;各地新华书店经销;北京虎彩文化传播有限公司印刷
2012 年 3 月第 1 版,2021 年 8 月第 2 次印刷
710mm×1000mm 1/16;14.75 印张;286 千字;224 页
39.00 元

冶金工业出版社 投稿电话 (010)64027932 投稿信箱 tougao@cnmip.com.cn
冶金工业出版社营销中心 电话 (010)64044283 传真 (010)64027893
冶金工业出版社天猫旗舰店 yjgycbs.tmall.com

(本书如有印装质量问题,本社营销中心负责退换)

前　　言

　　本书是根据现阶段冶金企业的不断发展壮大，从事钢铁冶金的工作人员剧增，冶金生产安全普及的需要而编著的。操作工人、技术人员和管理人员都必须具备冶金安全知识，同时冶金工程、热能与动力工程、金属材料工程和冶金分析专业的学生也应具备安全方面的基础知识，所以冶金安全的学习具有重要的现实意义。

　　本书结合目前钢铁冶金各工段生产中出现的常见事故及案例分析，提出防护措施，并汇集了钢铁企业现行的、实用的、主要的岗位安全规程。作者结合多年的教学和参与社会实际工作的经验以及现代冶金工程技术，在书中汇集了大、中、小型钢铁厂的岗位安全规程，使本书体现时效性、案例性的特点。书中内容简洁、明了、容易快速地学习掌握。

　　根据钢铁企业安全特点，在内容体系上紧密结合生产实际，重点阐述了焦化、烧结、炼铁、炼钢、轧钢、动能部及质检各工段的生产基本工艺和安全生产的特点；围绕各工段安全生产过程中出现的常见事故，针对性地将最新发生的典型、有代表性的案例融入内容中，将典型钢铁企业2011年以来实际执行的各工段安全防护知识、各工段生产中的岗位安全规程和交接班制度较为全面地进行了介绍。警示人们应具有安全生产和保护生命的必要思想意识，注重培养在岗工作人员及学生独立思考和灵活运用安全方面知识技能的能力，也给企业质检技术人员在安全理论上有所引导，以指导、解决实际工作中遇到的安全问题。

　　本书由河北联合大学刘淑萍教授负责，张淑会副教授根据专业特色做了大量搜集知识题材并整理的工作，唐山钢铁集团公司吴培高级工程师提供了相应的企业安全规程规范，吕朝霞讲师做了搜集知识题材，组织编写工作。

　　限于作者水平，书中如果存在不妥之处，欢迎读者批评指正。

作　者

2011 年 10 月

目　　录

1 安全生产概论

1.1 冶金安全生产的重要性

冶金工业包括钢铁工业和有色金属工业。前者包括铁、钢和铁合金的工业生产，后者包括其余各种金属的工业生产。钢铁是现代工业中应用最广、使用量最大的金属材料。钢铁工业是国家的基础材料工业，还为其他制造业（如机械制造、交通运输、军工、能源、航空航天等）提供主要的原材料，也为建筑业及民用品生产提供基础材料。可以说，一个国家钢铁工业的发展状况间接反映其国民经济发达的程度。钢铁工业的发展水平主要体现在钢铁生产总量、品种、质量、单位能耗和排放、经济效益和劳动生产率等方面。在一个国家的工业化发展进程中，都必须拥有相当发达的钢铁工业作为支撑。

1.1.1 冶金工业生产的特点

现代冶金企业是一个复杂的、相互联系的生产整体——包括基本和辅助车间及工段、附属部门和副产品部门等，生产过程兼有连续和断续的性质，它既有别于石油、化工的连续生产过程，也有别于机械行业的离散制造过程。冶金工业生产的特点有以下几个方面：

（1）冶金工业生产过程具有环节多、工序多、工艺复杂的特点。其中，钢铁工业生产是一项系统工程，生产基本流程如图1-1所示。

钢铁工业需要稳定的原材料供应，包括铁矿石、煤、焦炭、耐火材料、石灰石和废钢等。现代钢铁生产过程是将铁矿石在高炉内冶炼成铁水，铁水经转炉或电弧炉炼成钢，再将钢水铸成钢锭或连铸坯，经轧制等金属变形方法加工成各种用途的钢材。具有上述全过程生产设备的企业，成为钢铁联合企业。钢铁联合企业的正常运转，除包括铁前系统、炼铁厂、炼钢厂和轧钢厂主体工序外，还需要其他辅助行业为它服务，这些辅助行业包括耐火材料和石灰生产、机修、动力、制氧、供水供电、质量检测、通信、交通运输和环保等等。由此可见，钢铁生产是一个复杂而庞大的生产体系。企业规模越大，联合生产的程度越高，企业内部的单位就越多，单位之间的分工就越细。从安全生产的角度来看，这一特点反映了冶金企业安全生产的复杂性和艰巨性。

（2）冶金企业的生产过程既有连续的，又有间断的。例如：高炉生产不能

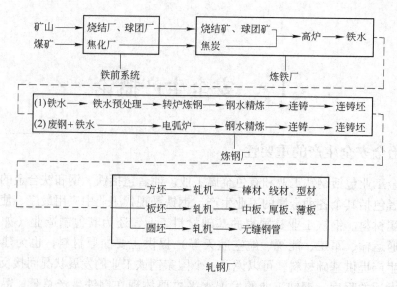

图 1 - 1　钢铁生产基本流程

停顿，炼钢炉在冶炼过程中不能中途停止，钢材在轧制过程中不允许中断。而高炉铁水送往炼钢厂炼钢，钢水必须浇铸成钢锭或连铸坯，才能送到轧钢厂轧制加工（热装钢锭除外），中间也有冷却过程。在轧制过程中，钢材从一个机架转移到另一个机架等等，则是间断生产过程。如何把这些间隙时间减小到最低程度，以提高生产速度，是冶金企业提高生产效率的重要途径，而主体设备生产的快速化，又会带动各种辅助工作和检测手段的快速化。这就表明，冶金企业生产过程是连续与不连续的结合，以连续化、快速化为发展目标，具有节奏快、连续性强的特点。从安全的角度来看，这个特点决定了冶金企业安全管理适应市场变革的艰巨性。一个企业生产效率的高低和经济效益的好坏，除了取决于技术装备水平以外，还取决于管理水平。而安全管理作为企业管理的一个重要组成部分，规章制度、条例、规程的科学性和执行制度的严肃性，与企业的生产息息相关。

（3）冶金企业属于"资本密集型"企业，即它需要数量庞大且种类繁多的生产设备。冶金生产过程有的是以化学反应为主，有的则是以物理变形为主；其物质手段有的以机电设备为主，有的则以容器和场地为主。技术越先进，各类设备在固定资产中所占的比例就越高。例如，一个年产 300 万吨钢的热连轧厂，其设备总质量达 55000 多吨，电动机总容量约为 17 万千瓦。由此可见，冶金生产过程具有设备大型化、机械化程度高的特点。从安全生产的角度看，冶金生产过程这一特点要求冶金工业的安全技术必须具有多样性，它不仅需要各种安全装置和防护设施，而且必须始终保持有效和可靠，为保障操作人员的人身安全创造物质条件。

（4）冶金企业的作业方式综合性很强，其主要加工作业和关键工序都不是由单体操作能独立完成的，而是必须由人数不等的群体密切配合，对一定的劳动对象进行连续作业。这一特点决定了冶金企业的作业人员都应在事事有章可循的前提下，做到人人有章可循。违反规程、违章操作都将造成伤及自身或他人的严重后果。据上海市有关部门统计，冶金企业中因操作不当而发生的人身事故中，危及他人所占的比例，在死亡事故中占1/3左右，在重伤事故中占40%以上。可见，冶金工人自觉提高安全责任感，坚持安全操作是十分重要的。

1.1.2 安全问题

冶金行业安全生产的特点与其生产工艺密切相关。冶金生产过程具有工艺复杂、流程长、重大危险源点多面广、设备连续作业等特点。其中，既有工艺所决定的高动能、高势能、高热能危险，又有化工生产的有毒有害物质，又有易燃易爆等其他危险，尤其是冶炼生产过程中采用的各类高温炉窑，产生的高温高能铁水、钢水及煤气等，一旦发生事故，可能造成灾难性的后果。

冶金生产高温冶炼过程中产出的铁水、钢水危险性极大。铁水喷溅易造成灼烫事故。图1-2所示为扬州一冶金厂发生的钢水喷溅事故。一旦由于罐体倾翻、泼溅、炉体烧穿导致铁水、钢水遇水爆炸，就可能造成大量人员伤亡和重大经济损失。图1-3所示为宁夏吉元冶金厂发生的熔融硅铁遇水爆炸事故。

图1-2　钢水喷溅事故　　　　　　图1-3　熔融硅铁遇水爆炸事故

各种工业气体使用量大，危险性较大。冶金工业大量使用煤气做燃料，煤气来源多，包括焦炉、高炉、转炉煤气等。使用场所多，如炼铁、炼钢、轧钢以及其他辅助生产都要用到煤气做燃料；煤气输送管网及设备复杂，对主体生产系统影响大，一旦失控立即影响到主体生产系统；煤气还极易造成中毒窒息、爆炸事故而导致大量人员伤亡。氧气是冶金工业重要的氧化剂，用量大，也极易发生爆炸事故。氮气易发生窒息事故。图 1 - 4 所示为国家安全生产监督管理总局通报的河北遵化"12·24"重大煤气泄漏事故。

冶金企业大量使用起重机械、压力容器和压力管道等特种设备，危险性大。起重机械负荷大，吊运高温物体，作业环境恶劣，可能发生起重事故，一旦发生铁水罐、钢水罐倾翻事故，后果十分严重，图 1 - 5 和表 1 - 1 分别为某单位 166 起桥式起重机事故类别主次图和某单位起重机事故分布表。压力容器和压力管道内的介质通常为高温、高压、有毒有害物质，运行线路长，检测、维护困难。

图 1 - 4 遵化"12·24"重大
煤气泄漏事故

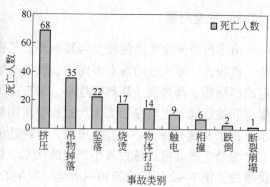

图 1 - 5 某单位 166 起桥式
起重机事故类别主次

表 1 - 1 某单位起重机事故分布

事故类别 / 受害对象	吊物砸挤	高处坠落	触电	物体打击	机械绞辗	堆物倒塌	火灾灼烫	房屋倒塌
驾驶员		▲	▲	▲				
绑扎、挂钩工	▲	▲	▲	▲		▲	▲	▲
检修人员		▲	▲	▲	▲		▲	▲
地面生产人员	▲			▲		▲	▲	▲
过往人员	▲			▲				
事故地点	地面	吊车上、轨道	驾驶室、滑线	地面	吊车口、轨道	地面	驾驶室	厂房

注：▲表示有事故

冶金生产设备大型化、机械化、自动化程度较高，高温作业、煤气作业岗位多。作业时经常涉及高空、高温、高速运动机械、易燃易爆、有毒气体泄漏、腐蚀等危险状况，作业空间狭窄，立体交叉作业，容易发生中毒窒息、火灾爆炸、灼伤、高空坠落、触电、起重伤害和机械伤害等事故。

冶金企业粉尘、噪声、高温、有毒有害等职业危害严重，治理困难。在一些老企业，职业病患病人数超过了工亡人数。尤其是焦化厂和炼铁厂，作业条件十分恶劣。随着自动化水平的不断提高，单调作业引起疲劳等问题，影响越来越大。

主体生产对辅助系统的依赖程度很高，一旦出现紧急状况，处置不当极易引发重特大事故。

冶金生产系统可能会受到某些自然条件的制约。如地震区冶金企业曾因大地震造成人员重大伤亡和财产重大损失。沿海冶金企业也曾因地基不均匀沉降拉裂煤气管网，导致煤气泄漏等。

目前，我国冶金企业在炼铁生产中大量喷吹烟煤粉以替代冶金焦炭，烟煤粉具有较强的爆炸危险性。

冶金企业生产工艺复杂、危险因素多，造成伤亡事故的原因多种多样。据调查表明，机械伤害、起重伤害与物体打击等事故发生频率较高，死亡人数位于各类事故的前3名。近年来，行业扩张迅速，企业装备与管理水平参差不齐，这也是导致安全问题的一个主要原因之一。冶金企业主要分为国有中央企业、国有地方骨干企业、民营企业和股份制企业等几种类型。其中，国有中央和国有地方骨干企业生产设备的本质安全度高，管理者和员工的安全生产意识较好，安全生产管理制度健全；民营企业和股份制企业情况较复杂，部分企业安全生产责任制极不健全，安全生产规章制度缺项多，甚至无安全管理机构和专职安全管理人员等。

1.1.3　安全生产的重要性

安全是企业的基础，是正常生产的前提，更是企业生存的命脉。作为冶金行业，安全工作尤其重要。冶金工业是我国国民经济的重要基础产业，经过多年的建设，已形成了由矿山、烧结、焦化、炼铁、炼钢、轧钢以及相应配套专业和辅助工艺等构成的完整工业体系。近10年来，我国冶金行业的建设和发展取得了举世瞩目的成就，为国民经济建设做出了重要贡献。我国钢铁产量已连续10年居世界第一，近年来发展尤其迅速，1996年突破1亿吨，2003年突破2亿吨，2006年突破4亿吨。到2009年底和2010年底，我国粗钢的产能分别达到了7.18亿吨和7.7亿吨。钢铁企业在国民经济中发挥着重要的作用，其安全稳定的运转则是保证钢铁企业不断发展的必然要求。安全是企业之本，企业的良好运营不仅依托雄厚的经济实力，更有赖于企业的安全生产。

钢铁企业的安全生产是促进钢铁行业生产力水平长足发展的必然要求。作为企业中流砥柱的劳动者正是生产力中最活跃、最重要的因素。钢铁企业的安全生产可以有效地减少伤亡事故的发生，使人们在劳动中所结成的生产关系更加稳固,从而促进生产力的发展。但目前钢铁企业的安全生产形势并不乐观,较大事故时有发生。例如,2005年2月9日,山西召欣冶金有限公司高炉出铁口烧穿,死亡10人;10月26日,首钢煤气泄漏,死亡9人。2006年1月6日,首钢水钢制氧厂空分塔珠光砂喷溅淹埋7人。2007年4月,重庆市武陵县建渝钢铁公司钢水包脱落,1人遇难。2009年12月6日,新余钢铁公司焦化厂2号干熄焦的旋转密封阀出现故障,死亡4人、受伤1人。2011年6月11日,江苏省常州市中岳铸造厂在维修冲天炉除尘装置时发生煤气中毒事故,死亡6人、受伤1人。可见,安全生产一直是钢铁企业关系生命安全的首要问题。钢铁企业安全生产,可以使职工在相对安全的工作环境中从事生产作业,减少职工对自身安全的后顾之忧,全身心投入到生产中,提高劳动生产率,为企业创造更多的效益,使企业在竞争中不断地发展壮大。

1.2 冶金企业的安全管理

1.2.1 安全生产的基本任务

安全生产的任务,就是通过采取安全技术、安全培训和安全管理等手段,防止和减少安全生产事故,从而保障人民群众生命安全、保护国家财产不受损失,促进社会经济持续健康发展。

1.2.2 安全生产管理措施与制度

为贯彻落实《安全生产法》及其他安全标准,有效地保障职工在生产过程中的安全健康,保障企业财产不受损失而制定了安全管理规章制度。企业最基本的安全管理制度包括以下内容。

1.2.2.1 安全生产责任制

安全生产责任制是按照"安全第一,预防为主,综合治理"的方针和"管理生产必须管安全"的原则,明确规定企业各级负责人员(厂、车间、班组)、各职能部门及其工作人员和各岗位生产工人在安全生产方面的职责。《安全生产法》规定生产企业必须建立、健全安全生产责任制。安全生产责任制是生产经营单位最基本的安全管理制度,是各项安全生产规章制度的核心。有了安全生产责任制,就能做到每项工作、每个岗位的安全生产任务都有人负责。这样安全生产工作才能做到事事有人管、层层有专责、人人管安全,使广大职工在各级负责人的领导下,分工协作,共同努力,认真负责地做好保护职工的安全和健康的各项工作。

安全生产责任制的内容概括地讲,就是规定了各级领导、各职能部门和每个职工在职责范围和生产岗位上对安全生产所承担的责任。主要要求有:

（1）厂长是本单位安全生产的第一责任人，对安全生产工作全面负责。分管负责人协助主要负责人做好分管职责范围内的安全生产工作。技术负责人对本单位的安全技术工作负责。车间主任对本单位的安全生产工作负责。岗位人员对本岗位的安全生产负直接责任。

（2）班组是搞好安全生产工作的关键，班组长是班组安全生产工作的关键，其主要职责是督促本班组人员遵守有关安全生产规章制度和操作规程，不"双违"。

（3）企业各职能机构对职责范围内的安全生产工作负责。

1.2.2.2 安全检查制度

安全检查是消除隐患、防止事故、改善劳动条件的重要手段。通过安全检查可以及时发现生产过程中存在的隐患、人员违章和管理的欠缺，做到及时纠正、整改，保障安全生产。

安全检查的类别有：日常性检查即由安全管理人员和车间、班组进行的日查、周查和月查。这种检查可以随时发现问题，及时整改，及时反馈，是最基本的安全检查。还有各级管理部门开展的定期检查，职能部门开展的专业性检查，以及季节性检查和节假日前后进行的检查等。

班组是基层管理的关键，班组安全检查的主要内容有：

（1）查现场安全管理：查现场有无脏、乱、差的现象；查职工"两穿两戴"情况，以及有无违章违制现象发生；查现场薄弱环节及重点部位的安全措施。

（2）查安全生产责任制的落实。

（3）查安全基础工作：职工安全意识，班组安全自主管理，安全教育，安全活动等。

（4）查现场设施设备（含消防器材）的安全状态，各级危险源点受控情况等。

（5）查事故隐患，跟踪检查隐患整改的"四定"落实情况。

（6）查违章违制，各类事故的分析、登记、处理情况。

1.2.2.3 安全教育培训制度

对工人进行安全教育培训是提高职工安全生产素质和技能的重要手段，《安全生产法》第二十一条规定：生产经营单位应当对从业人员进行安全生产教育和培训，保证从业人员具备必要的安全生产知识，熟悉有关的安全生产规章制度和安全生产操作规程，掌握本岗位的安全操作技能，未经安全生产教育和培训合格的从业人员不得上岗作业。电工、焊割工、锅炉工、起重工、专用机动车司机等特种作业人员必须经过培训考核，取得特种作业人员操作证以后，才能从事相

应工种的工作。培训制度有:

（1）企业实行"三级"（企业、车间、班组）安全教育培训。企业的培训由安全生产管理部门组织实施，车间的培训由各车间的主要负责人组织实施，班组的培训由各班组长负责组织实施。

（2）培训计划的制定。根据企业制定的年度培训计划，由安全生产管理部门负责制定半年、季度、月培训计划，各车间、班组制定相应的培训计划。

（3）培训的原则。本着"要精、要管用"的原则，培训应有针对性和实效性。

（4）培训的内容。主要有安全生产的法律法规、基本知识、管理制度、操作规程、操作技能及事故案例分析等。企业培训以安全生产的法律法规、方针政策、规范和企业的规章制度为主；车间、班组培训以安全操作规程、劳动纪律、岗位职责、工艺流程、事故案例剖析等为主；特种作业人员培训以特种设备的操作规程、特种作业人员的安全知识为主；重大危险源的相关人员培训以危险源的危险因素、现实情况、可能发生的事故、注意事项为主。

（5）培训的形式。学习可采取灵活多样的培训形式，如课堂学习、实地参观、实际演练、安全技能比赛、看录像、研讨交流、现场示范等。

（6）培训的学时要求。根据各单位生产规模要求及生产人员的水平层次来确定培训学时。

（7）新技术、新工艺、新设备、新材料在使用前及新从业人员和转岗人员在上岗前须进行安全教育培训。新从业人员须经"三级"安全教育培训后方可上岗。特种作业人员必须参加有关部门培训取得《特种作业人员操作证》，做到持证上岗。

（8）建立培训档案，实行登记存档制度。要建立培训台账、培训计划、培训名单、课程表等有关资料存入培训档案。

1.2.2.4　安全考核奖惩制度

安全考核奖惩制度是企业安全管理制度的重要组成部分，是安全工作"计划、布置、检查、总结、评比"原则的具体落实和延伸。通过对企业内各单位的安全工作进行全面的总结评比，奖励先进，惩处落后，充分调动职工遵章守纪的积极性，变"要我安全"为"我要安全"，主动搞好安全工作。具体包括以下几个方面:

（1）各部门必须将生产安全和消防安全工作放在首位，列入日常安全检查、考核、评比内容。

（2）对在生产安全和消防安全工作中成绩突出的个人给予表彰、奖励，坚持"遵章必奖，违章必罚，责利挂钩，奖罚到人"的原则。

（3）对未依法履行生产安全、消防安全职责，违反单位生产安全、消防安全制度的行为，按照有关规定追究安全责任人员的责任。

（4）各部门建立相应的安全调度制度，负责日常安全管理工作，遇有重大问题和事故随时向上级汇报。

（5）各部门必须认真执行安全考核奖励制度，增强生产安全工作的约束机制，以确保本单位安全运营。

（6）奖罚标准：按照奖罚对等的原则，视情节轻重，态度好坏，按一定标准进行奖罚。对奖罚人员定期张榜公布，以促进员工自觉做好安全工作。

1.2.2.5 事故预防基本原则

为了贯彻落实"安全第一、预防为主"的安全生产方针和安全生产法律法规，提高职工的安全生产意识，端正安全生产态度，更好地做到预防事故的发生，冶金企业应该建立自己的企业安全文化，树立正确的安全理念。具体包括以下几方面的原则：

（1）追求完美、零事故的安全目标。只有把安全工作做得完美无缺，设备、设施和环境无缺陷，安全工作才有保障。追求完美是人的天性，定下"零事故的安全目标"，有利于激发人们搞好安全工作的积极性、创造性和主动性。

（2）坚持"以人为本"的思想。安全工作的目的和出发点是为了保障人民群众的生命财产安全。企业职工既是安全生产管理的对象，又是安全生产的主题。"以人为本"就是要重视人的因素，重视生命，尊重人权。广大职工应端正安全生产的态度，发扬安全生产的积极性和主动性，变"要我安全"为"我要安全，我会安全"。

（3）树立"安全就是政治、安全就是法律、安全就是效益、安全就是市场"的安全价值观。我国把安全生产作为"人命关天"的头等大事来抓，已建立起安全生产法律体系。漠视安全就是漠视法律，漠视党和国家的方针政策。一旦发生伤亡事故，特别是重大伤亡事故，就会给职工个人和家庭造成无法弥补的痛苦和损失，给社会造成巨大的危害，甚至产生不稳定的社会因素。而且，事故还给企业和国家造成巨大的经济损失，严重影响企业的经济效益和企业形象。因此，必须树立"安全就是政治、安全就是法律、安全就是效益、安全就是市场"的安全价值观。

（4）倡导"爱岗敬业、团结合作、奉献负责"的工作态度。安全生产，人人有责。只有企业的每一位职工都热爱企业，抱着"爱岗敬业、团结合作、积极主动、奉献负责"的态度，才能实现企业的安全生产。

（5）坚持"三不伤害"的准则。在实际工作中，要将"不伤害自己，不伤害他人，不被他人伤害"的要求落实到每一个具体的行动当中，坚决杜绝不安全行为。

(6) 建立"遵章光荣、三违可耻"的安全道德规范。创建安全合格班组，每一个人都担有责任，一个人发生"三违"行为就会影响到整个班组的荣誉。"违章指挥、违章作业、违反规章制度和劳动纪律"是造成事故的主要原因，因此，"三违"行为应受到大家的唾弃。

(7) 坚持"四不放过"的事故处理原则。不管是大事故还是小事故，都必须做到：事故原因没有查清楚不放过；同类事故的防范措施没有落实不放过；事故责任者没有严肃处理不放过；广大职工没有受到教育不放过。

1.2.2.6 危险作业审批制度

危险作业是当生产任务紧急特殊，安全可靠性差，容易发生人身伤亡或设备损坏，事故后果严重，需要采取特别控制措施的特殊作业。主要包括以下几方面内容：

(1) 危险作业范围。高空作业（高度在 2m 以上，并有可能发生坠落的作业）；在易燃易爆部位的作业；爆炸或有爆炸危险的作业；起吊安装大重型设备的作业；带电作业；有急性中毒或窒息危险的作业；处理化学毒品、易燃易爆物资、放射性物质的作业；在轻质物面（石棉瓦、玻璃瓦、木屑板等）上的作业；其他危险作业。

(2) 危险作业的审批权限。高处作业由所在的单位主管领导审批；带电作业由动力部门审批；禁火区或忌火器、物进行明火作业，由保卫部门审批；爆破或有爆破、燃烧危险的作业及有中毒或窒息危险的作业，由技安部门审批；手进入没有安全防护措施的冲、压、剪、刨等设备的虎口作业，由所在车间主管领导采取相应的安全措施后，方可进行作业。在轻质物面上的作业由施工作业单位的主管领导审批。

(3) 危险作业审批。1) 报请审批的危险作业应属于生产中不常见，急需解决的作业。进行危险作业前，应由下达任务部门和具体执行部门（包括承包部门、个人）共同填写"危险作业申请单"，报公司经营部审批，特别危险作业需报主管副总经理审批。2) 如情况特别紧急来不及办理审批手续时，实施单位必须经主管副总经理同意方可施工。主管副总经理应召集有关部门在现场共同审定安全防范措施和落实实施单位的现场指挥人员。3) 危险作业的单位应制定危险作业安全技术措施，报请经营部审批；特别危险作业须经安全技术论证报请主管副总经理审批。4) 作业人员由危险作业单位领导指定，有作业禁忌症、生理缺陷、劳动纪律差、喝酒及有不良心理状态等人员，不准直接从事危险作业。

（4）危险作业的实施。1）危险作业申请批准后，必须由执行单位领导下达危险作业指令。操作者有权拒绝没有正式作业指令的危险作业。2）作业前，单位领导或危险作业负责人应根据作业内容和可能发生事故有针对性地对全体危险作业人员进行安全教育，落实安全措施。3）危险作业使用的设备、设施必须符合国家安全标准和规定，危险作业所使用的工具、原材料和劳动保护用品必须符合国家安全标准和规定，做到配备齐全、使用合理、安全可靠。4）危险作业现场必须符合安全生产现场管理要求。作业现场内应整洁，道路畅通，应有明显的警示标志。5）危险作业过程中实施单位负责人应指定一名工作认真负责、责任心强，有安全意识和丰富实践经验的人作为安全负责人，负责现场安全监督检查。6）危险作业单位领导和作业负责人应对现场进行监督检查。危险作业完工后应对现场进行整理。7）对违章指挥，作业人员有权拒绝作业。作业人员违章作业时安全员或安全负责人有权停止作业。

1.3　冶金生产中的岗位安全规程

岗位安全规程是冶金企业生产"三规一制"中的重要内容之一。冶金企业生产中"三规一制"包括岗位安全规程、技术规程、设备使用与维护规程和交接班制度。"三规一制"具有与时俱进的特点，是不断修订、完善的一项规章制度。不同企业、不同岗位"三规一制"的内容、形式不同，它们各自符合本企业和本岗位的生产特点，企业员工都要按照本企业和本岗位"三规一制"章程办事。

岗位安全规程是保证冶金生产正常、安全进行的基础，是企业的基本制度。抓好岗位安全规程建设，是保护国家财产、对职工和家属负责的一件大事，关系到以人为本思想的树立和落实，是企业核心竞争力的基础。冶金企业多数事故的发生是因违背各岗位安全规程所致。如皮带工常出现的绞伤事故多是违背了皮带工岗位安全规程；高空坠落伤亡事故违背了厂区高空作业安全规程、钢丝绳操作规程等。所以，岗位安全规程的执行，关系到自身生命、财产的安全，关系到国家财产的安全，是家庭幸福和国家富强的有力保障。

各企业应加强岗位安全规程的执行检查，强调效果。按照厂级、区域级、班组级3个层次，工厂应加强对规程、专业管理制度贯彻执行情况和对事故防范措施落实情况的检查。坚持岗位安全规程，是企业稳定生产的前提保证。落实岗位安全规程，就要用一丝不苟的精神严格管理，保证制度的公平公正，通过严格管理培养执行力，提高企业素质和管理水平。作业长、班组长不仅要抓好本岗位的岗位安全规程执行，对区域范围内安全规程也要掌握和运用，要率先做到走到哪儿都能发现问题和处理问题，不能靠权力管理，要靠素质管理，要学什么懂什么，干什么懂什么。

1.4　冶金事故的预防、报警和应急措施

1.4.1　安全色与安全标志

为防止事故发生，国家有关部门规定在生产场所、公共聚集场所统一使用安全色和安全标志。它们以形象而醒目的语言向人们提供了表示禁止、警告、指令、提示等信息。

1.4.1.1　安全色

安全色由红色、黄色、蓝色、绿色四种颜色组成，白色为辅助颜色。表 1 - 2 为安全色表示事项及使用场所。

表 1 - 2　安全色表示事项及使用场所

编号	颜　色	表 示 事 项	使 用 场 所
1	红色	a 禁止 b 停止 c 危险 d 紧急 e 防火	用在表示禁止、停止、危险、紧急、防火等事项和场所。如危险区禁止入内；一般信号灯"停止"；道路施工中红色标志灯；装载火药等危险车辆的夜间标志；表示消防栓、灭火器、火警警报设备及其他消防用具所在位置等
2	黄色	a 注意事项 b 警告注意	用在有必要促进注意事项的场所。如一般信号的"注意"色光；表示列车进口行驶方向标志灯；厂内危险机器和坑边周围的警戒线；行车道中线；机械齿轮箱内部；安全帽等
3	绿色	a 安全 b 通行 c 救护	表示有关安全、通行及救护的事项及场所。如矿坑内避险处所悬挂的标志灯；一般表示"通行"的信号；表示急救箱、担架、救护所、急救车等位置；车间内安全通道；消防设备和其他安全保护设备的位置
4	蓝色	a 必须遵守的规定 b 引导事项	指令标志：如必须佩戴个人防护用具；道路上指引车辆和行人行驶方向的指令；表示停车场的方向及所在位置
5	白色	辅助色，主要用于文字、箭头以达到指引目的	用于指示方向和所到之处。用该色标志的文字、箭头以达到"指引"的目的
6	红色与白色间隔条纹	禁止越过	交通、公路上用的防护栏杆
7	黄色与黑色间隔条纹	警告危险	工矿企业内部的防护栏杆；吊车吊钩的滑轮架；铁路和公路交叉道口上的防护栏杆

1.4.1.2　安全标志

主要分为以下4类：

（1）禁止标志是禁止人们不安全行为的图形标志。

（2）警告标志是提醒人们对周围环境引起注意的图形标志。

（3）指令标志是强制人们必须做出某种动作或采取防范措施的图形标志。

（4）提示标志是向人们提供某种信息的图形符号。

1.4.2　劳动防护用品的使用常识

　　生产过程中存在着各种危险或有害因素，会伤害职工的身体，损害健康，有时甚至致人死亡。实践证明，在劳动中按规定使用劳动防护品是十分必要的。劳动防护用品种类很多，不同种类的防护用品，可以起到不同的防护作用。主要包括：

　　（1）头部防护用品：安全帽等，能使冲击力分散，使高空坠落物向外侧偏离。

（2）呼吸器官防护用品：防尘、防毒用的防尘口罩、防毒面具等。

（3）眼（面）部防护用品：护目镜和面罩等。

（4）听力防护用品：耳塞或耳罩等。

（5）手和臂防护用品：防护手套，如耐酸（碱）手套、焊工手套、橡皮耐油手套，防 X 射线手套等。

（6）足部防护用品：安全鞋，如胶面防砸安全靴、绝缘鞋、焊接防护鞋等。

（7）躯干防护用品：防护服，如灭火人员应穿阻燃服，从事酸（碱）作业人员应穿防酸（碱）工作服，易燃易爆场所应穿防静电产生的工作服等。

（8）高处坠落防护用品：安全带、安全绳、安全网等。

（9）皮肤防护用品：各种类型的劳动护肤用品。

1.4.3 事故报告和报警

1.4.3.1 生产安全事故报告

生产经营单位发生生产安全事故后，事故现场有关人员应当立即报告本单位负责人。本单位负责人视事故严重程度，按规定报告上级有关部门，不得隐瞒、谎报或者拖延不报，也不得破坏事故现场、毁灭有关证据。

1.4.3.2 发生火灾、危化品事故拨"119"火警电话

报告时，应讲清着火单位名称、详细地址及着火物质、火情大小、报警人姓名及联系电话。报警后要有人到路口引导消防车。

1.4.3.3 生产中有受伤人员拨"120"急救电话

打电话请求医疗急救时，要清楚告知事故企业名称、地址，目前受伤情况（伤情、部位、人数等）。

1.4.4 伤员现场急救具体方法

现场急救原则是：对一些危急的急性疾病和意外的伤害必须遵循先"救"后"送"的原则，即对伤病员先进行现场急救，采取必要的救护措施，然后通过各种通信工具向医疗救援机构求救，或直接送医院进行抢救。现场急救有以下几种基本方法。

1.4.4.1 人工呼吸法

对呼吸停止的患者进行紧急呼吸复苏，有口对口或口对鼻的人工呼吸法。

口对口人工呼吸法的具体操作步骤：使病人仰卧，松解腰带和衣扣，清除病

人口腔内的痰液、呕吐物、血块、泥土等，保持呼吸道通
畅。救护人员一手将病人下颌托起，并使其头尽量后仰，将
其口唇撑开，另一只手捏住病人的两只鼻孔，深吸一口气，
对住病人口用力吹气，然后立即离开病人口，同时松开捏鼻
孔的手。吹气力量要适中，次数以每分钟 16 ~ 20 次为宜。口
对口人工呼吸法如图 1 - 6 所示。

图 1 - 6　口对口
的人工呼吸

病人因牙关紧闭等原因，不能进行口对口人工呼吸，可
采用口对鼻人工呼吸法，方法与口对口人工呼吸法基本相
同。用一手闭住伤员的口，以口对鼻吹气。

此外，还有两种人工呼吸法，即俯卧压背法（此法多用于溺水者）和仰卧
举臂压胸法（此法多用于有害气体中毒或窒息的人）。

1.4.4.2　胸外心脏挤压法

胸外心脏挤压法是指心跳骤停时依靠外力有节律地挤压心脏来代替心脏的自
然收缩，可暂时维持排送血液功能的方法。对由于电击、窒息或其他原因致心脏
骤停时，应使用心脏挤压法进行急救。

具体操作步骤是：将病人仰卧在地上或硬板床上，救护人员跪或站于病人一
侧，面对病人，将右手掌置于病人胸骨下段及尖突部，左手置于右手上，以身体
重量用力把胸骨下段向后压向脊柱，随后将手腕放松；如此反复有节律地进行挤
压和放松，每分钟挤压 60 ~ 80 次。在进行胸外心脏挤压时，宜将病人头部放低
以利于静脉血液回流。若病人同时伴有呼吸停止，在进行胸外心脏挤压的同时，
还应进行人工呼吸。一般做 15 次胸外心脏挤压，做两次人工呼吸。在挤压的同
时，要随时观察伤员情况。如能摸到颈部总动脉和股动脉等波动，而且瞳孔逐渐
缩小，面有红润说明挤压已有效，即可停止。胸外心脏挤压法如图 1 - 7 所示，
胸外心脏挤压部位如图 1 - 8 所示。

图 1 - 7　胸外心脏挤压法

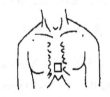

图 1 - 8　胸外心脏挤压部位

1.4.4.3　触电时救护方法

触电急救关键是要及时，首先要采用正确的方法使其脱离电源，然后根据伤

者情况迅速采取人工呼吸或人工胸外心脏挤压法进行急救，同时立即报告医疗机构。

使触电者脱离电源方法如下：

（1）拉闸：迅速拉下闸刀或拔出电源插头。

（2）拨线：若电闸一时找不到，应使用干燥木棒、木板将电线拨离触电者。

（3）砍线：若电线被触电者抓在手里或粘在身上拨不开，可设法将干木板塞到其身下，使其与地面隔离。也可用有绝缘柄的斧子砍断电线。弄不清电源方向时，电线二端都要砍。注意线头处理，避免再次伤人。

（4）拽衣：若上述条件都没有，而触电者衣服又是干的，且施救者穿着干燥或绝缘性好的鞋子，则可找干燥衣物包住施救者一只手，拉住触电者衣服，使其脱离电源。但施救者必须注意避免触及导电物体或触电者的身体，防止意外。必须指出：施救者在施救时，尽可能站在绝缘物体（如干燥木板）上；上述方法仅适用 220/380V 电压时抢救，对于高压触电，应立即通知供电部门采取相应措施。

1.4.4.4 机械伤害急救

由于机械的撞击、坠落、挤压、穿刺等造成人体闭合性、开放性创伤、骨折、出血、休克等后果的，一般有如下现场急救措施：

（1）止血：压迫止血、止血带止血、加压包扎止血和加垫屈肢止血等。

（2）包扎：有外伤的伤员经过止血后，要立即用急救包、纱布、绷带或毛巾等包扎起来，也可用衣服来包扎。

（3）固定：如伤员受伤部位剧烈疼痛、肿胀、变形或不能活动，就可能发生了骨折，要利用各种条件准确地进行临时固定。

（4）搬运：如果伤势不重，可用背、抱、扶的方法。如果大腿、脊柱骨折、大出血，就要小心地用担架等抬运。

1.4.4.5 急性中毒急救

救患者脱离现场至空气流通处。解开患者衣扣、腰带，保持呼吸畅通。脱去污染衣物，用温水、清水洗净皮肤。若吸入有毒物中毒，迅速给患者吸氧；若经口入毒，一般应引吐、洗胃。常用洗胃液为 1：5000 高锰酸钾溶液，或 1% ~ 2% 碳酸氢钠溶液。若因煤气中毒，应用湿毛巾捂口鼻，打开门窗，将患者移至空气新鲜处；对中毒较重的，要立即进行人工呼吸和胸外心脏挤压法抢救，并送医院治疗。

1.4.4.6 中暑急救

中暑的主要症状是感觉头痛、头晕、胸闷、心慌等，重度中暑会出现昏迷、神志不清、体温超过 40℃。

重度中暑者，应尽快被抬到阴凉、通风处，解开皮带、衣扣，用冰块或冷水敷身体，或用冷水喷淋降温。轻度中暑者，可服用人参、十滴水、藿香正气水，用清凉油、风油精涂太阳穴，同时服用清凉饮料。

1.4.4.7 烧伤急救

烧伤常见的是被火烧伤，此外还有接触高温蒸汽、热水、热油后的烫伤，硫酸、硝酸等危险化学品溅到皮肤上造成的化学性烧伤等。

烧伤后应用大量冷水冲洗降温。一边冲水，一边小心地脱衣服，必要时，衣服可用剪刀剪开。如果烧伤部位出现水泡，不要挤破。如是烧伤处皮肤已损坏，不要涂任何物质，应用干净的纱布轻轻覆盖，迅速送医院救治。

2 焦化安全防护与规程

2.1 焦化生产基本工艺和安全生产的特点

2.1.1 焦化生产基本工艺

钢铁联合企业中焦化生产一般由备煤、炼焦、筛焦、煤气净化回收和公辅设施等组成，生产基本工艺流程如图 2-1 所示。

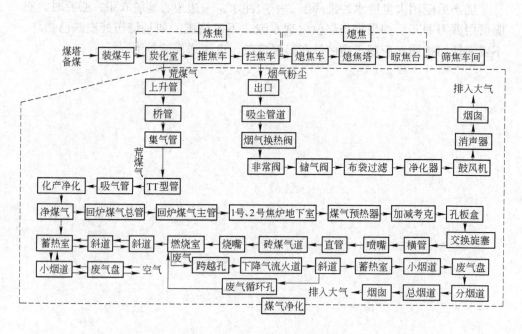

图 2-1 焦化生产的工艺流程

备煤车间的任务是为炼焦车间及时供应合乎质量要求的配合煤。炼焦车间是焦化厂的主体车间。炼焦车间的生产流程是：装煤车从贮煤塔取煤后，运送到已推空的炭化室上部将煤装入炭化室，煤经高温干馏变成焦炭，并放出荒煤气由管道输往回收车间；用推焦机将焦炭从炭化室推出，经过拦焦车后落入熄焦车内送往熄焦塔熄焦；之后，从熄焦车卸入晾焦台，蒸发掉多余的水分并进一步降温，再经输送带送往筛焦炉分成各级焦炭。回收车间负责抽吸、冷却及吸收回收炼焦炉发生的荒煤气中的各种初级产品。

2.1.2 焦化安全生产的特点

焦化是钢铁联合企业的一个重要组成部分，焦化生产既具备冶金企业生产的特点，又具备化工生产的特性。生产过程接触的焦炉煤气、高炉煤气属易燃、易爆、有毒气体；煤气净化回收过程产生硫化氢、氨水及氨气、粗苯等易燃、有毒气体或液体；作业场所存在的火灾、爆炸、中毒窒息、机械伤害、物体打击、高处坠落、灼烫、触电、起重伤害、车辆伤害及高温、粉尘、噪声、辐射等危险、有害因素。

2.2 炼焦过程中常见事故

2.2.1 备煤系统常见事故

2.2.1.1 机械设备部件或工具直接与人体接触

机械设备部件或工具直接与人体接触可能引起夹击、卷入、割刺等危险。备煤堆取料机、螺旋卸煤机、煤粉粉碎、皮带机等操作过程中由于违章作业、防护不当或在检修时误启动可能造成机械伤害事故。如皮带机机头与机尾、拉紧装置无防护罩或防护罩防护不到位；机旁未设事故紧急停车开关和拉绳或失效；作业人员抄近路在停机状态下钻、跨皮带机或在皮带机上行走时皮带机突然启动；皮带机运转时发生跑偏、打滑后在不停机情况下单独一人用铁棍等进行调整被卷入；皮带机运转时发生煤落料后不停机清理被带入；工作服的衣扣和袖扣未扣住被运转的皮带机卷入；操作时疏忽大意，可能被煤仓的可逆皮带机、煤塔回转皮带机走行轮压伤脚趾；检修皮带机未停电、未挂牌、无专人监护或启动前没有检查确认等，均可能发生机械伤害。备煤、筛焦系统是发生机械伤害事故概率较高的部位，主要有皮带机的头轮、尾轮、改向轮、减速机传动轴、配重拉紧装置、尾轮的溜槽口等，产生的后果多为重伤，甚至死亡。

2.2.1.2 外力或重力作用下打击人体

物体在外力或重力作用下，打击人体会造成人身伤害事故。高处物体固定不牢，排空管等固定不牢，因腐蚀或大风造成断裂，检修时使用工具飞出击到人体上；高处作业或在高处平台上作业工具和材料使用、放置不当，造成高空落物等，发生爆炸产生碎片飞出等，造成物体打击事故。

2.2.1.3 触电伤害

人体接触高、低压电源会造成触电伤害，雷击也可能产生类似后果。电气设备、电气材料本身存在缺陷，或设备保护接地失效，操作失误，思想麻痹，个人防护缺陷，不使用绝缘工具，或非专业人员违章操作等，易发生人员触电事故。备煤系统地下通廊较多，由于渗水或排水不畅，容易积水，潮湿场所较多，如果电气线路或接头裸露，积水坑使用水泵抽排水时泵体外壳未接地或漏电，使用水泵时电气控制系统没有安装漏电断路器，易发生触电事故。

2.2.1.4　自我保护意识差

备煤车间配煤厂房、煤塔、溜槽等设置了大量钢梯、操作平台，作业人员巡检或检修时，因楼梯、平台护栏锈蚀或脱焊，临时脚手架缺陷；高处作业未正确使用安全带，思想麻痹，身体、精神状态不良；人员习惯性背靠平台安全栏杆均易发生高处坠落事故。配煤仓地面盖板缺失，人员易掉入煤仓被煤压埋而窒息死亡。

备煤机溜槽部位因堵料，作业人员缺乏自我保护意识，无人监护和未采取可靠安全措施冒险进入溜槽清理作业，当煤松动后人越陷越深被煤压埋，导致窒息死亡；煤塔、配煤室煤仓因煤斗、煤仓挂料结板，进行清理作业时由于措施、操作或防护不当，被垮塌煤压埋，导致窒息死亡。

2.2.1.5　燃烧

煤在储存过程中自身发生氧化放热，热量积聚造成煤自燃。煤场堆煤因长时间不用，易发生自燃；动火检修作业过程中被切割的高温铁渣掉入皮带上未及时发现，导致引燃发生火灾等。

2.2.2　炼焦系统常见事故

推焦过程中红焦落在电机车头上；运焦时红焦刮入皮带可引起着火。焦炉煤气设备由于不严密发生泄漏；操作不当或误操作、压力过大引发泄漏；集气管压力控制不当，导致负压管道吸入空气；煤气设备与管道停止生产时未及时保压，长时间停用没有切断煤气、未彻底吹扫；高炉煤气与焦炉煤气倒换加热作业前，未置换或不彻底；送煤气前没有进行煤气爆发实验或实验不合格等，与空气混合形成爆炸性气体，遇火源或高温发生爆炸；停低压氨水后，集气管温度升高会造成氨水管道和集气管拉裂，甚至引发爆炸；干熄焦循环气体中可燃成分浓度超标存在爆炸的危险；压力容器（锅炉等）、压力管道安全附件不全或不可靠，工艺控制不当造成超压，可能发生物理爆炸。

2.2.2.1　泄漏

焦炉地下室煤气管道、阀门、旋塞、孔板等不严密；压力过大引起泄漏；煤气水封缺水或压力过大冲破液位；单独一人进入机焦侧烟道或进入地下室检查作业时未携带便携式 CO 检测报警仪；地下室通风不良，集气管清扫作业时荒煤气窜出，人员站在下风向；煤气放散时人员没有及时撤离；干熄焦循环气体泄漏可引起人员中毒和窒息。

2.2.2.2　灼烧

高温介质的设备、管道的隔热效果不良或无警示标志，造成人体接触高温物体表面，或高温介质泄漏，可能造成灼伤事故。焦炉炉顶、上升管及集气管操作走台、机焦侧走台温度高，出焦过程红焦洒落，干熄焦在接焦、提升过程中因操作或设备故障发生红焦落地；低压氨水管泄漏，易造成人体烫伤。熄焦后由于水温高，雾气大，水池盖板、安全护栏缺失，人员进入检修粉焦抓斗易掉入水池导致灼伤甚至死亡事故。

2.2.2.3　机械伤害

焦炉机械设备较多，推焦停电后采用手摇装置退出推焦杆、平煤杆检修焊接、余煤单斗检修过程中，电源未切断或误操作；推焦车、拦焦车移门、导焦栅对位等作业过程中，人员违章作业极易造成人员机械伤害；晾焦台人员站位不当，被刮板机伤害。

2.2.2.4　触电

装煤过程中煤斗下料不畅，操作人员使用铁棍对煤斗捅煤时，装煤车顶部或焦侧电源滑触线未设置防护网罩，铁器碰触电源滑触线而触电；人员在机焦侧作业时不慎碰触推焦车或熄焦车电源滑轨线而触电。

2.2.2.5　安全意识

炉顶安全栏杆腐蚀、脱焊，人员背靠安全栏杆；机焦侧铁件和弹簧调整或测量时，使用的梯子部件损坏或架设滑动或无人看护；在焦炉车辆上处理小炉门等作业时未站稳或动车；下雪天因楼梯结冰而跌滑；吊装孔等孔洞无盖板或栏杆；人员在机焦侧二层平台边缘作业或行走时由于疏忽等，高处作业不系安全带易造成高处坠落事故。

作业人员坐在炉顶装煤车轨道上休息；炉顶作业人员避让煤车不及；熄焦车行进过程中人员从焦侧平台上下车辆；焦炉四大车开动前未瞭望和鸣喇叭；烟尘大、雾大易造成人员被车辆伤害。

2.2.2.6　起重

焦炉炉台安装电动葫芦或卷扬机，修理炉门起吊作业时由于挂掉不牢、钢绳断丝、卷筒钢绳压块螺丝钉松动、限位失效、制动失效、吊物下站人或人员站位不当、操作不当等，可能发生起重伤害事故。

2.2.3 熄焦系统常见事故

根据熄焦设备的运行状况，熄焦装置要不定期地进行月修和年修，其中包括大量的高空立体交叉作业。上述特点决定了熄焦在运行及检修过程中具有多种危险因素，需要采取有效的控制措施。

2.2.3.1 湿熄焦

我国大部分焦化厂熄焦方式一般为湿熄焦，它是利用喷水将红焦冷却降低到300℃以下。湿熄焦产生的水蒸气夹带残留在焦炭内的酚、氰、硫化物等腐蚀性物体而侵蚀周围物体，造成大面积空气污染，随着熄焦水的循环使用，这种污染越发严重。湿熄焦产生的蒸汽夹带大量粉尘，通常达 200 ~ 400g/t，严重污染环境。粉焦沉淀池周围和水沟附近可能会发生坠落事故。

2.2.3.2 干熄焦

干熄焦使用的循环气体主要成分是 N_2，但同时含有 H_2、CO、CH_4 等可燃成分。当 H_2、CO 浓度达到一定程度，会在气体循环系统负压段与漏入的空气混合形成爆炸性气体而发生爆炸。因此，从安全的角度考虑，必须有效控制循环气体中可燃成分浓度。一般采用"导入空气法"或"导入 N_2 法"来进行控制。

干熄焦正压段循环气体泄漏使大量焦粉、循环气体喷出而污染环境，严重时对干熄焦作业人员造成伤害。负压段漏入空气与循环气体中可燃成分混合有发生爆炸的危险。负压段漏入的空气随循环气体进入干熄炉会导致焦炭烧损，焦炭灰分上升，成焦率下降。负压段漏入的空气进入干熄炉，由于燃烧反应加剧，会造成干熄炉斜道区域循环气体温度过高，严重时会导致斜道区域耐火材料膨胀加剧甚至损坏。

干熄焦气体循环系统漏水有 5 种情形，即锅炉炉管破损（也称锅炉爆管）漏水，给水预热器漏水，炉顶水封槽漏水，炉顶放散管水封槽漏水，紧急放散阀水封槽漏水。气体循环系统漏水，水蒸气进入干熄炉与红焦反应产生大量的 H_2，如不及时处理会在气体循环系统内产生爆炸事故，严重时会损坏设备。当大量水蒸气进入干熄炉，会对干熄炉耐火材料特别是最薄弱的斜道立柱造成非常大的危害。如果锅炉爆管，尤其是高压锅炉爆管，如不及时对锅炉采取降温降压处理，喷出的水（汽）柱会对相邻的炉管造成严重影响，甚至是灾难性损坏。

2.2.4 煤气净化常见事故

荒煤气具有易燃易爆和有毒的性质，存在着煤气着火、爆炸和中毒的危险，尤其是复热式焦炉使用高炉煤气加热中毒的危险性更大。从荒煤气中回收的氨、苯和焦油具有易燃、可燃的特性。炼焦过程产生的煤气，部分经净化后送回焦炉加热，由于煤气大量集中，加之通风条件不好（地下室），极易导致中毒和爆炸事故的发生。设备在运行过程中，由于疲劳损伤、磨损以及操作不当，结构和材料的缺陷，均会发生故障，特别有可能产生穿孔泄漏等事故，因此带来火灾、爆炸的危险。煤气设备缺陷，阀门泄漏是造成煤气着火事故的主要原因，煤气与空气混合达到爆炸极限，又遇火源是造成爆炸事故的根本原因，违章作业或违章指挥是引起煤气中毒事故的主要原因。

鼓风机房和加压机房属于焦炉煤气存在的区域，易发生火灾、爆炸、泄漏、中毒等危及生产与生命安全的事故。

终冷洗脱苯装置区属于焦炉煤气、粗苯存在区域。粗苯主要含有苯、甲苯、二甲苯等成分，而苯的爆炸极限为 1.2%～8.0%，甲苯的爆炸极限为 1.2%～7.0%，二甲苯的爆炸极限为 1.2%～7.6%，爆炸下限越低，危险性越大，稍有泄漏就容易进入下限范围，且苯属于 I 级毒物，一旦泄漏就极有可能引起人员中毒，故终冷洗脱苯装置区易发生火灾、爆炸、泄漏、中毒等危及生产和生命安全的事故。

初冷器、电捕焦油器、脱硫塔为产品（或原料）收发场所，若操作不当或其他意外情况发生时，会发生泄漏、引起火灾爆炸，污染周边环境等危害性事故。

焦油贮罐、粗苯贮罐、洗油贮罐、机械化氨水澄清槽拥有焦油贮罐、粗苯贮罐、洗油贮罐、机械化氨水澄清槽。粗苯、煤焦油、洗油等均为有毒、有害的物质，且具有易燃易爆的特性，若由于违章操作或腐蚀等原因而发生泄漏，极易引起火灾、爆炸、中毒等危害性事故。

2.2.5 事故案例分析

2.2.5.1 皮带机机械伤害事故

事故经过：2001 年 6 月 14 日 15 时，某焦化厂备煤 3 号皮带输送机岗位操作工郝某从操作室进入 3 号皮带输送机进行交接班前检查清理，约 15 时 10 分，捅煤工刘某发现离机尾约 5～6m 处有折断的铁锹把在尾轮北侧而未见到郝某，意识到情况严重，随即将皮带机停下，并报告有关人员。随后，现场发现郝某面朝下趴在 3 号皮带机尾轮下，头部伤势严重而死亡。从现场勘查推断，郝某是在清理皮带机尾上沾煤时，铁锹被运行中的皮带卷入，又被皮带甩出，碰到机尾附近硬物折断，郝某本人未迅速将铁锹脱手，被惯性推向前，头部撞击硬物后致死。

事故原因：事故直接原因是操作工郝某不停机处理机尾轮粘煤，违反了该厂"运行中的机器设备不许擦拭、检修或进行故障处理"的规定。重要原因是皮带机没有紧急停车装置，机尾无防护栏杆，安全防护设施不完善。另一个原因是该厂安全管理不到位，对职工安全教育也不够。

2.2.5.2 煤粉坍塌死亡事故

事故经过：2009年2月4日下午，宣钢公司焦化厂混合高塔内原料下流不畅，当班工人竟从塔口下到原料上方，通过反复跳起下蹲疏通原料，结果5000t煤粉突然塌陷出十余米的深井状漩涡，该工人随原料下流被埋入漩涡之中而死亡。

事故原因：事故直接原因是工人在煤仓内清理煤粉时煤粉坍塌所致。间接原因在于有关单位安全培训、安全管理不到位以及死者本人的安全带没有锁好等所致。

2.2.5.3 操作失误导致炉门掉落事故

事故经过：2010年2月11日10点20分左右，某炼焦车间2号炉门站3名炉门修理工在修理炉门过程中，出现了炉门在起吊过程中掉落到机侧大车跑道上，砸坏了机侧平台并摔断炉门的严重违章事故，损失一套炉门，所幸无人员伤亡。

事故原因：现场3名操作工梅某、王某和刑某工作马虎，在炉门起吊前未进行安全检查确认。事故直接原因是梅某在未得到确切安全检查结果前擅自启动按钮。主要原因是王某在未确认炉门是否达到安全起吊条件就擅自离开工作岗位。刑某现场操作过程中参与检修工作并进行了自我保护，但未检查炉门起吊工作，应承担连带责任。车间和班组管理松懈，岗位责任混淆，不能保证维修工程安全受控，应负管理责任。

2.2.5.4 熄焦车落红焦烧坏驾驶室事故

事故经过：山东某焦化厂发生一起熄焦车落红焦烧坏驾驶室事故。熄焦车司机杨某在未接到推焦车司机发出的"推焦完毕"口令的情况下，自认为推焦完毕，违章启动熄焦车去熄焦塔熄焦，造成大量正在推出的红焦落在熄焦车驾驶室周围，红焦燃烧致使驾驶室及大部分电器烧坏，造成严重损失。

事故原因：熄焦车司机严重违章操作，负责监护的熄焦车副司机工作不到位。大车未配备定位连锁保护装置，不能有效起到意外情况下的连锁保护。车间管理人员巡查不及时，对员工的安全操作意识教育、培训工作不到位，造成员工安全意识不强。公司生产系统各级管理人员安全管理意识不强，管理力度不够，对生产管理中的安全隐患没有预见性。

2.2.5.5 化产车间5号焦油槽满流事故

事故经过：2009年8月11日凌晨，某焦化车间冷凝泵工郝某从澄清槽放油至焦油中间槽，约4时10分左右开焦油泵送向5号焦油槽，在开泵前检查焦油槽液位约为槽位一半，启动泵后约5min巡检时发现5号槽漏液，停泵后立即汇报给班长。班长到槽顶检查液位，发现浮标卡死。此时公司调度周某路过，发现事故墙排水阀门外流液体，通知风机工郑某，郑某同郝某一起立即关闭排水阀。排水阀因前几天下雨没有关，造成满流的液体流出事故墙。班长把这一情况反映给段长和主任，并组织风机工清理现场，用沙子封堵下水道入口，主任和段长来后检查下水道并组织人员把少量流入下水道的液体收集到地下槽内。事故发生后，车间组织人员把事故墙内的液体全部回收，并清理现场。

事故原因：主要原因是当班操作工郝某开启焦油泵后，以为浮标显示焦油槽有足够的可用储存量，违反操作规程，未进行现场跟踪检查、看护。次要原因是5号焦油槽液位计浮标卡住，不能真实显示液位，车间日常管理和检查不彻底，浮标也未拴拉绳。事故发生后，班长未及时向生产调度汇报和彻查现场，致使氨水夹带焦油流出防溢堤，造成事故扩大。当班操作人员郝某进场仅1个月，经验和技术不足，本操作违反"新员工作业必须在老员工的监护下进行"的规定。

2.3 炼焦安全防护和事故应急处置

安全防护与岗位安全规程是相互联系、相互利用的。安全防护仅为岗位安全规程中未提及的内容。

2.3.1 炼焦安全防护

炼焦安全防护主要包括以下几方面的内容：

（1）严禁单独进入溜槽清理，捅煤作业需进入煤仓、煤塔，溜槽清理或捅煤时须办理危险作业审批手续，系好安全带（绳），在专人监护下作业，以防被煤压埋。

（2）在翻车机内和溜槽下线清扫残煤时，要事先与翻车和拉车的操作人员联系、确认，处理皮带堵溜时，严禁人员下溜子捅煤；在铁道行走要确认设备和车皮的移动情况，防止被车辆伤害。

（3）堆取料机悬臂下严禁人员通过或停留，风速大于20m/s时应停止作业。

（4）螺旋卸煤作业时，禁止车厢内有人清扫车皮，禁止螺旋从头上部越过；检修螺旋时应设警戒区域，禁止人员从螺旋底部通行。

（5）没有熄灭的红焦应补充洒水，以防止引燃皮带。

（6）不要背靠作业平台、高空走台的安全栏杆；管沟、坑池边及吊装孔应注意防止踩空盖板。

（7）推焦车、拦焦车、熄焦电机之间的信号联系和联锁以及干熄焦系统的联锁不得擅自解除。

（8）推焦车、拦焦车、装煤车和熄焦车行车前必须先瞭望、鸣笛，行走时禁止人员上下。烟火、雾气、风雪情况下须缓慢行驶。

（9）熄焦车未对准炉号严禁出现推焦信号，推焦车司机在得到拦焦车和熄焦车做好接焦准备的信号才能接焦。推焦时超过规定最大电流时应立即停止推焦。

（10）装煤车电刷掉道，必须拉下开关，通知电工处理。在煤车上部操作或推焦车、熄焦电机车电源滑触线附近作业时，当心铁器碰触摩电道，防止触电。

（11）拦焦车接焦过程中禁止启动导焦槽，禁止由导焦槽处穿过。尾焦处理完，通知对门时，确认作业人员离开后方可开车。

（12）更换煤气或停止加热、停送煤气及遇暴风雨和上升管停氨水时，必须停止出炉。煤气放散前，炉顶作业人员须撤到安全地点。

（13）开动卷扬机前必须检查吊装设施，插好安全挡后方可启动。炉门修理架起落时，不准在轨道内走动或进行作业，起落炉门时，下面禁止站人；炉门翻转时要紧好定位销，操作起重机时，要检查钢绳并精心操作。

（14）进入干熄炉、排焦、运焦系统的平板闸门、电磁振动给料器、旋转密封阀、吹扫风机、排焦溜槽、地下运焦皮带检查或作业前，须先通知关闭放射线源快门，对系统内气体置换、成分检测，确认 CO、O_2 在安全范围内，携带便携式 CO、O_2 检测仪和对讲机，进入时必须两人以上，注意防止 CO 中毒窒息，点检时要防止被皮带绞伤。

（15）不要在防爆孔和循环气体放散口附近停留。干熄炉锅炉运行中要保持锅炉的蒸发量稳定在额定值内；保持正常的气温和气压，过热蒸汽温度、压力控制在规定的范围内；均衡给水，保持水位正常，严禁中断锅炉给水；保持汽包水位计完好可靠；保持循环风量稳定，严格控制循环气体锅炉入口温度；保持锅炉机组安全、稳定运行，防止锅炉爆炸和循环气体爆炸。

（16）未经许可不允许开动他人岗位的设备、电气开关等。易燃易爆，有毒危险场所不要冒险进入。

2.3.2　炼焦事故应急处置

2.3.2.1　鼓风机突然停机

迅速打开放散管点火放散，切断电源，停止自动调节，改为手动调节，保持集气管压力比正常情况时大 20~40Pa，压力仍大时可打开新装煤炉号的上升管盖进行放散。同时停氨水时注意及时送入适量清水。结焦时间过长不能出炉时，将翻板关闭。鼓风机开始运转后应关闭上升管和装煤孔盖，打开吸气管翻板。根据集气管压力逐步关闭放散管。及时调节吸气管开闭器，恢复调节机正常运转。

2.3.2.2 停氨水

应先关闭氨水总阀门和通入集气管的氨水阀，慢慢打开清水管阀，要防止集气管突然受冷收缩而造成氨水泄漏；往桥管中喷洒清水使集气管温度不超过 150℃。如果清水管也停水，应迅速调派消防车往集气管内补水降温。送氨水时，先关清水阀，后打开氨水总阀，氨水要缓慢送入。

2.3.2.3 全厂停电

将集气管压力、煤气压力、烟道吸力调节机改为固定，拉下电源，使压力、吸力翻板固定在停电前位置，监控变化情况，停电期间，使用人工调节，待来电时再送电恢复自动调节；切断交换机电源，每 30 min 用手摇装置交换一次，来电时，先拉下首要装置，恢复自动交换。

2.3.2.4 煤气设施着火

应逐渐降低煤气压力，通入大量蒸汽或氨气，设施内煤气压力最低不小于 100Pa（10.2mm H_2O）。不允许突然关闭煤气闸阀或封水阀，以防回火爆炸。直径小于或等于 100mm 的煤气管道起火，可直接关闭煤气阀，用黄泥、湿麻袋将火扑灭；戴好防毒面具堵漏。

2.3.2.5 干熄焦系统全面停电

全面停电后应尽快查明原因，及时恢复送电；防止循环气体中的 H_2、CO 等可燃气体浓度达到爆炸极限；防止系统设备及仪表损坏；防止锅炉因超压或缺水等原因损坏。因此，必须确保气体循环系统各氮气吹入阀打开，必须确保循环系统内及时充入氮气，以稀释循环气体中的 H_2、CO 等可燃气体，并打开炉顶放散阀进行适当放散；还应确保空气流量调节阀及时关闭。全面停电后应及时送上备用电源，如果备用电源送不上且焦罐内有红焦，应启动单独事故应急电源，采用手动方式将焦罐内红焦装入干熄炉。

2.4 防火、防爆基本常识和事故案例分析

2.4.1 基本常识

燃烧三要素：燃烧是可燃物质与氧或氧化剂剧烈化合而放出光和热的物理化

学反应。发生燃烧必须同时具备的条件是：有可燃物质，如煤气等；有助燃物质，如空气中的氧等；有点火源，如明火、静电、电火花、冲击摩擦热、雷电、化学反应热、高温物体及热辐射等。

爆炸三要素：爆炸是系统内一种非常迅速的物理或化学的能量释放过程，系统内物质所含的能量迅速转变为机械能以及热和光的辐射。爆炸具有放热性、瞬时性和产生大量气体三大特征。发生爆炸必须同时具备的条件是：有可燃气体（或蒸汽）、可燃气体与空气混合达到爆炸极限、有点火源。

爆炸极限：可燃气体、可燃液体蒸汽或可燃粉尘与空气混合，能够产生爆炸的浓度范围通常称为爆炸范围或爆炸极限，其最低浓度称为爆炸下限，最高浓度称为爆炸上限。煤气爆炸范围较宽，焦炉煤气爆炸极限为 4.5% ~ 35.8% 时，遇点火源就会发生爆炸；高炉煤气爆炸极限为 30.0% ~ 75.0%；苯爆炸极限为 1.2% ~ 8.0%；硫化氢爆炸极限为 4.0% ~ 46.0%；氨爆炸极限为 15.0% ~ 28.0%。爆炸极限范围越宽，爆炸下限越低，爆炸危险性越大。

按形成爆炸火灾危险性的可能性大小将火灾场所分级，其目的是有区别地选择电气设备和采取预防措施，达到生产安全、经济合理的目的，我国将爆炸火灾危险场所分为 3 类 8 区。对爆炸性物质的危险场所具体划分见表 2 - 1。

表 2 - 1　爆炸和火灾危险场所的区域划分

类别	场　　所	分级	特　　征
1	有可燃气体或易燃液体蒸汽爆炸危险的场所	0 区	正常情况下，能形成爆炸性混合物的场所
		1 区	正常情况下不能形成，但在不正常情况下能形成爆炸性混合物的场所
		2 区	不正常情况下整个空间形成爆炸性混合物可能性较小的场所
2	有可燃粉尘或可燃纤维爆炸危险的场所	10 区	正常情况下，能形成爆炸性混合物的场所
		11 区	仅在不正常情况下，才能形成爆炸性混合物的场所
3	有火灾危险性的场所	21 区	在生产过程中，生产、使用、贮存和输送闪点高于场所环境温度的可燃液体，在数量上和配置上能引起火灾危险性的场所
		22 区	在生产过程中，不可能形成爆炸性混合物的可燃粉尘或可燃纤维在数量上和配置上能引起火灾危险性的场所
		23 区	有固体可燃物质在数量上和配置上能引起火灾危险性的场所

2.4.2　事故案例分析

2.4.2.1　电捕焦油器爆炸事故

事故经过：某焦化厂回收车间电捕焦油器在停煤气检修时发生爆炸。检修前煤气进口没堵盲板，当关闭煤气进出口阀门，打开顶部放散管，用蒸汽清扫 40

个小时之后，在顶部放散管上两次取样做爆发实验都合格。一个小时后打开底部人孔盖和顶部4个绝缘箱人孔盖，发现人孔盖内壁扔挂有萘结晶和黄褐色结晶体。在绝缘箱人孔处，沿石棉板密封垫周边有闪闪的火星。立即盖上绝缘箱人孔盖，但未盖严。半小时后电捕焦油器发生爆炸。

事故原因：由于没有堵盲板煤气阀门漏气，电捕焦油器内有煤气，底部人孔盖打开后进入空气形成爆炸气体。电捕焦油器内有硫化铁，绝缘箱内的温度达80~85℃，在这一条件下硫化铁遇空气自燃成为火源，火源引燃爆炸气体而爆炸。

2.4.2.2　硫铵离心机爆炸事故

事故经过：2009年5月27日14时，某焦化厂化产作业区乙班当班操作工发现硫铵工段煤气饱和器下部母液热电偶根部腐蚀严重，发生母液泄漏。维修时需要把饱和器的母液液位降至热电偶下部，才能拆下热电偶。16时丙班接班后将母液液位逐渐下降准备维修。19时15分左右，硫铵工段离心机操作工付某按正常工作程序停机后，刚走进休息室被爆炸冲击波破坏的门击倒。经现场勘查，爆炸产生于工程未完工的4号离心机和结晶槽，爆炸将厂房窗户震碎，爆炸后起火将部分塑料介质管道烧坏。

事故原因：事故的根本原因是所有离心机电机不是增安型电机，运转中产生火花，引爆混合气体造成爆炸。直接原因是工程未完工，4号离心机和结晶槽连接煤气饱和器的回流管阀门关闭不严，没有按照规程规定堵盲板，造成煤气、氨气混合气体从饱和器反串回流管扩散至离心机和结晶槽，聚集在离心机和结晶槽内，并逸散至三、四楼。间接原因是设计有缺陷，热电偶的位置应该安装在回流管的上方。

2.4.2.3　违章操作引起的爆炸

事故经过：2010年7月26日上午8时，涟源市汇源焦化厂位于锅炉上方的脱硫反应槽漏水，安排戴某和曾某对设备进行维修。检查发现，部门零件严重腐蚀，必须更换。约9时，在更换零件时工作人员对反应槽进行第二次注水，当水还没注满时，戴某未接到动火的指示就开始动火，安全员毛某正准备制止，反应槽里的氨气突然喷发，反应槽顶盖被炸开，造成2人死亡，1人受伤。

事故原因：事故是一名维修技术工在检修设备时，因违章操作引发反应槽爆炸。这是老师傅自恃经验足，麻痹大意，凭经验行事而造成的悲剧。

2.5　防火、防爆安全防护和事故应急处置

2.5.1　防火、防爆安全防护

防火、防爆安全防护主要包括以下内容：

（1）通常预防火灾、爆炸的首要措施是严格控制火源，主要有：加强明火管理、防止摩擦和撞击、管理电气设备、防止静电放电、采用预爆电气设备等。易燃易爆区域设备需要动火检修时，应尽量移到安全区进行。

（2）检修操作温度等于或高于物料自燃点密闭设备，不能在停止生产后立即打开大盖或人孔盖。打开塔底人孔之前应关闭塔顶油气管和放散管，防止产生自燃。

（3）焦炉地下室禁止带煤气油、堵盲板。室外带煤气抽、堵盲板作业，须使用不发火星工具，40m 内禁止火源。

（4）煤气各种塔器、设备及管道投运前必须用惰性气体吹扫置换，分析含氧量和一氧化碳，然后引煤气置换惰性气体，送入煤气前必须经煤气爆发实验合格。吹扫或引气过程中，周围 40m 内禁止火源。煤气设备应保持正压操作，在停止生产而保压又有困难时，必须可靠切断煤气，彻底吹扫置换。

（5）更换加热煤气前应吹扫置换，然后用煤气驱赶惰性气体，经放散后取样，煤气爆发试验合格后才能送入煤气。更换时，煤气主管压力必须达到 4kPa 以上才开始更换。焦炉加热交换过程中注意：交换时须先关煤气；关闭煤气后，间隔 0.8s 再进行空气和废气交换，使残余煤气完全烧尽，避免发生爆炸事故；空气和废气交换完后，也间隔 0.8s 再打开煤气，使燃烧室内有足够的空气，煤气进入后能立即燃烧。

（6）在煤气设备、管道上带压动火时，应保持正压，动火点附近安装"U"型压力表并专人看管，随时联系。

（7）在停产的煤气设备上动火，需通入蒸汽吹扫，用可燃气体检测仪检测合格，安全分析取样时间不应早于动火前 0.5h，检修动火中断后恢复作业前 0.5h，应重新分析。检修时应对煤气负压管道和设备采取防砸破措施。高处动火应防止火花飞溅，四周易燃物应清理干净。

（8）易燃易爆气体和甲、乙、丙类液体的设备、管道动火，应先办动火证。动火前，应与其他设备、管道采用盲板可靠隔断，用蒸汽吹扫、置换合格。合格标准（体积百分浓度）：爆炸下限大于 4%，含量小于 0.5%；爆炸下限不大于 4%，含量小于 0.2%。

2.5.2　防火、防爆事故应急处置

2.5.2.1　煤气火灾

扑救煤气火灾可用化学干粉、蒸汽等，禁止用水扑救，并要设法密闭和堵塞泄漏处。煤气设施着火时，应逐渐降低煤气压力，通入大量蒸汽或氮气，但设施内煤气压力最低不得小于 100Pa。严禁突然关闭煤气闸阀或水封，以防回火爆炸。直径小于或等于 100mm 的煤气管道着火，可直接关闭煤气阀门灭火。煤气

隔断装置、压力表或蒸汽、氮气接头，应有专人控制操作。

2.5.2.2 油品火灾

如焦油、粗苯、煤油等物质发生火灾。扑救这种火灾可用化学干粉、二氧化碳或泡沫灭火剂。

2.5.2.3 可燃物火灾

如建筑物、纤维、固体燃料等火灾。扑救方法可用大量水灭火。

2.5.2.4 电气火灾

电气配线、电动机、变压器及电器绝缘材料发生的火灾。扑救方法可用干粉、二氧化碳、四氯化碳等灭火。

不同性质的火灾，扑救方法各不相同，绝不能错用或同时乱用多种方法扑救。

2.6 防中毒基本常识和事故案例分析

2.6.1 基本常识

焦炉煤气是无色、有臭味、有毒的易燃易爆气体，其 CO 含量达 6%；高炉煤气是无色、无味、有毒的易燃易爆气体，其 CO 含量达 30%，两者比较，高炉煤气的毒性比焦炉煤气的毒性大得多，一旦泄漏极易发生煤气中毒事故。另外，煤气回收净化过程中 NH_3、H_2S、C_6H_6 等一旦泄漏，极易发生中毒事故。

一氧化碳（CO）具有非常强的毒性，当通过肺泡进入血液后，与血红蛋白结合而生成碳氧血红蛋白，阻碍血液输氧，造成人体急性缺氧中毒，严重时可致人死亡。车间空气中，CO 短时间接触容许浓度为 $30mg/m^3$，使用高炉煤气加热，其设备及管道等场所应重点防中毒。

氨气（NH_3）是一种有强烈刺激性气味的气体。轻度中毒能引起鼻炎、咽炎、气管炎和支气管炎，患者有咽痛、咳嗽、咳痰或咯血、胸痛等症状；严重中毒时可引起窒息。吸入高浓度 NH_3 时，还可引起急性化学性水肿，进而使人昏迷而死亡。车间空气中，NH_3 短时间接触容许浓度为 $30mg/m^3$，循环氨水槽、循环氨水中间槽、剩余氨水槽、剩余氨水中间槽、机械化氨水澄清槽及蒸铵塔、脱硫塔、再生塔均存在 NH_3，应加强保护。

硫化氢（H_2S）是一种可燃、无色、有臭蛋味的有毒气体，对人体神经有强烈刺激作用，同时对眼角膜、呼吸道黏膜有损害，可能出现眼炎、支气管炎和肺炎。吸入高浓度 H_2S 时可使人昏迷而死亡。车间空气中，H_2S 的最高容许浓度为 $10mg/m^3$。脱硫工段的脱硫塔、反应槽、泡沫槽中含有 H_2S，应重点防护。

高浓度的苯（C_6H_6）对中枢神经系统具有麻醉作用而引起急性中毒，长期接触高浓度苯对造血系统引起慢性中毒的损害。对皮肤和黏膜有刺激、致敏作用，可引起白血病。急性中毒：轻者有头痛、头晕、轻度兴奋等；重者出现明显头痛、恶心、呕吐、神志模糊、知觉丧失、昏迷、抽搐等，可因呼吸中枢麻痹死亡。慢性中毒：病人出现神经衰弱综合征；造血系统改变，白细胞、血小板、红细胞减少，重者出现再生障碍性贫血等。车间空气中，苯的短时间接触容许浓度为 $10mg/m^3$，脱苯、蒸馏、粗苯储槽和中间槽等场所重点防护。

2.6.2 事故案例分析

例：脱碳泵房煤气泄漏中毒，如图 2 - 2、图 2 - 3 所示。

图 2 - 2 脱碳泵房煤气泄漏中毒事故　　　　图 2 - 3 饱和塔与脱碳泵房联接管

事故经过：2011 年 1 月 6 日凌晨 4 时左右，鸿基焦化化肥项目合成车间中控室工作人员发现脱碳泵房煤气泄漏报警器报警，立即通知巡检人员前去处理。4 名巡检人员在现场排查时，出现煤气中毒情形，其中 3 人死亡，1 人受伤。

事故原因：由于事故前期连续出现近 20 年来极端低温天气，饱和塔与脱碳泵房联接管道出现冰冻，在解冻过程中，阀门失效，出现煤气泄漏，系统报警后，由于排除故障的防范意识不足，导致事故发生。

2.7 防中毒安全防护和事故应急处置

2.7.1 防中毒安全防护

主要包括以下内容：

（1）采用贫煤气加热时，地下室应设置防爆通风换气设备。进入操作前先通风换气，保证操作环境的空气新鲜。贫煤气加热时蓄热室任何部位的吸力必须大于5Pa，防止产生正压使贫煤气泄漏。

（2）经常检查水封、排水器的满流情况，保持足够的水封液面高度。禁止在煤气水封、排水器附近停留、休息、睡觉，以防煤气中毒。

（3）煤气设施停煤气检修时，应首先切断煤气来源并将内部煤气吹净。长期检修或停用的煤气设施，应打开上下入孔、放散管等，保持设施内部自然通风。进入煤气设施内之前，须检测 CO 及 O_2 含量是否合格。允许进入时，应携带 CO 及 O_2 含量检测仪，专人监控。CO 含量不大于 $30mg/m^3$，可较长时间入内连续工作；CO 含量不大于 $50mg/m^3$，入内连续工作时间不超过 1h；CO 含量不大于 $100mg/m^3$ 时，入内连续工作时间不超过 0.5h；CO 含量不大于 $200mg/m^3$ 时，入内连续工作时间不超过 15～20min。工作人员每次入设施内部工作的时间间隔至少在 2h 以上。

（4）带煤气抽堵盲板须由煤气防护站人员佩戴空气呼吸器进行，专人监护，防止无关人员进入。干熄炉预存室、循环风机等场所注意氮气泄漏，防止窒息。

（5）在有毒物质的设备、管道和容器内作业时，应可靠地切断物料进出口，经惰性气体吹扫置换并分析合格，同时 O_2 含量应在 19.5%。可燃、有毒气体检测仪应定期检验、维护、保养，确保性能可靠。

2.7.2　防中毒事故应急处置

抢救人员应佩戴空气呼吸器进入事故现场，将中毒者及时救出煤气和其他有毒物质危险区域，抬到空气新鲜的地方，解除一切阻碍呼吸的衣物，并注意保暖。抢救场所应保持肃静、通风，并指派专人维持秩序。中毒轻微者，如出现头痛、恶心、呕吐等症状，可直接送往附近医院急救。中毒较重者，如出现失去知觉、口吐白沫等症状，应立即拨打 120 赶到现场急救。

迅速撤离泄漏污染区人员至上风处，设立警戒区域，禁止无关人员进入污染区；抢险人员佩戴空气呼吸器进入事故现场查漏、堵漏，采用防爆风机抽排、强力通风，切断火源。易燃液体泄漏较多，采用不产生火花工具收集，或用活性炭或其他惰性材料、吸附材料、中和材料等吸收中和，使泄漏物得到安全可靠处置，防止二次事故的发生。

2.8　职业卫生基本常识与安全防护

粉尘：直径在 0.5～5μm 的飘尘可直入人体，沉积于肺泡内，并有可能进入血液，扩散至全身。目前，国家建议执行 PM2.5 规则，即微粒直径小于2.5μm。飘尘表面积很大，能够吸附多种有毒物质，且在空气中滞留时间较长，分布较广，危害严重。长期吸入烟尘粉尘，能引起以肺部组织纤维化为主的病变，最终可因肺部硬化、丧失正常呼吸功能，导致尘肺病。备煤在粉碎、输送过程中可能产生较大煤尘，焦炉装煤、出焦、熄焦、筛焦等过程均产生较大焦尘。一般采用技术和管理措施，如设置除尘装置、无烟装煤等，加强通风和个体防护。

噪声：作业人员直接接触噪声会使人烦躁与疲劳，分散注意力，影响语言的表达和思考，甚至发生伤害事故，严重的可能造成耳鸣头晕，引起消化不良、食欲不振、神经衰弱等症状，长期接触可导致听力下降等生理障碍。煤粉碎机、煤气鼓风机及各类机泵等，在运行过程中可能产生不同程度的噪声。通常采用隔声、消声、减振、降噪和个体防护等措施。

高温辐射：夏季炎热及运行过程产生的热辐射可造成作业环境高温。导致作业人员疲劳，甚至脱水中暑、休克等。在高温场所设置通排风降温设施；高温设施采取隔热措施；对接触高温作业人员采取个体防护与保健措施。

射源辐射：放射源γ射线源穿透力强，它可以破坏细胞组织，对人体造成伤害。当受到大量射线照射时，可能产生头昏乏力、食欲减退、恶心、呕吐等症状，严重时会导致机体损伤，甚至可能导致死亡。焦化厂配煤、干熄炉为精确控制料位，采用核子称时，常以 S137 作放射源，应当加强防护。一般采取距离防护，即与辐射源保持一定距离；屏蔽防护则用铅作屏蔽；时间防护即减少接受照射时间 3 种综合防护措施。对射源岗位工作人员进行岗位培训；防止辐射源被盗和丢失，防止泄漏。可能受到射线危害的人员应佩戴个人剂量计（胸章），定期回收检测，作业人员定期体检。射线源存放地点设置隔射标志、警示牌。

振动：振动是指在力的作用下，物体沿直线经过一个中心往返重复运动。振动分为局部振动和全身振动两种类型。长期接触局部振动的人，会有头昏、失眠、心悸、乏力等不适，还有手麻、手痛、受凉、手掌多汗、遇冷后手指发白等症状，甚至工具拿不稳、吃饭掉筷子。长期全身振动，可出现脸色苍白、出汗、唾液多、恶心、呕吐、头疼、头晕、食欲不振等不适，体温、血压降低等。振动还可使妇女的生殖器官受到影响，使子宫或附件的炎症恶化，导致子宫下垂、痛经、自然流产和异常分娩的百分率增加。煤破碎机、粉碎机、煤气鼓风机、各种除尘风机、各种泵、电动机、空压站等都能产生振动，尤其是筛焦楼的振动筛振动最为强烈。一般采用控制振动源、控制共振、隔振技术和加强个人防护来减少振动的危害。

2.9 焦化岗位安全规程和交接班制度

2.9.1 焦化岗位安全规程

焦化岗位安全规程包括炼焦车间、回收车间、备煤车间、机动科、生产技术科化验室、维修工和浴池工等岗位安全规程。以下仅对主要岗位安全规程进行阐述。

2.9.1.1 焦化岗位安全通则

焦化岗位安全通则的内容有：

（1）遵守厂部或车间各项安全规定，工作前按规定穿戴好劳动保护用品。正确、熟练使用防护器材。

（2）严格执行门禁制度。

（3）照明、应急灯、消防器材和安全防护装置应保持齐全、有效。

（4）开车前应发信号，并注意前方及轨道上是否有人或障碍物，无信号装置禁止开车。

（5）熟练掌握空气呼吸器和防毒面具佩戴使用，带煤气操作要佩戴空气呼吸器。

（6）进入煤气区域严禁携带易燃易爆物品，严禁在煤气区域吸烟和休息。

（7）煤气区域作业，两人（或两人以上）同去同归，携带报警仪。

（8）机械运转时，禁止用手触摸、擦拭运转部位，检查、加油、清扫、检修转动部位必须停车，切断电源。禁止用湿布擦拭电机和电气开关。

（9）非岗位人员未经允许，不得进入岗位操作。

（10）凭证操作机车，严禁将机车交给无证者操作。

（11）停车时，应将机车所有机构部位处于零位；离车时，必须拉下主电源闸。

（12）车辆用完后停放指定地点，把控制器放于零位，按安全开关，切断电源。

（13）禁止在轨道上坐卧休息或放置工具、铁器等杂物。

（14）配合其他作业时，应听从统一指挥。

（15）严禁酒后开车。

2.9.1.2 推焦车司机岗位安全规程

推焦车司机岗位安全规程的内容有：

（1）开车前必须确认推焦杆、平煤杆，对门机构处于零位。

（2）作业时，严禁同时操作推焦、走行、摘门机构中的任何两个机构。摘对炉门、吊小炉门、启动推焦杆推焦时，注意炉台附近是否有人。

（3）行车时，不得在平煤杆，操作室顶部站立或作业；严禁从机车上、下炉顶。

（4）使用推焦杆、平煤杆手动装置时，必须切断机构电机的电源。

（5）操作时司机手不准离开控制器，不准手压或脚踩零位开关，不与他人讲话。

（6）推焦杆、平煤杆接近限位时，应减速；出现二次推焦，应立即汇报，不得擅自二次推焦。

（7）机车上的安全设备不得擅自停用。

（8）煤饼差少许不到位时，应组织人工扒煤，禁止用推焦杆硬顶。

（9）禁止开车或平煤时打倒轮。推焦、平煤行车时要注意标志，到标志前开车慢行，防止电器失灵，发生事故。

（10）设备检修时，必须听从维修人员指令进行动手操作，并且配合检修，熟悉机械设备内部结构，掌握机械性能。

（11）未得到准确推焦信号，禁止推焦，听到哨音，看准手势后方可进行推焦。

（12）还有10条岗位安全规程见2.9.1.1节中（1）、（4）、（8）~（15）项。

2.9.1.3　拦焦车司机岗位安全规程

拦焦车司机岗位安全规程的内容有：

（1）开车前必须确认摘门机构，导焦机构处于零位。

（2）严禁将头伸出炉柱侧的观察窗，严禁同时操作走行、摘门、导焦机构中的任何两个结构。

（3）行车时，不得在车顶上作业，严禁把身体任何部位露出车体外面或上、下车。严禁从机车上、下炉顶。

（4）检修保养机车或排除机车故障时，应将机构退到零位，切断电源，不得在带压的情况下强行检修。

（5）机车上的除尘设备不得擅自停用。

（6）摘门后因故不能对导焦槽或导焦槽没对好位时，应立即通知推焦工长和推焦车司机，禁止推焦车推焦。

（7）开车操作时手不准离开控制器，不准与他人讲话，推焦联系按规定执行。

（8）司机室内必须铺设绝缘板。

（9）只有当出炉工发出信号，并确认其他人已让开，才能开车上炉门。

（10）当煤饼不到位需摘焦侧炉门时，摘门后，待拦焦车及焦侧人员撤离后，侧装煤车方可继续装煤操作。

（11）烟大、汽大时，车应慢行并连续鸣号。

（12）推焦时，司机禁止留在车上，并要观察出焦情况。

（13）禁止在炉台和熄焦车之间无通道处上下。

（14）还有10条岗位安全规程分别见2.9.1.1节中（1）、（4）、（8）~（15）项。

2.9.1.4　装煤车司机岗位安全规程

装煤车司机岗位安全规程的内容有：

（1）不准从机车上、下集气管操作台。

（2）检修：机车保养或排除机车故障时，应将机构退到零位，切断电源后进行；不得在风路、油路带压情况下强行检修。

（3）车辆进入煤塔前须减速慢行，防止与另一辆正进行捣固的装煤推焦车相撞。

（4）装煤前确保前挡板、活动壁关紧，后挡板在零位，煤箱对位正确。

（5）若是捣固装煤车，在捣固或平煤时严禁启动车辆走行。

（6）还有11条岗位安全规程见2.9.1.1节中（1）、（4）、（8）~（15）项及2.9.1.3节中的（3）项。

2.9.1.5　熄焦车司机岗位安全规程

熄焦车司机岗位安全规程的内容有：

（1）发出接焦信号后，不得再将车离开接焦的位置，严禁将机车头停到已对好导焦槽的炉号下边。

（2）清熄焦车道作业时应面对熄焦车，清道时，严禁在电道下，焦台边躲避行驶的熄焦车。

（3）试车、换车时，应听从统一指挥。

（4）发出准许推焦信号后，熄焦车禁止离开，接焦时手不准离开控制器，注视导焦槽情况，发现问题后立即发出信号制止推焦。

（5）熄焦车头禁止正对导焦槽停车。

（6）在粉焦池、熄焦塔附近工作应注意避免烫伤，清扫喷洒水管工作时要有安全措施。

（7）禁止行车时打倒轮，禁止车箱内同时接两炉焦。

（8）煤饼推不到位时，拦焦车摘下焦侧炉门后，熄焦车应将车厢正对装煤炉号，防止煤饼倒塌掉入熄焦车轨道。

（9）非检修时间任何人不准私自进入熄焦塔或留在附近，必要时应事前做好联系。

（10）禁止从熄焦车滑线下穿行。

（11）还有14条岗位安全规程见2.9.1.1节中（1）、（4）、（8）~（15）项；2.9.1.2节中的（5）项及2.9.1.3节中的（3）、（4）、（11）项。

2.9.1.6　出炉工岗位安全规程

出炉工岗位安全规程的内容有：

（1）不得在机车行走时上、下车，严禁扒车、跳车或利用机车上、下炉顶。

（2）作业时，应站在安全的位置；严禁站在机车各机构运行轨迹范围作业，严禁在已运行机构的前方或下方通过。

（3）严禁依靠炉门、炉柱。

（4）清扫焦侧炉框炉门上部时，防止触电伤害，使用大铲的长度应小于2.5m，小铲的长度应小于1.5m。

（5）严禁向炉下扔东西，严禁在机焦两侧从炉下向上吊、钩物品。

（6）作业时，炉门横铁必须下到规定位置、严禁横铁不到位就指挥司机开车。

（7）另一条岗位安全规程见2.9.1.1节中（1）项。

2.9.1.7　炉上指挥工岗位安全规程

炉上指挥工岗位安全规程的内容有：

（1）熟知所辖工段各工种的安全技术操作规程，负责监督推焦操作过程，同时要注意炉盖工安全。

（2）炉顶作业时应站在上风侧，不准脚踩炉盖，不准在机车行驶时上、下车。

（3）利用机车上、下炉顶，严禁坐靠轨道及防护栏杆。

（4）组织处理上升管堵塞时，必须用压缩空气压火，戴防护面罩。

（5）不得擅自停用高压氨水无烟装煤系统。

（6）班长不在时，各岗位人员要履行其各自职责。

2.9.1.8　上升管岗位安全规程

上升管岗位安全规程的内容有：

（1）清扫上升管、桥管时，待煤气燃烧尽后进行，清扫时禁止打开高压氨水，应用压缩空气或蒸汽压火，并站在上风侧，头部不能正对清扫管口，并应谨慎操作，缓慢上下，防止坠入炉下。清扫上升管必须用风管压火，清扫桥管必须关闭阀体翻板。清理桥管、集气管时，应注意风向防止煤气中毒。

（2）检查氨水喷头，必须关闭氨水截门、严禁带压拆卸丝堵；严禁撬、砸高压氨水管线。用高压氨水清扫集气管、吸气管，应在检修时进行，开关高压氨水截门应缓慢进行，不得用力过猛，防止断截门造成高压氨水外溅伤人。非装煤时间禁止打开高压氨水。

（3）严禁在操作台上打开上升管盖。禁止用提前打开上升管盖烧桥管的方法进行清扫桥管、上升管。

（4）在炉顶作业时，应注意躲避车辆和炉上导烟车行驶方向，严禁往焦侧躲车，不要踩大炉盖。

（5）集气管按规定调节、保持压力，不准出现负压现象。集气管着火时，严禁调负压灭火。人工清扫集气管时，应避开装煤的炉号，防止烧伤。

（6）操作平台清扫孔的盖板应随时盖好，上下斜梯应把扶栏杆。

（7）禁止铁器掉入炭化室。严禁从高处往下扔东西，所用工具放在平整安全处。

（8）另一条岗位安全规程见2.9.1.1节中（1）项。

2.9.1.9　测温工岗位安全规程

测温工岗位安全规程的内容有：

（1）在炉顶测温时，若有导烟车应注意其行驶方向，不准脚踩炉盖和脚踢看火孔盖。

（2）在机焦两侧测蓄热室温度时，应事先通知推焦车和拦焦车司机，并注意机车的行驶方向，防止被机车伤害。

（3）严禁坐靠机车轨道和炉顶周围的防护栏杆休息。

（4）不得在装煤时测量炉口相邻的火道温度，防止着火烧伤。

（5）用高炉煤气加热时，禁止一个人到地下室处理温度，检查孔板、喷嘴或四通的堵塞情况时，必须用有机玻璃遮挡住观察孔后观察。

（6）另一条岗位安全规程见2.9.1.1节中（1）项。

2.9.1.10　调火工岗位安全规程

调火工岗位安全规程的内容有：

（1）炉顶作业时，应注意煤车行驶方向，不准脚踩炉盖或脚踢看火孔盖。

（2）检修交换设备时，必须在交换前3min停止作业。严禁在交换和停送煤气时，进行煤气系统、空气、废气系统的设备检修工作。不得将工具、四通、堵塞、喷嘴等物品放在高处，以防落下伤人。

（3）检查孔板、喷嘴、四通、立火道堵塞情况时，必须用有机玻璃遮住观察孔后再观察。

（4）使用高炉煤气时，严禁一个人进入地下室进行煤气设备的检查与检修作业。

（5）带煤气作业，必须向车间主管主任或安全部报告，得到同意后方可进行；煤气作业使用不产生火花的工具。

（6）地下室煤气管道应严密；水封保护满流；溢流管、放散管必须保持畅通；地下室煤气浓度超标时，应用防爆排风扇通风。

（7）地下室及烟道走廊、走台上禁止堆放易燃易爆物，禁止开会、吸烟和休息。

（8）在煤气管道及交换机系统工作时，应由专人与交换机工联系确认，拉下自动交换电源开关并挂上警告牌，交换前 3min 停止工作，必要时切断电源。

（9）煤气管道着火时，严禁调负压或将开闭器关闭灭火。

（10）拆装交换、加减考克或孔板、煤气喷嘴等煤气设备时，均不得正面操作，未关加减考克严禁打开该号其后煤气设备。转动加减考克，应防止扳把打手碰脚。

（11）测量调节需使用各种车辆时，由专人负责与司机联系确认好。调节煤气压力翻板时，应注意限位装置，防止自动关死。

（12）清扫孔盖必须有安全链。清扫集气管时必须避开出炉操作。清扫时禁止钎子、清扫孔盖及其他工具掉下。

（13）在停送煤气时禁止动火；停止加热时，必须停止出焦。

（14）在炉顶、机焦两侧操作时要正确躲避车辆，不得坐卧铁道休息。

（15）炉顶测温、看火时注意防止装煤口喷火烧伤，并注意不得踩大炉盖。

（16）在上升管附近工作时，要防止上升管及水封水烫伤。

（17）打炉盖和测温时要站在上风侧，测温火钩有安全横梁，并注意打开的加煤孔和除尘车的行驶方向。

（18）用长工具工作时，应注意来往车辆，煤气设备和其他行人的动向，工具用毕放到规定地点。

（19）另 7 条岗位安全规程见 2.9.1.1 节中（1）、（3）、（5）~（7）项，2.9.1.8 节中（4）及 2.9.1.9 中（3）项。

2.9.1.11 铁件工岗位安全规程

铁件工岗位安全规程的内容有：

（1）在机焦两侧调节、更换铁件时，必须与机车司机联系，设一人监视机车的行驶方向；使用机车调节、更换铁件时，应由司机或组内有机车操作证的人员开车。

（2）利用拦焦车车顶调节，更换铁件时，应切断拦焦车磨电道的电源。特殊情况不能切断电源时，必须用绝缘胶皮将磨电道遮挡住，遮挡的长度应超过作业范围两端各 1m，高度下方应至车顶。

（3）高处必须系安全带，作业点垂直下方 2m 直径内不准站人；高处作业使用的工具或材料、备件应用滑轮上、下，严禁抛扔工具或材料备件。

（4）利用木梯作业时，梯子与地面的角度应保持在 60°~75°之间，3m 以上的长梯，下方应有人扶梯。

（5）严禁不系安全带在炉柱高度空间跨越测量铁件。

（6）更换拉条、炉柱等大型护炉铁件时，应由专人负责指挥，并设监护人员。

（7）紧松测量钢丝时，身体应位于调节器侧面，不得面对或在钢丝上紧松钢丝。

（8）测量或调节上部大弹簧应站稳，必要时系好安全带，螺帽不能调动时要先处理后调节。

（9）机焦拆卸、安装、调节时下边禁止行走，注意出炉号，防止烧伤。

（10）在往推焦车吊运拉条时，吊装要安全牢固，吊送时注意推焦车明线，重物下边严禁站人。

（11）测量钢柱曲度，炉体膨胀时应注意与推焦车、拦焦车司机密切配合。

（12）工作时注意明电线及钢丝拉断伤人，不准上下同时垂直操作，以免重物掉下伤人。所用梯子要有安全钩，上下梯子时要有人扶稳，并注意车辆来往。

（13）在烟道作业时，必须两人以上并携带煤气报警仪，同时与交换机工联系好，防止交换时发生事故。

（14）还有4条岗位安全规程分别见2.9.1.1节中（1）、（5）~（7）项。

2.9.1.12　运焦中控工岗位安全规程

运焦中控工岗位安全规程的内容有：

（1）巡回检查途径铁路时，应"一停二看三通过"；沿铁路旁行走时应在道轨1.5m以上；严禁在两轨间行走或从车厢连接处爬越。

（2）巡回检查上下斜梯、平台时，应扶好栏杆，途径照度<3Lx时以手电辅助照明。

（3）发生生产事故时，第一要防止事故扩大，第二要排除故障，第三要恢复生产；严禁带头或强迫工人冒险进入危险场所作业。

（4）应熟知和遵守所辖岗位的安全技术操作规程和焦化厂各项安全生产管理制度。

（5）另一条岗位安全规程见2.9.1.1节中（1）项。

2.9.1.13　筛焦工岗位安全规程

筛焦工岗位安全规程的内容有：

（1）振动筛运转时不得在传动皮带（切线反向）的前后站立或作业。

（2）更换皮带、筛片作业时，必须切断震动筛的电源，挂"不准合闸"的牌后进行。

（3）清理筛片，应在停车时进行，根据仓内存量及时联系车皮。需要扒仓时应在值班长或他人监护下进行。

（4）严禁坐靠防护栏，在操作室的窗台上休息。

（5）另两条岗位安全规程参见 2.9.1.1 节中（1）、（8）项。

2.9.1.14　除尘工岗位安全规程

除尘工岗位安全规程的内容有：

（1）巡回检查设备运转情况时，上下斜梯应把好扶手，防止摔伤。

（2）进行布袋室检查及更换布袋时，必须制定好安全措施，以防触电，同时布袋内严禁动火。

（3）需要到除尘管道上部检查设备时，必须经推焦车司机同意，方可进行。

（4）检查、清扫或检修除尘管道，工作结束后必须清点人数，确认无误后方可封闭人孔门。

（5）严禁湿手操作电器设备，以防触电及损坏设备。严禁从高空扔东西，以防伤人。

（6）另外 3 条岗位安全规程分别见 2.9.1.1 节中（1）、（8）项和 2.9.1.13 节中（4）项。

2.9.1.15　炉门修理工岗位安全规程

炉门修理工岗位安全规程的内容有：

（1）使用的工具应完好，不得使用锤头移动的手锤和开度不能固定的扳子。

（2）每天上岗时应检查所属炉门横铁及炉钩、安全针是否齐全，旋转架上下安全插销、起落的限位极限等安全装置保证齐全好使。

（3）启落炉门时，严禁在下方通过或作业，竖炉门时，必须插好安全针及旋转架上的锁子。

（4）修理炉门时，炉门应落放平稳，不得在炉门悬空时作业。

（5）倒门、换炉框时，应由当班司机或有机车操作证的人开车。配合更换炉柱、炉框作业时，应同机车司机联系，注意机车的行驶方向，防止被车辆挤伤。

（6）使用砂轮机时，从事焊工作业时，应遵守相应的安全操作规程。

（7）开卷扬前要事先检查离合器是否正常，安全装置是否完好，安全销是否插好，开机时集中思想注意沉铊标志和运行情况，工作后应将离合器拉到零位，切断电源。

（8）炉门旋转架起落时，不准有人在下面停留或通过，工作人员应站在侧面，防止砸伤。

（9）推修门用小车时禁止脚踏在滑道上，防止小车压脚。

（10）在焦侧不准在导焦槽一边的炉台上工作，禁止坐卧铁轨休息，注意熄焦车红焦蒸汽伤人。

（11）调修炉门时，要与司机联系好，注意车辆行走方向，使用的梯子应带安全钩并放稳，防止滑倒摔伤。

（12）所用工具应完好，使用电钻及大锤时禁戴手套，用砂轮时必须站在侧面。

（13）在炉体上拆装小炉门，固定销子，下面不准站人。

（14）使用气、电焊时，要遵守电、气焊操作规程和安全规程。

（15）另3条岗位安全规程分别见2.9.1.1节中（1）、（8）项和2.9.1.14节中（5）项。

2.9.1.16 粉焦抓斗工岗位安全规程

粉焦抓斗工岗位安全规程的内容有：

（1）抓斗工作时，其下面不准有人通过和逗留。不准用抓斗提人或工具。

（2）在粉焦池附近工作时，注意烫伤并防止掉入粉焦池或水沟内。

（3）经常检查钢丝绳、滑轮及轨道支架等，发现损坏和锈蚀情况及时处理。

（4）严禁操作前不进行检查，严禁在设备零件损坏及不正常状态下进行作业。

（5）另3条岗位安全规程分别见2.9.1.1节中（1）、（8）项和2.9.1.14节中（5）项。

2.9.1.17 配煤工岗位安全规程

配煤工岗位安全规程的内容有：

（1）配煤时调节煤盘上套筒，煤量过大或过小要及时调节，防止设备伤人事故。

（2）检修时配合维修人员进行检修，注意人员互保制度。

（3）跑盘不要靠近皮带，动作迅速准确，与配煤盘运转保持一定距离，不要用力过猛，严防被皮带挂着发生事故。跑盘完毕后及时将皮带防护栏恢复。

（4）电器设备发生事故时应及时报告班长，并找有关人员处理，严禁私自修理。

（5）发现煤盘中含水量大，要远离配煤盘，防止喷煤发生人身伤亡事故。

（6）每天对放射源放射剂量进行检测，发现超标及时处理，防止辐射对人体造成伤害。

（7）另两条岗位安全规程见2.9.1.1节中（1）项和2.9.2.5节。

2.9.1.18 漏煤工岗位安全规程

漏煤工岗位安全规程的内容有：

（1）装煤操作时躲避爆鸣时注意碰伤。

（2）严禁班前班中饮酒、睡岗，操作、走路时注意大炉盖和打开的大炉口，防止掉入大炉口内。

（3）在炉顶操作应站在上风侧，清扫炉口余煤、石墨、勾炉盖时注意喷火以防烧伤。

（4）不得脚踩炉盖，炉盖翻了禁止用脚蹬正，平煤时严禁用铁杆捅煤。

（5）禁止在炉门打开或上升管关闭时清扫炉口。

（6）严禁在铁轨上坐卧休息。

（7）注意煤车及导烟车行走方向，严禁往焦侧躲车；车辆行驶时，禁止上下或乘坐在梯子上。

（8）烟大、汽大时要慢走，注意打开炉盖的炉口和车辆。

（9）炉盖上禁止压重物，禁止把工具乱放或放在轨道上。

（10）清扫桥管和上升管时，禁止在上升管根部逗留和通过。

（11）不准从炉顶跨上推焦车、拦焦车。

（12）关闭有水封的上升管盖时，要缓缓进行，以免烫伤。

（13）禁止过早打开无烟装煤高压氨水。

（14）不准从炉顶随意往下扔东西，如确有必要，需专人瞭望监护。

（15）另一条岗位安全规程见2.9.1.1节中（1）项。

2.9.1.19 皮带工岗位安全规程

皮带工岗位安全规程的内容有：

（1）严禁在皮带机上跨越行走，严禁非操作人员开机，如有必要跨越皮带时，必须断电挂牌或关掉事故开关。运煤皮带工开机前必须先打警铃，回铃后再开机，防止绞入皮带伤人事故。运焦皮带工正常情况下，不准负载启动，超载运行，防止皮带断裂伤人。

（2）不允许伸手或用任何工具在运转中的皮带机尾轮清扫刮料，不允许在皮带走廊的另一侧行走和停留。

（3）发现皮带跑偏应迅速调整，严禁用铁辊、锹、耙乱拨皮带。

（4）捅漏斗时应站在侧面，以防皮带大块杂物打伤。

（5）进行检查、清理卫生时，应防止衣服、手脚被运转部位绞住。

（6）返矿皮带、成品皮带在巡检、清理时应戴好防尘帽，防热烧结矿掉下烫伤。

（7）皮带运转中清扫时，若铁锹或扫把等物卷入时应立即松手，不得强拉硬拽。

（8）设备维修必须同有关人员联系好，切断电源，接上警示牌，检修结束后，接到检修负责人通告，检查无误后方可启动。非维修人员严禁拆卸电气设备、开关，电气着火时，严禁用水扑灭。

（9）发现下列情况，操作人员应迅速切断事故开关。发生人身事故时；皮带跑偏，调整无效时；有撕坏皮带的危险，或皮带接头裂开要断时；堵漏斗或皮带被撕，打滑时；电机冒烟，传动齿轮损坏等设备故障。

（10）清煤仓时须与煤车联系好，站人的地方不能漏煤，必要时拴好安全带。

（11）皮带两侧洒落的煤粉和焦炭要及时清理，防止打滑摔伤。

（12）焦仓上满时，要及时用铁盖把焦仓口盖好，防止坠落焦仓内。

（13）定期检查事故开关和紧急停车装置，保持其处于正常完好状态。

（14）另3条岗位安全规程分别见2.9.1.1节中（1）、（8）~（9）项。

2.9.1.20 硫铵饱和器工岗位安全规程

硫铵饱和器工岗位安全规程的内容有：

（1）经常检查设备及护栏腐蚀状况，登高作业必须系好安全带。

（2）饱和器用蒸汽置换合格后方可进人或动火。

（3）另3条岗位安全规程见2.9.1.1节中（1）、（7）、（9）项。

2.9.1.21 粗苯岗位安全规程

粗苯岗位安全规程的内容有：

（1）发生火灾时严禁用水灭火。

（2）严禁将泄漏出的苯、油液体冲入下水道，不准用苯类液体洗衣服、擦手和擦拭地面。

（3）40kW 以上的电机不准连续启动3次。

（4）各种屏蔽泵禁止空转。

（5）危险区域登高作业时，必须系好安全带。

（6）高温介质管道、阀门作业时，当心烫伤。

（7）粗苯区域，手机禁止开机。

（8）粗苯洗涤泵工作业时两人同去同归，携带报警仪；还要经常检查联轴器防护罩是否固定。

（9）另3条岗位安全规程分别见2.9.1.1节中（1）、（2）、（8）项。

2.9.1.22 电捕焦油器岗位安全规程

电捕焦油器岗位安全规程的内容有：

（1）高温介质管道、阀门作业时，当心烫伤。

（2）煤气中含氧量超过 1.7% 时停止送电。

（3）若自动联锁未起作用，应立即停机并通知有关部门维修。

（4）电捕清扫时，必须打开顶部放散，严禁在放散管堵塞或阀门关闭的情况下切断清扫蒸汽，以防负压真空损坏设备。

（5）进入电捕内检修，电捕出、入口加水封保持溢流。

（6）另 4 条岗位安全规程见 2.9.1.1 节中（1）、（2）、（7）～（8）项。

2.9.1.23　鼓风机岗位安全规程

鼓风机岗位安全规程的内容有：

（1）上下楼梯及排液操作时，注意脚下，当心滑跌。

（2）开关蒸汽阀门时，不准正对面部，当心烫伤。

（3）鼓风机房内严禁烟火，严禁堆放易燃、易爆物品。

（4）其余 4 条岗位安全规程分别见 2.9.1.1 节中（1）、（2）、（7）～（8）项。

2.9.1.24　蒸氨工岗位安全规程

蒸氨工岗位安全规程的内容有：

（1）液碱系统操作时，当心腐蚀。

（2）停塔后必须冷却到常温，方可打开入孔、放散，否则会引起自燃。

（3）蒸氨塔底放焦油后，必须用蒸汽清扫管道，避免堵塞。

（4）经常检查设备及护栏腐蚀状况，登高作业必须系好安全带。

（5）开关蒸汽阀门时，不准正对面部，当心烫伤。

（6）另一条岗位安全规程见 2.9.1.1 节中（1）项。

2.9.1.25　脱硫岗位安全规程

脱硫岗位安全规程的内容有：

（1）罐顶作业时，检查罐顶及护栏腐蚀情况，防止坠落。

（2）预冷塔、脱硫塔用蒸汽置换合格后方可进人或动火。

（3）预冷塔、脱硫塔用蒸汽清扫后必须凉塔，严禁马上关放散、上液上水。

（4）开塔前必须清扫塔内空气。

（5）硫铵泵工还需要经常检查联轴器防护罩是否固定。

（6）高温介质管道、阀门作业时，当心烫伤。

（7）其余 3 条岗位安全规程分别见 2.9.1.1 节中（1）、（7）～（8）项。

2.9.1.26　天车工岗位安全规程

天车工岗位安全规程的内容有：

（1）操作指令控制时，操作手柄必须缓慢进行，保证天车运行平稳。接近零位时稍快，以防弧光过长烧坏接点，在机械完全停止运转后，才允许反向操作。

（2）天车作水平运动时，吊物应提至可阻碍物 0.5m 以上，以防止撞坏吊物或其他设备而发生事故。

（3）正在运转时禁止用终点开关和极限开关来切断电源，接近终点时速度减慢。

（4）操作时应随时注意制动器的良好性能。

（5）任何人员上下天车，必须在指定地点上下，严禁从天车桥架翻越，在运行中任何人发出停车信号，都必须停车。

（6）除修理、定期检查大车轨道人员，任何人不得沿大车轨道行走。

（7）开车前必须打铃，不得随意移动、破坏、拆除安全设施和各种保护。

（8）作业吊物时做到"十不吊"，即"超负荷不吊、无人指挥不吊、手势不清不吊、物件上站人不吊、危险物品无措施不吊、埋在地下的物件情况不明不吊、冒险作业不吊、吊运工具不符合要求不吊、捆扎不牢不吊、吊物不从人头上越过"。

（9）另 3 条岗位安全规程见 2.9.1.1 节中（1）、（8）~（9）项。

2.9.1.27　煤气柜岗位安全规程

煤气柜岗位安全规程的内容有：

（1）气柜区动火，必须事先办理动火证，经有关部门批准，并采取可靠措施后，方能动火。

（2）当进入气柜内部检查时，必须携带氧气呼吸器，操作室内必须有人值班，气柜柜顶平台有人监护，并有防护人员监护，才允许到活塞平台。

（3）操作者不得擅自脱离岗位，每小时对设备、仪表进行一次巡检，并做好值班记录，发现问题及时处理。

（4）电梯、吊笼专人操作，作用前必须进行各种限位限速检查，吊笼载人必须空载一次，电梯、吊笼运行时严禁超载。

（5）严禁在煤气设施上拴拉临时线。

（6）操作电梯、吊笼及检修设备，实现工作票，挂牌制。

（7）非工作人员禁止乱动气柜区域内的开关及阀门。

（8）作业时必须首先进行 CO 浓度测定，并辨明风向，当柜顶上有人作业时，严禁放散煤气。

（9）进行柜底煤气放散时柜上不许站人，并放好警戒线，40m 区域内严禁火源。

（10）进入煤气设备内部工作时，所用照明电压不得超过12V。

（11）其余两条岗位安全规程分别见2.9.1.1节中（1）、（7）项。

2.9.1.28　煤气防护岗位安全规程

煤气防护岗位安全规程的内容有：

（1）煤气作业时要用防爆工具，登高作业须有防坠落措施。

（2）到现场作业，需两人以上，一人操作一人监护，监护工作要严肃认真，不得擅离职守。

（3）进入煤气区域作业，必须从上风或两侧进入，并戴好防护用具。

（4）不准私自乱动现场各种电气设备或阀门。

（5）巡视检查应注意交通安全，不得进入与工作无关的部位。

（6）有监护、抢险任务或发生煤气事故时，应问明情况，携带所需防护、救护仪器迅速赶到现场及时正确处理。

（7）工作中遇有疑难问题，立即向有关部门或上级领导反映，不得拖延时间。

（8）其余两条岗位安全规程分别见2.9.1.1节中（1）、（7）项。

2.9.2　焦化交接班制度

2.9.2.1　交班者

交班者工作要求包括：

（1）努力做好本职工作，圆满完成本班任务，为下班生产打好基础。

（2）下班前进行全面检查，稳定生产，使各项指标符合技术规定。机械及设备运行正常，稳定生产，备用设备能随时启动。

（3）保证各部位管道、水封槽、排液管等畅通无阻。

（4）将岗位生产工具、消防器材、报警仪器、防护用品等检查整理好，如有丢失或损坏，登记说明。

（5）下班前把所属设备及环境卫生搞好。

（6）认真填写入库产品产量、质量及其他生产记事。

（7）虚心听取接班者意见，发现问题由交班者负责，接班者协助处理。

（8）向接班者详细介绍本班生产情况、发生问题及处理经过和结果。

（9）接班者过时未到，当班人员必须坚守岗位，保证生产正常，同时向有关班组长报告，予以解决。

（10）得到交班者允许，方可下班。积极参加班后学习和班后会。

2.9.2.2　接班者

接班者工作要求包括：

（1）积极参加班前学习和班前会，听有关人员布置任务和进行安全教育。

（2）按规定穿戴好劳动保护用品，接班提前（时间因公司岗位不同而异）进入岗位，会同交班人检查设备、现场卫生及生产情况。

（3）对上一班生产、设备情况全面检查，发现问题及时向交班提出并协同处理。

（4）认真检查生产工具、消防器材、公用物品是否完好整齐，发现有丢失损坏及时提出。

（5）检查交班者执行各项规章制度的情况，对违章者有权进行批评教育。

（6）耐心听取交班者介绍情况，详细检查和阅读交班记录，征求交班者意见。

（7）替班者到所替工种接班，担负起所替工种的全部工作。

（8）交接班时发现问题，两者共同处理。

（9）接班后发现、发生问题，由接班者负责。

（10）接班后在岗位开碰头会，听带班员布置本班任务。

2.9.2.3 交接班内容

生产：交本班生产、指标完成情况、设备运行情况、检修项目和检修进度。

技术：交本班技术操作，相关数据、参数及质量情况。

设备：按设备使用维护操作规程中的设备交接规定进行交接。

安全：交未处理或正处理的安全隐患及采取控制措施和安全防护措施。

卫生：交室内外整洁干净，设备无积灰、现场无杂物，物品码放整齐。

公共器具和设施齐全完好。

交接下班生产准备工作及领导指示落实情况；交原始记录；交接班记录本填写内容齐全、准确，字迹清楚、不许乱写乱画和不签名，无涂抹、无撕页、无丢页。

接班方提前班前会（时间因公司岗位不同而异）。

2.9.2.4 交接班做到"三一""四到""五不交接"

A "三一"

对重要部位要一点一点交接；对生产数据要一个一个交接；对生产工具要一件一件交接。

B "四到"

交接时应看到的要看到；交接时应摸到的要摸到；交接时应听到的要听到；交接时应闻到的要闻到。

C "五不交接"

生产不正常或发生问题，原因讲不清不交接；设备卫生和环境卫生搞不好不交接；生产记录不整齐、不清楚、不准确不交接；跑、冒、滴、漏该自理的没处理不交接；消防器材、工具不整齐，原因不清不交接。

2.9.2.5 班前会班后会制度

必须坚持班前点名制；做好班前安全教育及安全注意事项教育；讲解设备操作规程、设备保养、检查及岗位清理事项；交代本班、本日生产任务、指标、注意事项；交代各项指令及各项临时工作，如何完成事项；做好班后点名考勤工作；做好班后生产任务、指标完成分析情况汇报；做好当班发生的各类事故分析汇报；检查各岗位交班情况是否符合规定要求。

2.9.2.6 交接班时间

严格按照各厂厂规规定及时交接班，否则容易发生事故。

2.9.2.7 交接班地点

交接双方必须在现场认真地进行交接班，并按规定时间在工作岗位进行交接。

3 烧结安全防护与规程

3.1 烧结生产基本工艺和安全生产的特点

3.1.1 烧结生产基本工艺

烧结是在粉状含铁物料中配入适当数量的熔剂和燃料，在烧结机上点火燃烧，借助于燃料燃烧的高温作用产生一定数量的液相，把其他未熔化的烧结料颗粒黏结起来，冷却后成为多孔质块状物质。其工艺过程是将细粒含铁原料与熔剂和燃料进行配料，经造球、点火、烧结，再经过破碎、筛分、冷却、整粒后运往炼铁厂。目前较先进的烧结生产工艺流程如图 3-1 所示。

3.1.1.1 原料接受、贮存和中和

烧结原料包括含铁原料（精矿粉、粉矿等）、熔剂（石灰石、生石灰、消石灰等）、燃料（焦粉或无烟煤）。烧结原料接受设备主要是翻车机和螺旋卸车机。

一般大型烧结车间都有一次料场和混匀料场，以便于原料的贮存和中和。其目的是调节来料和用料不均匀的矛盾；减少化学成分的波动，使化学成分稳定。料场主要设备有堆料机、取料机和堆取料机。

原料场生产实行集中控制，中央控制室对原料场工艺系统和工艺流程进行集中控制、CRT 监视和运行管理。原料场以程序控制为主要控制方式、设有程序控制联动操作、集中手动、电气连锁操作和机旁单机操作 3 种操作方式。

3.1.1.2 配料和混料

将铁矿粉匀矿，颗粒尺寸符合要求的其他含铁原料、熔剂、燃料等输送到各自的配料槽，通过皮带电子秤将各种原料按预定比例配料，并送入配料主皮带。主皮带上的原料经过转运进入圆筒混料机进行混料作业。

混料作业分为一次混料和二次混料。一次混料的主要作用是混匀成分；二次混料的主要作用是造球制粒。

3.1.1.3 布料

烧结混合料布入台车之前，先用铺底料机在台车上铺一层烧结矿返矿。底料铺好后，通过布料器将烧结混合料布入烧结台车内。布料时，应使混合料粒度、

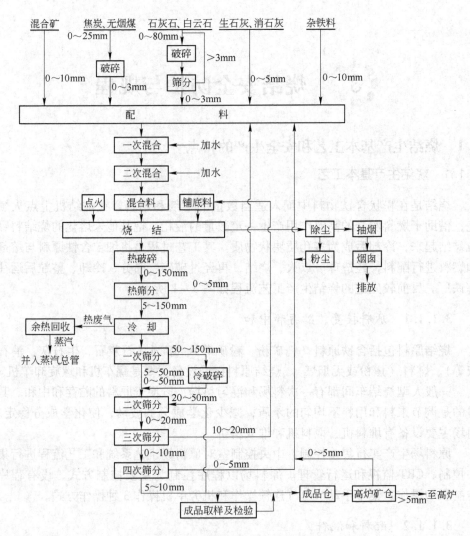

图 3-1 抽风烧结生产工艺流程

化学成分及水分等在台车纵横向皆均匀分布，并且具有一定的松散性，表面应平整。根据料层透气性和抽风负压的大小，台车上料层厚度可达到500~800mm。

3.1.1.4 点火与烧结

烧结过程是从混合料表层的燃料点火开始的。为保证混合料内燃料燃烧和湿表层烧结料黏结成块，要求有足够高的点火温度、适宜的高温保持时间，沿台车宽度点火均匀，以保证烧结作业的顺利进行以及表层烧结矿的强度。点火器内煤气燃烧产生的高温将上部料层中的燃料点燃，并产生热量。在抽风负压作用下，热量向下传递，混合料层逐渐升温、燃烧，从而达到烧结的目的。

从烧结料层横截面看，可把整个烧结料层从上向下分为烧结矿层、燃烧层、预热层、干燥层和湿料层。随烧结的进行，各层内发生着复杂的物理化学反应。当台车行走到烧结机尾部时，烧结过程结束，红热烧结块滑落到单辊破碎机上被剪切破碎。破碎后的烧结矿经热振动筛筛除 −5mm 粉末后，送冷却机冷却，并进行整粒。

3.1.1.5 整粒

从烧结机上卸下的热烧结矿经环式冷却机后，需要进行破碎和筛分分级，这一工序称为整粒。通过整粒，将烧结矿按粒度进行分级。整粒常用设备包括双齿辊破碎机和振动筛。

3.1.2 烧结安全生产特点

烧结生产是保证高炉生产稳定顺行，为高炉冶炼提供具有良好冶金性能的烧结矿的生产工序。装备大型化、设备自动化及高度集中的运输、储存、混匀和整粒已成为现代钢铁企业烧结系统的发展方向，成为改善安全卫生条件的基础。

由于烧结系统工艺设备多、流程复杂、检修频繁、危险有害因素多，因此，烧结系统是钢铁联合企业中发生伤亡事故和职业病较多的单元之一。

3.2 烧结过程中常见事故

3.2.1 原料场常见事故

原料场的主要事故是各种机械运转和处理故障时所发生的机械伤害，其次为高处坠落和物体打击事故。

（1）当翻车机、受料槽等设备接卸料时，有受车辆、机具等伤害的危险；由于翻车机联络工和司机联系失误，车皮未能对正站台车即行翻车，会发生站台车及旋转骨架撞坏事故；工人处理事故易发生挤手、砸脚事故。

（2）皮带运输机运转过程中，容易出现跑偏、打滑、压料等事故；上托辊，清扫、更换清扫器和挡皮溜子等设备维护作业时，有被皮带胶住，带入皮带运输机造成机械伤害的危险。

（3）抓斗吊车在检查、清扫维护设备、处理机电设备故障，更换钢丝绳、抓斗或处理钢丝绳故障时，由于配合不当、人为失误、工具不良等原因，有发生高处坠落、物体打击等危险。

（4）在熔剂和燃料破碎加工作业过程中，由于锤式破碎机门未关好或机壳被击穿而使物料飞出伤人；更换锤头等作业时，有受物体打击、起重伤害的危险；更换破碎机传动带，处理堵料、卡辊等事故时，有受机械伤害的危险。

（5）原料场的粉尘危害分时扬尘，料场料堆刮风时扬尘，以及槽上下部入槽、排出时扬尘。原料场粉尘有时也会因含有少量铅锌砷氟等物质，对人体产生危害。

3.2.2　配料、混料工序常见事故

当圆盘给料机的排料口被大块或杂物堵住时，在处理过程中易造成机械伤害。当烧不透、跑燃料、跑水或加水过多等原因而造成返矿圆盘"放炮"时，容易烧烫伤人。清挖圆筒混料机内壁黏结作业时，易造成工具伤人等伤害事故。

3.2.3　烧结机工序常见事故

烧结机工序常见事故包括以下内容：

（1）突然停电，造成点火器炉内火苗蹿出烧伤人；突然停煤气，使空气进入煤气管道引起管道爆炸伤人；煤气管道、阀门泄漏引起煤气中毒事故等。

（2）在机尾观察孔观察卸矿断面情况或捅机尾漏斗料时，易被冲出的含尘热浪烧伤面部和手；在机头铲反射板黏结料时，脚踩在轨道上被台车车轮压伤；更换炉箅条时，易造成手挤夹伤、头部碰伤及其他机械伤害。

（3）用吊车更换台车或运重物时配合不好，易造成挤夹伤手脚等机械伤害。

3.2.4　烧结矿破碎、筛分、整粒工序常见事故

烧结矿破碎、筛分、整粒工序常见事故包括以下几个方面：

（1）单辊破碎机溜槽和热矿筛进口堵料、打水捅料时，易被蒸汽、红料烫伤；热矿筛在运转中震动大，容易将联轴节、轴承体连接部位的螺钉震断甩掉，甚至把振动器偏心块甩掉飞出伤人。

（2）冷却机的进、出料口堵料和一次返矿溜槽出口堵料，处理时易烫伤人。

（3）双层筛、振动筛的瓦座连接螺钉断，传动轴瓦座和偏心块甩出伤人；在处理齿辊破碎机、双层筛进口漏子和冷振动筛筛板孔堵料时易不慎伤人。

3.2.5　抽风除尘工序常见事故

抽风除尘工序常见事故包括以下内容：

（1）抽风机转子失衡，叶片脱落击破机壳飞出伤人。油箱油管漏油有引起火灾的危险。

（2）进入除尘器和大烟道内检查或处理故障时，有煤气中毒的危险；若他人关闭了人孔门，会造成窒息死亡，若启动风机，将造成严重后果。

（3）进入电除尘器内排除电场故障或清扫阴阳极积灰，进保温箱清扫绝缘套管、座式瓷瓶等，未采取放电措施，有被电击的危险；通风不畅有煤气中毒、

缺氧窒息的危险,除尘器清灰还有被高温除尘灰烫伤的危险。

(4) 除尘设备的外楼梯多,且高又陡,上下楼梯不慎滑倒、坠落的危险。

3.2.6 事故案例分析

3.2.6.1 粘料跌落事故

事故经过:2010 年 1 月 25 日,某炼铁厂烧结车间烧结停机计划检修,5 时班长安排配料组长负责组织一期滚筒的清料工作,7 时成品组长等人被调来一同清理滚筒粘料,8 时 20 分左右当配料组几名职工用钢镐清理滚筒内壁粘料时,粘料发生滑落,将正在作业的两名职工砸伤。

事故原因:事故的管理原因是检修安全会对清理滚筒工作布置不严密,作业方案、安全措施、负责人、监护人等没有进行具体、细致安排。直接管理原因是班长布置工作时,缺乏对清理滚筒作业的危险性评估,进行了泛泛布置,造成职工对全部危险和具体防范措施没有掌握的前提下,贸然进入滚筒作业。间接管理原因是配料组长、成品组长在组织职工清理粘料作业时,对安全措施和作业防范内容布置不全面,职工教育不到位,作业监护过程中对监护到点措施执行不严,对先兆隐患发现不及时。主要原因是职工在清理粘料作业过程中,对可变的作业环境防范意识不强,安全检查、确认不到位。

3.2.6.2 粘料飞出伤人事故

事故经过:2009 年 6 月 14 日 14 时 15 分左右,某钢铁厂原料车间 2 号供料班班长刘某组织职工对混均料仓 3 号仓进行清仓作业时,因使用空气炮打料仓粘料,造成震落的物料由清料孔飞出,击中在清料孔处站立职工李某的左眼部,造成左下眼睑受伤事故。

事故原因:事故直接原因是职工李某安全意识不强,没有认识到清料孔有飞料喷出的可能,使自己处于飞料喷出的危险区域。主要管理原因是原料车间 2 号供料班长刘某未对清仓工作进行全面的安全评估和安全措施制定,在向清仓职工布置工作时,没有将作业存在的危险和具体的安全防范措施向职工讲解清楚。间接管理原因是原料车间对班组之间的职工协调作业管理存在漏洞。

3.2.6.3 安全防护装置不完善设下陷阱事故

事故经过:2001 年 1 月 27 日 6 时 30 分,某烧结厂五班皮带操作工罗某与同班胡某进行接班前卫生清扫工作,罗某叫胡某去矿槽处打扫卫生,罗某拿着铁铲到加湿皮带机处搞卫生。约 7 时 15 分,罗某在运转加湿皮带驱动机处清扫卫生时,由于身体接触运转的增面轮与皮带部位,被卷入增面轮与皮带间,卡夹在皮带中死亡。

事故原因：皮带运输机在设计时安全防护装置不完善，在使用前的内部"三同时"审查时未发现此问题。该工程在投入生产后，安全检查监督不力，没有发现皮带运输机的不安全因素，未及时采取防护措施。皮带工岗位操作规程中，清扫工作安全注意事项不具体。烧结厂对职工安全教育不够，职工安全意识薄弱，自我保护能力差。如图 3-2 所示为该事故自拟的漫画图。

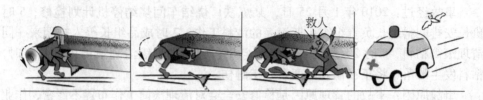

图 3-2　事故自拟漫画

3.2.6.4　岗位工作人员被带入皮带导致的伤亡事故

事故经过：2006 年 6 月 23 日 16 时左右，某钢铁公司烧结厂球烧作业区运行乙班史某接班后进入 1~9 号皮带岗位工作。23 时左右，当班班长高某查至该岗位检查史某卫生完成情况，史某回答已全部做完。24 日凌晨 24 时左右，丁班接班人员朱某来到岗位进行交接班，未见到史某，通过询问，误认为史某洗澡去了，便不再过问。约 24 时 30 分，朱某巡检到 1~9 号皮带机机尾，发现史某趴在机尾滚筒下方已经死亡。

事故原因：事故直接原因是史某在岗位作业时不慎被带入皮带挤压致死。间接原因：一是烧结厂对新入场人员、转岗人员安全培训不够，球烧作业区对班组职工交接班制度检查落实不严，致使交接班制度未能得到很好的贯彻落实；二是球烧作业区运行乙班对日常作业过程中的职工作业行为监督、检查、管理不到位。

3.2.6.5　清理矿槽作业忽视安全防范导致坍塌伤人事故

事故经过：2006 年 7 月 21 日晚 18 时 30 分，某冶金集团有限公司烧结厂料场车间上夜班的甲班工段段长侯某，接到当日下午副主任宋某在交接班记录上留交的作业通知：2 号翻车机拖轮下面的矿槽，从今晚开始每班必须清理干净。19 时 30 分左右，侯某组织当班人员 10 人开始沿矿槽北侧内壁由上至下进行清理作业。21 时当日值夜班的副主任宋某到达作业现场，23 时左右因身体不适离开，期间对错误的作业模式没提出整改要求。7 月 22 日 1 点 25 分，当清理接近到下料口时，料槽壁南侧粘料发生"滑坡式"溜料，将正在清料的李某埋入料中而导致死亡。

事故原因：事故主要原因是料场车间在本次清理矿槽作业过程中，只制定了沿槽北侧内壁向下清料的作业模式，致使作业模式埋有事故隐患，且从作业指令下达到事故发生，没有严格执行安全生产"五同时"制度和烧结厂《危险作业审批制度》中的审批程序和制定落实安全防范措施的要求。管理原因是烧结厂将清理矿槽作业确定为危险作业，但长期没能执行审批程序，有关监督管理人员监督不到位。

3.2.6.6 焊接电除尘器，5人被吸入身亡事故

事故经过：2010年9月9日上午8时，武汉市隆泰建筑劳务有限公司的人员对烧结分厂五烧结车间的电除尘器机头箱体钢结构外壳进行焊接作业过程中，外壳钢板有一处突然断裂，正在作业的3人被空气负压吸入电除尘器内，另外的两名工友见状，奋不顾身扑上去施救，也不幸被吸入。现场人员当即切断电源、风源将5人救出。但经多方抢救无效，5人不幸身亡。

事故原因：电除尘器是利用强大的空气负压，将带有粉尘的废气吸入除尘器内，再通过静电原理除尘。除尘器处于高温环境，烟尘与废气的温度更高，再加之自身为高腐蚀气体并有结露现象，就会引起壳体腐蚀。腐蚀可能因"疲劳"或焊接而造成。事故的直接原因是被焊接的电除尘器外壳钢板有一处突然断裂。

3.3 烧结主体设备安全防护

安全防护与岗位安全规程内容是相辅相成、相互联系的。安全防护仅为岗位安全规程中的未提及的内容。

3.3.1 原料场安全防护

3.3.1.1 原料场主要设备及功能

原料场由原料受卸系统、一次料场、混匀设备、供料设备、取样设备、中央控制室以及相应的辅助设施组成。

（1）受卸设施：包括胶带机系统和汽车受卸系统。

（2）一次场：一次料场设有若干个料条，主要储存氧化铁皮、料铁、高炉灰、转炉渣、石灰石、蛇纹石、球团用膨润土、硅石、外购焦炭、煤、含铁原料、落地烧结矿等各种原燃料。一次料场主要设备有：一次料场堆料机和取料机。

（3）混匀设施：混匀设施是将烧结所需全部含铁原料首先进行定量配料，然后在混匀料场进行平铺直取，制成混匀料，供给烧结使用。

混匀设施由大块筛除设施、混匀配料槽、混匀料场组成。混匀配料槽的胶带机系统中设有大块去除筛，将混入各种粉料的大块原料筛除。

参与混匀的原料是输送至混匀设施的粉矿及场内的返回料：氧化铁皮、粒铁、高炉灰、转炉渣。混匀料厂主要设备为混匀堆料机和混匀取料机。

(4) 供料设施：供料设施包括原料场向各生产用户供料系统和用户之间供料系统，原燃料供应采用胶带输送机输送。

(5) 取样设施：为了对原燃料的品位、水分、强度等物理化学性质进行检验和测定，在原料场设置自动取样和相应的设施。

(6) 中央控制室：原料场生产实行集中控制，中央控制室对原料场工艺系统和工艺流程进行集中控制、CRT 监视和运行管理。原料场以程序控制为主要控制方式、设有程序控制联动操作、集中手动及电气连锁操作和机旁单机操作 3 种操作方式。

(7) 辅助设施：原料厂内的辅助设施主要包括起重设备等。

3.3.1.2 原料场主体设备安全装置

原料场主体设备安全装置主要包括以下几个方面：

(1) 翻车机室应设置信号装置，事故开关，双道限位开关和制动器。

(2) 操作人员经常走动的通道，在机旁设置护栏，紧急事故开关（安全绳）、转动轴、滚筒等外露部分设安全防护罩，皮带上设置过桥。

(3) 料仓设计的坡度符合要求，选用的阀门灵活，防止堵料。所有井、槽应设栏杆，盖板或隔栅。

(4) 移动式装卸机两端设限位器、夹轨器、锚固设施、阻推器、悬挂载重标志。

(5) 堆、取料机上的皮带运输机需要设类似皮带运输机上的安全装置，在同一轨道上行驶两台以上堆、取料机时，应设自动防撞装置和旋转防撞装置。堆料机上要设料堆检测装置。

(6) 大型可燃性原料和煤场应有防自燃措施。

(7) 料槽应设料位计，形状便于物料排除，减少"死料"。料槽应装设振打装置。

(8) 皮带运输机应设置齐全有效的安全装置。

3.3.1.3 原料场安全操作

A 中控操作

(1) 指挥作业线启动时，首先确认各岗位是否有检修，与停送电记录是否相符。

(2) 设备启动前，要联系岗位人员确认安全，与岗位人员保持信息畅通。

(3) 设备停电检修时，必须确认机旁操作按钮打到零位，挂牌。

B 堆取料机操作

(1) 作业前应先鸣笛，再启动机构。

(2) 悬臂回转及大车行走之前注意观察周围环境。

(3) 作业中出现停电或故障应立即切断电源，将操作手柄回零位。发生紧急情况需迅速将事故开关或皮带机电源开关切断。

(4) 作业结束，将悬臂放在安全位置，切断电源，大风天气应将回转及行走机构锚定。

(5) 清理漏斗积料、维护、检修等要切断电源（包括总开关、分开关、事故开关），并挂牌。办理危险作业审批。进入漏斗清料时，作业人员必须系好安全带，并有专人监护。清理漏斗积料，严禁从漏斗口进入及从下往上剥离堵料。

(6) 设备维修保养时确认设备处于停机状态后方可进行设备清扫和作业前检查。

C 皮带运输机巡检操作

(1) 将皮带机启动打滑时，严禁用手、脚和棒棍等物帮助启动。

(2) 进行设备检修、清扫时，确认机旁操作箱操作按钮打到零位，挂牌，皮带机拉绳拉到位，并和中控确认拉绳信号，必要时履行危险作业审批手续。设备检修时，应断开设备的电源，防止机器因误操作造成的事故。

3.3.2 烧结工序安全防护

3.3.2.1 烧结工序安全防护

A 粉尘防控安全要求

(1) 采用自动配料、返矿参与配料、自动控制混合料的水分和点火温度，从而提高烧结矿和返矿质量，减少粉尘量；采用铺底料，确保烧透，杜绝夹生料；采用机上冷却工艺，降低烧结机尾气温度，可有效地降低尾气中的含尘浓度；取消热返矿的筛分和运输，以减少产尘源和热蒸汽含尘量；采用水封刮板拉链机和水冲地级粉尘，以减少扬尘量。

(2) 采用高效除尘设备。烧结机头采用电除尘器，燃料破碎采用布袋除尘器，对热返矿参与配料时，混合料系统产生大量含尘水蒸气，应采用喷淋式除尘器。

(3) 环境除尘集中化。环境除尘应按尘源的粉尘性质分片采用大量集中式除尘系统，以减少二次扬尘，并根据尘源特点设置局部、整体、大容积坚固的密闭罩。

B 有毒有害气体控制

(1) 烧结点火用煤气管道、阀门应严加密闭，防止煤气泄漏，并在机头配置 CO 气体检测报警装置，防止煤气中毒。

（2）主抽风机室的风机、烟道和阀门均应严密封闭，防止废气泄漏，安装 CO 检测报警装置，室内空气中 CO 的最高容许浓度不得超过 $30mg/m^3$。

C　噪声控制

在烧结生产中主要产生噪声的设备，应从声源上加以根治。选用噪声低的设备，将噪声密闭在机壳内，加强设备维护保养，减小振动，设备消声装置等措施，使作业场所的噪声符合国家标准的规定。对主风机房、熔剂和燃料破碎间等噪声特大的岗位，应采取操作室与机房隔离措施，以减少工人与噪声、尘毒的接触时间，并配置听力保护器，如耳塞、耳护套等。

D　防高温、热辐射控制

凡高温岗位均应设置隔热操作室及局部送风降温或移动式风扇进行强制通风散热。烧结点火器两侧应设置隔热装置，使热源与作业现场隔离，减小热辐射。在烧结机操作室设空调设备等。

E　放射性控制

放射性装置周围划定禁区，并设置放射性危险标志。

3.3.2.2　烧结安全操作

A　中控操作

（1）设备启动前，必须严格对启动流程进行确认。主体设备启动前应重点确认，环保设备已经启动并且运行正常，主抽风机安全保护装置完好有效，主风门已经关闭，助燃风机运转正常，环冷风机风门已关闭，烧结机煤气爆发试验合格，辅机启动工作正常。

（2）异常情况，授权岗位机侧运转，明确交代操作权限，故障排除后立即恢复系统集中联锁。

（3）停机作业，正常情况下采用系统集中联锁停止。异常情况采用紧急停机。

（4）系统停电及时关闭煤气系统，防止煤气回火爆炸。

B　烧结看火操作

（1）开机作业：正常情况，采用系统集中联锁启动。异常情况，采用现场机侧运转，故障排除后立即恢复系统集中联锁。确认大烟道内无人，烟道门已关好。确认各种能源介质都已到位。点火前，首先进行吹扫，煤气爆发试验合格后方可点火。

（2）停机作业：正常情况，采用集中联锁停止。发生能源介质供应不到位、下游设备故障停机、混合料断料混料应紧急停机。停机后必须对煤气管道进行吹扫。

（3）更换台车作业：必须检查确认起重设备吊具完好，专人指挥，严禁带负荷换台车。更换炉算条作业必须停机在机头补上，禁止在设备运行情况下更换炉算条。

（4）单辊机卡料作业：如果卡料量比较少，可在烧结机停机状态下，对单辊机主电动机进行停电作业，然后在专人监护下至少两人以上进行人工反转电动机清料。特殊情况下要进入单辊机内作业的，必须保证烧结机尾台车无料，格板上积料必须清干净，办理烧结机和单辊停电手续后，在专人监护下方可作业。

（5）烧结机泥辊衬板更换作业：更换时要由专人统一指挥，当班必须牢固，并经检查确认。

（6）停煤气作业：设备运转过程中突然停煤气，立即停机，关闭煤气总阀。

（7）火嘴堵塞处理作业：作业前必须关闭火嘴煤气阀门，用煤气检测仪检测，检测合格后作业人员需佩戴空气呼吸器进行作业。

C　粗、细破碎操作

（1）开机作业，正常由中控负责集中联锁启动；故障处理等异常情况机侧启动，向中控提出申请并被确认，接中控机侧运转指令，启动完毕后，确认正常，汇报中控后按指令将设备打停止或自动位。

（2）停机作业，正常由中控操作进行集中联锁停止，现场确认设备停止完毕；设备长时间停止，将其选择开关打"OFF"位。

机侧停止，因故障处理等异常情况停机，接中控设备机侧停止指令或现场需要机侧停机时，将开关打零位或按"停止"按钮，停止设备。

（3）机侧紧急停机，发生人身设备事故或有危及人身设备安全的危险时，应紧急停机。机侧紧急停机操作程序，先按下机侧停止开关或拉绳事故开关，并及时向中控汇报，确认事故解除后，将事故开关复位。

（4）破碎机卡料处理，发现破碎机卡料，应及时拉事故开关停机并汇报中控，由工长制定安全监护人；气动液压系统，将从动辊松开，让物料自然脱落；如果松辊排料失效，将机旁操作箱的转换开关拨到零位，挂牌，进行手动排料。

（5）矿槽清理作业，准备好低压照明、梯子和安全带等工具。事先做好危险预知，制定安全方案，必要时履行危险作业审批。确认矿槽顶部有可靠地安全防范措施，防止进料。检查矿槽底部，停止给料作业，确认底部设备已停电。清理矿槽积料时必须自上往下逐层进行，且每层高度不超过1m。清理完毕，检查工具齐全，人员已安全撤离，汇报中控作业完毕。

3.3.3　抽风机安全防护

抽风机能否正常运行直接关系着烧结矿的质量。抽风机存在的不安全因素是转子不平衡运动中发生振动的问题。针对这一问题，在更换新的叶轮前应当对其做平衡试验；提高除尘效率，改善风机工作条件；适当加长、加粗集气管，使废气及粉尘在管中流速减慢，增大灰尘沉降的比率。同时，加强二次除尘器的检修和维护。

3.4 除尘和噪声安全防护

3.4.1 烧结粉尘的来源与安全防护

3.4.1.1 烧结粉尘的来源

烧结生产过程中产生大量的粉尘，占烧结矿产量的3%左右，严重污染作业、厂区的环境，危害职工健康。主要尘源为烧结机尾部卸矿及成品矿的热破热筛、冷破冷筛及其转动过程中的给受料点和成品矿槽进、排料口，抽风除尘系统的排放、卸灰及运转过程，热、冷返矿运转过程的给料点及参与排料的返矿槽、圆盘给料机排料口和混合过程。

3.4.1.2 粉尘危害安全防护

由于烧结过程中，产生大量的粉尘、废气、废水，含有硫、铝、锌、氟、钒、钛、一氧化碳、一氧化硅等有害成分，严重地污染了环境，应采取抽风除尘。烧结机抽风一般采用两级除尘：第一级集尘管集尘和第二级除尘器除尘。大型烧结厂多用多管式，而中小型烧结厂除了用多管式外还常用旋风式除尘器。

对胶带机进行喷雾洒水时应与输送物料同步进行，当停止输送时，喷雾洒水自动停止。对料堆洒水，以防止二次扬尘。为此，应在料场侧部设喷水枪。为防水分蒸发，可在水中加入表面硬化剂，使料堆表面形成薄膜，以防水分蒸发。

为了防止黏附于胶带表面的细粒物料被胶带轮、托辊压实而使胶带机在运行中发生故障，也为防止细粒物料被剥离时造成二次扬尘，因此，应选清扫器或用胶带水洗装置清除胶带机胶带表面黏结的粉尘。

在胶带机转运站、格筛、破碎机和料槽等产尘处，根据粉尘性质选用除尘器除尘。启动原则是，开机时先启动除尘器后开主机，停机时先停主机后停除尘器。

3.4.2 烧结噪声来源与安全防护

3.4.2.1 烧结噪声的来源

烧结厂的噪声主要来源于高速运转的设备。这些设备主要有主风机、冷风机、通风除尘机、振动筛、锤式破碎机、四辊破碎机等。

3.4.2.2 烧结噪声安全防护

对噪声的防护，应当采用改善和控制设备本身产生噪声的做法，即采用合乎声学要求的吸、隔声与抗震结构的最佳设备设计，选用优质的材料，提高制造质量，对于超过单机噪声允许标准的设备则需要进行综合治理。

3.5 烧结岗位安全规程和交接班制度

3.5.1 烧结岗位安全规程

烧结岗位安全规程包括四辊破碎机、配料室、一混、制粒机、烧结机、干油泵、中控、环冷机、净环、冷筛、皮带机、污泥泵站、余热回收、主排风机、助燃风机等岗位安全规程。以下仅对主要岗位进行讲述。

3.5.1.1 烧结岗位安全通则

烧结岗位安全通则包括以下内容：

（1）上班前要休息好，严禁班前班中饮酒。

（2）在厂内外通道上，要遵守交通规则，注意来往车辆，不超速，不抢道，不撞红灯、红旗，不钻道杆。通过道口时，做到一停、二看、三通过。

（3）骑车或步行要看清路面，注意沟桥和障碍物。禁止脚踏碎铁烂木，防扎伤。

（4）工作时要精力集中，不准嬉戏、打闹，不准脱串岗，不准从事与本职工作无关的事，不准操作其他岗位设备。

（5）上下台阶要稳，防止踩空、滑倒；上下梯子手要抓紧栏杆，每节梯子不得有两人同时通过，防止梯坏摔人。

（6）不准攀登和倚靠围栏，不准倚靠窗台乘凉或休息。

（7）不准违规从高空往下扔东西，否则要设专人看管。进入双层作业区域检修时，要戴好安全帽。

（8）各种电器开关，要装好防护。

（9）电气线路布局要合理、正规，不漏电、不碰人。电机要有接地线。停送电时，要设专人联系，挂明显标志，确保作业人员安全。

（10）灯口要符合安全要求，使用手持行灯时，必须用36V以下安全电压。

（11）给料圆盘发生卡料时停电处理，严禁用手去掏。

（12）安全装置，不准拆除。如工作需要暂时拆除时，必须先与有关人员联系。工作完毕后，必须按原状恢复装好。

（13）设备转动部位，要设安全防护罩。启动设备前，必须检查，在确保人身和设备安全的情况下方可开动。

（14）生产运行中，不准人体进入料仓、机壳、烟道及各种管道内部，停机检修时进入，必须设专人监护。

（15）危险作业岗位，在其周围应有明显标志，或用绳子围栏隔离。预知有危险时，必须告诉全体人员注意。

（16）在煤气区域工作时，应注意风向，工作人员要站在上风侧或佩戴空气呼吸器，以免煤气中毒。

（17）搬抬物体时，工具、绳要结实。动作要协调，防止扭腰、碰砸手脚。乘车途中，要注意电线、树枝和障碍物，拐弯时注意防止挤伤摔下。

（18）各厂房结构、平台楼房、通廊房顶，都不准超负荷使用，防止塌落伤人。

（19）在工作中，如发生人身事故，应立即组织抢救，并且立即向上级报告。

（20）皮带机作业执行皮带机岗位安全规程。向高处吊运物件时，人员不能站在吊物下面，以免砸伤。也不准站在吊物上，以免摔伤。

（21）在煤气、油库、易燃、易爆等区域要禁止烟火。如需要动火时，须经安全部门批准。否则不准动火。

（22）见 2.9.1.1 节中（1）~（8）项和 1.2.2.3 节中的岗位培训内容。

3.5.1.2 四辊破碎机岗位安全规程

四辊破碎机岗位安全规程包括以下内容：

(1)破碎机各安全防护设施应齐全有效，运转中各活门应关闭严密，防止物料飞出伤人。

(2)传送带脱落时，必须让设备停转，挂好停电牌后，方可处理。

(3)调整辊子间隙时，扳手要拿稳，调整完毕后，固定好扳手，防止掉下伤人。

(4)严禁私自使用电葫芦紧辊子，电葫芦作业时，要远离下方。

(5)悠锤作业时，要两人以上同时进行，锤体下方禁止有人并有辅助的保险绳。

(6)处理电磁分离器上的杂物时，必须停电挂牌处理。

(7)另两条岗位安全规程分别见 2.9.1.1 节中(1)、(8)项。

3.5.1.3 配料室岗位安全规程

配料室岗位安全规程包括以下内容：

(1)处理故障和进行特殊作业时，要做好危险预知工作，需停电设备，必须先停电挂牌。

(2)操作开关时要"手指口唱"。

（3）严禁跨、钻、坐、卧皮带，过皮带要走过桥。

（4）捅料时，钎子要握紧，处理闸门堵料要站在圆盘侧面，不准站在皮带上。

（5）进行称料、校验时，袖口必须扎紧，严防皮带绞伤。

（6）使用悠锤时，悠锤必须有辅助钢丝绳，悠锤下方不准停留任何人员，并且在有专人监护下进行操作。

（7）螺旋的盖板不得随便拆卸。

（8）跑盘作业严禁单人操作，特别注意要戴好套袖，系好衣扣、鞋带、身体各部位不得触及皮带机的运转部位，严禁戴手套作业。

（9）另3条岗位安全规程分别见2.9.1.1节中（1）、（8）～（9）项。

3.5.1.4 一混岗位安全规程

一混岗位安全规程包括以下内容：

（1）设备检修时须派专人进行监护。检修牌未摘前不得擅自启动设备。

（2）处理漏斗堵塞、筒体清料等特殊作业时，必须做好危险预知工作，严格执行停电挂牌制度，并要有专人监护。

（3）在特殊情况下需人工加油时，必须首先确认现场环境，做到站位合理，以防事故发生。

（4）见2.9.1.1节中（1）、（8）～（9）项；3.5.1.1节中的（20）项及3.5.1.3节中的（2）项。

3.5.1.5 烧结机岗位安全规程

烧结机岗位安全规程包括以下内容：

（1）随时与中控及相关岗位保持联系，对接到的各种指令必须重复确认清楚。

（2）随时确认本岗位设备、安全设施是否完好可靠，发现问题及时联系处理。

（3）起车前及作业过程中要确认好设备周围无闲杂人员。

（4）进行煤气作业或其他特殊作业时，必须两人以上共同进行，并做到分工明确，密切配合。

（5）处理事故和进行特殊作业时，必须对该设备及有关设备进行停电挂牌，除挂牌人之外，任何人不得以任何理由摘牌送电。

（6）点检作业者不能操作本系统以外的选择开关。

（7）上、下各种走梯必须做到3点支撑。

（8）烧结过程中严禁在台车料面上站立或行走。

（9）经常检查设备油路管线，防止因漏油而遇热引发火灾，发现问题及时处理。

（10）经常检查煤气管线是否泄漏，固定式 CO 报警仪是否有效，发现问题及时联系处理。

（11）另 3 条岗位安全规程分别见 2.9.1.1 节中（1）、（8）~（9）项。

3.5.1.6　中控岗位安全规程

中控岗位安全规程包括以下内容：

（1）进行各种操作时要集中精力，看准按键进行操作。

（2）开机前与相关岗位联系，在岗位对现场安全确认后，并通知中控后方可起车。

（3）因故障中断开机操作时，再开机要重新进行开机前的联系工作。

（4）生产运行中不准随便触动开、停机按键。

（5）室内严禁存放易燃品。室内起火时须先切断电源，再用干粉灭火器灭火。

（6）煤气报警器报警或主机出现异常情况时，应及时上报并通知相关岗位。

（7）另 3 条岗位安全规程分别见 2.9.1.1 节中（1）、（8）~（9）项。

3.5.1.7　环冷机岗位安全规程

环冷机岗位安全规程包括以下内容：

（1）设备检修后开、停机前都要做好详细点检。

（2）在高处行走时，走安全道。

（3）不准直接用手取冷却机下的热矿，防止烫伤，观察环冷机装料情况时，应戴"防护眼镜"。

（4）脚不能踩在轨道上，也不准翻越台车。

（5）检修时要执行停电挂牌制度。

（6）另 5 条岗位安全规程分别见 2.9.1.1 节中（1）、（8）~（9）项，3.5.1.3 节中的（2）项及 3.5.1.5 节中的（7）项。

3.5.1.8　冷筛岗位安全规程

冷筛岗位安全规程包括以下内容：

（1）设备启冷筛动时和运转过程中，周围严禁有闲杂人员。

（2）清理筛网或其他特殊作业时，必须严格遵守停电挂牌制度，并设专人监护。

（3）皮带机作业执行皮带机岗位安全规程。

（4）另外 5 条岗位安全规程见 2.9.1.1 节中（1）、（3）、（8）~（9）项和

6.5.1.1节中（10）项。

3.5.1.9 主排风机岗位安全规程

主排风机岗位安全规程包括以下内容：

（1）启动主排风机（或风机）时禁止站在转子旁边，非有关人员必须离开。

（2）在室内清扫时不能用水冲地秤，特别是电缆头上更不准打水润湿。

（3）禁止用手试电缆皮的温度和擦拭电动油泵的对齿。

（4）特殊作业须两人以上共同完成。

（5）在启动设备时如有开关跳闸必须报告中控，经查明原因后方可启动。

（6）主排风机室上、下禁止存放易燃易爆物品，禁止使用电炉子。动火时要按规定办理动火证。

（7）主排风机室内应设置灭火器，并按规定进行更换。电器设备着火不准用泡沫灭火器、水灭火，应用沙子、干粉灭火器或四氯化碳灭火器灭火，以防触电。

（8）认真执行设备检修安全规程中关于大烟道、人孔门开关的安全规程。

（9）见2.9.1.1节中（1）、（3）、（8）～（9）项。

3.5.1.10 助燃风机岗位安全规程

助燃风机岗位安全规程见2.9.1.1节中（1）、（3）、（8）～（9）项和3.5.1.9节中（1）～（5）项。

3.5.2 烧结交接班制度

烧结车间的交接内容：

（1）四辊破碎机岗位。1）破碎的物料品种、吨数等生产情况：如破碎的物料品种、吨数等。2）设备运转状况，设备点检记录。3）本岗位出现的安全隐患及临时采取措施。4）报表记录真实，清楚整洁完好、工具齐全。5）保持所属卫生区域整洁、无积灰。6）交上级和领导指示、通知及各项任务。

（2）配料岗位。1）配料秤准确程度，物料粒度、湿度、水分成分等进行交代。2）圆盘运行、调速状况、皮带秤、螺旋给料机等设备点检记录。3）见3.5.2节（1）项中3）～6）分项。

（3）一混岗位。1）物料混合效果、水分大小、料量、物料组成测水仪状况。2）圆筒运行状况，是否漏油，振动异音等。3）见3.5.2节（1）项中3）～6）分项。

（4）烧结机岗位。1）烧结过程完好，烧好烧透，风量、机速合适等一切情况。2）烧结机台车运行状况，点火炉状况，煤气管道进行交接。3）见3.5.2

节（1）项中3）~6）分项。

（5）中控岗位。1）各原燃料成分及槽存情况，成品流向、高炉槽位及各种原料配比（交班）及班中配比调整情况。2）交班方生产及产量、质量情况。3）交班方设备运转情况、存在问题及处理情况。4）交班方遗留问题及处理意见。5）车间布置的任务及完成情况。6）还有4条内容见3.5.2节（1）项中3）~6）分项。

（6）环冷岗位。1）当班环冷槽位，缓冲机料位，是否有红矿，机速。2）使用几台风机，风门开度等。3）要求下班解决的问题。4）见3.5.2节（1）项中3）~6）分项及3.5.2节（5）项中5）分项。

（7）冷筛岗位。1）作业时间、目测烧结矿产、质量（粒度、强度）。2）所用冷筛系统筛分效率、备用筛情况。3）见3.5.2节（1）项中3）~6）分项，3.5.2节（5）项中5）分项及3.5.2节（6）项中3）分项。

（8）主排风机岗位。1）风机风门开度，运行时间等。2）风机运行状况，电流大小，各轴瓦温度、油温、油压、振动、水温度、水压等详细交接。3）见3.5.2节（1）项中3）~6）分项。

（9）助燃风机岗位。1）风机运转时烧结机点火炉使用风量，风门开度指示。2）轴瓦温度、消音器、风门执行器等设备使用情况。3）见3.5.2节（1）项中3）~6）分项。

交接班时间、地点、交接双方守则及班前班后制度等内容见2.9.2.1~2.9.2.7节。

4 炼铁安全防护与规程

4.1 炼铁生产基本工艺和安全生产的特点

4.1.1 炼铁生产基本工艺

炼铁生产在现代钢铁联合企业中占据极为重要的地位。高炉是主要的炼铁设备,使用的原料有铁矿石(包括烧结矿、球团矿和块矿)、焦炭和少量熔剂(石灰石),产品为铁水、高炉煤气和高炉渣。从炉顶装入铁矿石、焦炭和少量熔剂,从高炉下部的风口鼓入热风,燃料中的碳素在风口发生燃烧反应,产生具有很高温度的还原气体(CO,H_2)。炽热的气流在上升过程将下降的炉料加热,并与矿石发生还原反应。高温气流中的 CO、H_2 和部分炽热的固定碳夺取矿石中的氧,将铁还原出来。还原出来的海绵铁进一步熔化和渗碳,最后形成生铁。铁水定期从铁口放出。矿石中的脉石变成炉渣浮在液态的铁面上,从渣口排出。目前新建或改建的高炉不设渣口,定期从铁口排放渣铁。反应的气态产物成为煤气,从炉顶排出。煤气含有可燃性气体,经净化处理后(含尘量达 $10mg/m^3$ 以下)成为气体燃料。高炉炼铁工艺的基本流程如图 4-1 所示。现代高炉生产过程是一个庞大的生产体系,除高炉本体外,还有供料系统、炉顶装料系统、送风系统、喷吹系统、煤气除尘系统和渣铁处理系统。

4.1.2 炼铁安全生产的特点

炼铁生产所需的原料、燃料,生产的产品与副产品的性质,以及生产的环境条件,给炼铁人员带来了一系列潜在的职业危害。例如,在矿石与焦炭运输、装卸、破碎与筛分过程中,都会产生大量的粉尘;在高炉炉前出铁场,设备、设施、管道布置密集,作业种类多,人员较集中,危险有害因素最为集中。如炉前作业的高温辐射,出铁、出渣会产生大量的烟尘,铁水、熔渣遇水会发生爆炸;开铁口机、起重机造成的伤害等;炼铁厂煤气泄漏可致人中毒,高炉煤气与空气混合可发生爆炸,其爆炸威力很大;喷吹烟煤煤粉可发生粉尘爆炸;另外,还有炼铁区的噪声,以及机具、车辆的伤害等。如此众多的危险因素,威胁着生产人员的生命安全和身体健康。

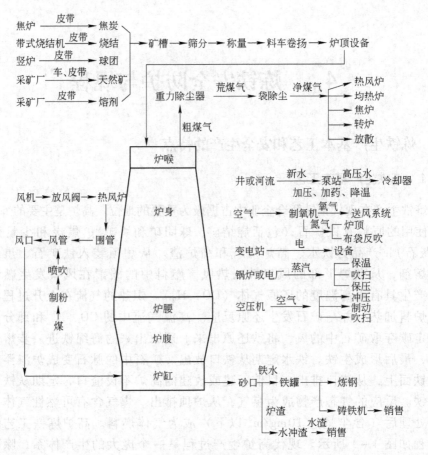

图 4 - 1 炼铁工艺流程

4.2 炼铁过程常见事故及安全防护

4.2.1 高炉本体系统常见事故及安全防护

4.2.1.1 高炉本体系统特点

高炉本体系统是高炉炼铁的核心设备。现代大型和超大型高炉一代炉龄在不中修的情况下可达到 15~20 年。高炉本体系统主要由钢结构、炉衬、冷却设备，送风装置和检测仪器设备等组成。

高炉内部工作空间剖面的形状称为高炉炉型，高炉炉型要适应原燃料条件的要求，保证冶炼过程的顺序。近代高炉，由于鼓风机能力进一步提高，原燃料处理更加精细，高炉炉型向着"大型横向"发展。目前，流行的高炉炉型为五段式高炉炉型（图 4-1），从下到上由炉缸、炉腹、炉腰、炉身和炉喉五部分组成。高炉钢结构包括炉体支撑结构和炉壳。高炉炉衬有耐火砖砌筑而成，由于各部分内衬工作条件不同，采用的耐火砖材料和性能也不同。冷却设备的作用是降低炉衬温度，提高炉衬材料抗机械、化学和热产生的侵蚀能力，使炉衬材料处于良好的服役状态。高炉使用的冷却设备主要有冷却壁和冷却板。冷却壁紧贴着炉衬布置，冷却面积大；而冷却板水平插入炉衬中，对炉衬的冷却深度大，并对炉衬有一定的支托作用。送风装置包括热风围管、支管、直吹管和风口等。

4.2.1.2 高炉本体系统常见事故

高炉本体是整个炼铁系统最主要设备，发生事故频率高，事故类型多，在实际生产中为危险重点控制对象。

A 火灾、爆炸

（1）开氧气者在氧气阀门附近抽烟或周围有人动火，可能发生火灾。

（2）风口、渣口及水套密封性不好，引起煤气泄漏，在有火星、火源的情况下，可能发生火灾、爆炸事故。

（3）在停电断水情况下，由于事故供水不及时，致使炉内温度过高，发生炉体开裂，引起火灾。

（4）炉顶压力过高又无法控制，可能导致炉体爆炸，并引起火灾。

（5）高炉停吹氧气，可能造成火灾、爆炸事故。

（6）在高炉休风、检修、停水电情况下，由于误操作可能发生火灾爆炸事故。

B 中毒

挖炉缸作业时，如通风不良，炉缸内煤气浓度过高，可造成煤气中毒事故。换风口及二套时，由于煤气泄漏，如不加强防护，可造成煤气中毒事故。在炉体清理作业中，由于残留煤气，如通风不良，无恰当防护措施，可能发生煤气中毒事故。

C 烧伤

在休风倒流阶段，炉前工离风口过近，可能被喷火烧伤。在进行换风口操作时，由于风口内渣铁没有完全淌出，可能烧伤工人。风管烧穿打水时，可能对工人造成伤害。在风口区域、铁口旁取暖，工人可能被烧伤。吹氧时，吹氧管顶得太死，氧气回火，可能造成工人烧伤。

D 高空坠落

平台四周栏杆走桥损坏、送脱，操作人员可能从高空坠落。在炉体清理过程中，涉及无平台高处作业，可能发生高空坠落事故。在高炉检修过程中，涉及高空作业，如防护措施不当，可能发生高空坠落事故。

E　高温

在炉前作业，环境温度较高，长期高温作业，对工人健康可能造成危害。在炉体清理过程中，由于温度较高，工人长时间作业可能对工人健康造成危害。

F　噪声

混合煤气在炉内燃烧发出强大而剧烈的噪声；机械动力装置在运转时所发出的噪声；助燃风机是以电驱动的高频内转设备，启动后会发出高分贝的噪声；在除渣过程中，会产生一定的噪声；各种泵在工作过程中会产生大量的噪声等。这些噪声如无正确防护，可能对人的听力造成伤害。

G　其他

(1) 炉前工作场地不平整，乱堆杂物或照明条件不好，可绊伤、割伤或碰伤等。

(2) 在炉台吊车操作过程中，由于钢丝损害、超负荷，小钩钢绳拉断，钩落地砸伤人；歪拉斜吊，造成碰撞伤人；吊车在运行过程中上车身，造成绞伤、挤伤。

4.2.1.3　高炉本体系统安全防护

安全防护主要以防护噪声、除尘和煤气为主。

(1) 各种大型除尘系统的风机集中布置在室外，风机出口设消声器，风机机壳外部做隔声门窗。噪声难治理地方主操作室，设置隔声门窗并提高自控水平，减少工人在噪声环境中的工作时间，对必须在噪声环境中工作人员，可佩戴防噪耳塞。

(2) 高炉出铁时在铁口、砂口、渣沟、摆动流槽、铁沟等处产生烟尘，焦矿槽槽上槽下含尘烟气，设计采用电除尘器，处理达标后由高烟囱排放。收集下来的粉尘经加湿后由运灰车拉走，防止二次扬尘。带式输送机头、尾部设有除尘；转运站及料场设有洒水抑尘设施，减少扬尘。热风炉、锅炉房烟气由高烟囱直接外排。高炉煤气采用湿法或干法除尘工艺，以降低煤气含尘量。

(3) 对可能泄漏煤气的地方设 CO 监测报警设施和机械通风换气设施。

4.2.2　高炉本体系统事故案例分析

4.2.2.1　唐山国丰钢铁有限公司高炉爆炸事故

事故经过：2006 年 3 月 30 日，唐山国丰钢铁有限公司炼铁厂 1 铁 5 号高炉原定进行计划检修，当日夜班炉温向凉，5 时 40 分高炉产生悬料，并且风口有涌渣现象。值班工长及时通知车间主任和生产厂长，他们依次到达现场采取措施。6 时 10 分减风到 146kPa，6 时 25 分左右 11 号风口有渣烧出，看水工及时用冷却水封住，由于担心高炉生产崩料后灌死并烧穿风口，高炉改常压操作，为紧急休风作准备。6 时 35 分改切断煤气操作，炉顶、重力除尘器通蒸汽。6 时 50 分观察炉况比较稳定，又减风到 70kPa，稍后又发现风口涌渣现象。7 时 10 分加风到 89kPa，压量关系转好，但炉温明显上行，为控制炉顶温度，从 7 时 35 分开始间断打水，控制炉温在 300 ~ 350℃，8 时 15 分左右高炉工况呈好转趋势。但发现此间料尺没有动，怀疑料尺有卡阻，值班工长通知煤防员和检修人员到炉顶对料尺进行检查。在 8 时 39 分左右，炉内突然塌料引起炉顶爆炸，造成 6 人死亡，6 人受伤。

事故原因：直接原因是高炉悬料 3h，炉内形成较大空间，且炉顶温度逐步升高并超过规定，断续打水 40min，当料柱塌下时，炉顶瞬间产生负压，空气和混有未汽化水的冷料进入炉内，遇高温煤气后发生爆炸。重要原因是值班工长处理事故时未按作业指导书进行。车间主任、生产厂长到位后，未能采取果断措施组织坐料，致使值班工长操作指挥不利，造成长时间悬料，使炉内空间变大。间接原因包含企业培训力度不够，造成现场指挥及操作人员安全技术素质不高，特别是对失常炉况判断及处置能力不够；5 号高炉炉况异常，原定计划检修，在交接班时，炼铁厂没有要求职工注意危险，协调不利。

4.2.2.2　南钢铁水外溢事故

事故经过：2011 年 10 月 5 日 7 时 30 分，南钢股份炼铁厂 5 号高炉按照停炉方案要求降料线 9 ~ 10m 进行预休风操作。期间，割开了残铁口处炉皮，并取下了残铁口处冷却壁。11 时 40 分左右，现场作业人员在安装残铁沟时，大量铁水突然从残铁口预开位置流出，发生了铁水外溢，溢出铁水温度高达 1400 多摄氏度，造成在残铁平台上工作的 12 人死亡、1 人受伤。

事故原因：事故主要原因是炉缸内部碳砖受侵蚀变薄，在对其强度检测和论证评估不充分的情况下割开了残铁口处炉皮，复风操作使炉内压力升高，导致铁水击穿炉壁流出，高温铁水形成气浪，造成人员伤亡。

4.2.3　原料系统常见事故及安全防护

4.2.3.1　原料系统的特点

原料系统包括供料系统和炉顶装料设备。供料系统的主要任务是保证及时、准确、稳定地将合格原料，从储矿槽送到高炉炉顶。供料系统包括贮矿槽和贮焦槽、槽下运输称量、上料设备等。其中，上料设备包括料罐式、料车式和皮带机上料 3 种方式。新建的大型高炉多用皮带机上料方式。炉顶装料设备是用来将炉料装入高炉并使之合理分布，同时起炉顶密封作用的设备。随着技术的发展，先后出现的炉顶装料设备由钟式（单钟和双钟式）炉顶装料设备、无钟炉顶装料设备（并罐和串罐式）、HY 炉顶装料设备。

4.2.3.2　原料系统常见事故及安全防护

A　运输、储存与放料

大中型高炉原料和燃料大多采用胶带机运输，比火车运输易于自动化和治理粉尘。储矿槽未铺设隔栅或隔栅不全，周围没有栏杆，人行走时有掉入槽的危险；料槽形状不当，存有死角，需要人工清理；内衬磨损，进行维修时的劳动条件差；料闸门失灵常用人工捅料，如果料突然崩落往往造成伤害。放料时的粉尘浓度很大，尤其是采用胶带机加振动筛筛分料时，作业环境更差。因此，储矿槽的结构应是永久性的、十分坚固的。各个槽的形状应该做到自动顺利下料，槽的倾角不应该小于 50°，以消除人工捅料的现象。金属矿槽应安装振动器。钢筋混凝土结构，内壁应铺设耐磨衬板；存放热烧结矿的内衬板应是耐热的。矿槽上必须设置隔栅，周围设栏杆，并保持完好。料槽应设料位指示器，卸料口应选用开关灵活的阀门，最好采用液压闸门。对于放料系统应采用完全封闭的除尘设施。

B　皮带机上料

近年来，新建高炉都采用皮带机上料系统，因为它连续上料，可以很容易地通过增大皮带速度和宽度，满足高炉要求。因皮带尾部漏斗粘料，下料不正；尾部漏斗挡皮过宽或安装不正；掉托辊或托辊不转；尾轮或增面轮不正或粘料等原因，皮带容易出现跑偏现象。皮带过载容易出现打滑事故。处理皮带机事故时一定要 2~3 人在场。

C　炉顶装料

目前多数高炉均采用无钟炉顶装料设备，延长装料设备寿命和防止煤气泄漏是该系统的两大问题。采用高压操作必须设置均压排压装置。做好各装置之间的密封，特别是高压操作时，密封不良不仅使装置的部件受到煤气冲刷、磨损和腐蚀，缩短使用寿命，甚至会出现大钟掉到炉内的事故。料钟的开闭必须遵守安全程序，设备之间必须联锁，以防止人为的失误。

D　烟尘、粉尘

物料装卸、储运、破碎、混匀、筛分等处均产生大量烟尘、粉尘。如果不定期打扫，还可能造成二次扬尘。作业人员长时间在此环境中，有可能患尘肺病。

4.2.4　原料系统事故案例分析

料仓内煤气含量检测不到位造成中毒事故。

事故经过：2006 年 10 月 27 日 22 时 15 分左右，某钢铁公司炼铁厂新建高炉上料操作工，发现 S102 皮带头轮的收料斗堵料而停下皮带，并通知上料班长曹某。曹某随后带领本班上料工徐某到炉顶料仓。曹某将煤气检测仪放在料仓人孔处检测，无煤气报警。于是，徐某便从人孔进入料仓，清理格栅上杂物。大约半分钟后，徐某告诉曹某，头有点晕，呼吸困难，感觉很难受，随即便倒在料仓内，最终死亡。

事故原因：事故主要原因是对料仓内煤气和氧含量检测不到位。曹某安全意识不够，安全隐患排查不到位。只是在料仓人孔处进行了煤气和氧含量的检测，由于料仓一般面积较大，仓里的煤气和氧气浓度分布并不均匀，所以只检查人孔处的气体含量是不够的。

4.2.5 煤气除尘系统常见事故及安全防护

4.2.5.1 煤气除尘系统的特点

从炉顶排出的煤气是一种高压荒煤气，在作为能源利用之前必须使其含尘质量浓度降低到 $10mg/m^3$ 以下。高炉煤气通过上升管和下降管，首先进入重力除尘器除去大颗粒灰尘，然后再进行精除尘。精除尘有湿法除尘和干法除尘。湿法除尘主要采用双文氏管串联除尘工艺。干法除尘分为静电除尘和布袋除尘。由于湿法除尘煤气洗涤系统污水处理比较困难，现在多采用干法除尘系统。为了回收煤气静压能，多在高压调压阀组上并联一套煤气余压发电透平，将煤气静压能转变为电能。

4.2.5.2 常见事故及安全防护

（1）进入罐、仓、烟道等有限空间检修或作业时若通风不畅，将使作业人员煤气中毒或缺氧窒息。进入上述作业区前，应首先进行通风，并利用便携式 CO 检测仪对区域内煤气浓度进行检测，确保作业区煤气安全。

（2）在煤气采样中，自动或同步取样，在线进行分析，若取样设施不完善，将造成煤气泄漏导致人员中毒。对取样设施的气密性等应进行定期检测，防止漏气；取样作业时工作人员应穿戴好防护用具。

4.2.6 煤气除尘系统事故案例分析

4.2.6.1 重力除尘器泄爆板破裂事故

事故经过：2008 年 12 月 24 日上午 9 时左右，河北遵化钢铁公司 2 号高炉重力除尘器泄爆板发生崩裂，导致 17 人死亡、27 人受伤。事故发生前 4 个班的作业日志表明，2 号高炉炉顶温度波动较大，炉顶压力维持在 54 ~ 68kPa 之间。24日零点班该炉曾多次发生滑尺（轻微崩料），事故发生时炉内发生严重崩料，带有冰雪的料柱与炉缸高温燃气团产生较强的化学反应，气流反冲并沿下降管进入除尘器内，造成除尘器内瞬时超压，导致泄爆板破裂，大量煤气溢出。因除尘器位于高炉炉前平台北侧，大量煤气随北风漂移至高炉作业区域，作业区没有安装监测报警系统，导致高炉平台作业人员煤气中毒。没有采取有效的救援措施，当班的其他作业人员贸然进入此区域施救，造成事故扩大。

事故原因：安全意识缺乏，对生产中存在的危险未能及时评估，在高炉工况较差情况下，加入了含有冰雪的落地料，间接导致大量煤气泄漏；生产工艺落后，设备陈旧，作业现场缺乏必要的煤气监测报警设施，没有及时发现煤气泄漏，盲目施救导致事故扩大；隐患排查治理不认真，事故发生前，炉顶温度波动已经较大，多次出现滑尺现象，但没有进行有效治理，仍然进行生产，导致事故发生。

4.2.6.2　盲目蛮干事故

事故经过：2003 年 7 月 15 日 10 时 30 分，某钢厂机电车间维修工安某接到 1 号炉布袋工孟某叫修后，马上和孙某等人一起赶到现场，发现 1 号炉 5 号箱体盲板阀电动锁太紧，不能回到原位，有大量煤气吹出。现场煤气浓度已严重超标，煤气防护员董某、关某劝阻离开但安某、孙某等人坚持操作。12 时 15 分，煤防员毕某、李某强行劝下。12 时 30 分，维修段长董某与高炉主任徐某接手后，切断 1 号炉煤气进行处理。12 时 40 分煤气切断后，荒煤气管没有冒烟，于是安某、孙某等人进行处理。此时煤气已从净煤气管道串入荒煤气管道，浓度高达 2000×10^{-6} 以上。13 时 15 分造成安某、孙某煤气中毒，煤防员对其进行现场抢救后送医院就治。

事故原因：事故主要原因有：安某、孙某安全意识差，在没有煤防人员现场监护的情况下私自蛮干，并且不戴呼吸器；违章指挥、违章操作、不听煤防人员的劝阻；进入煤气区作业未进行安全确认，明知煤气浓度超标还上前操作。

4.2.6.3　8·21 煤气中毒事故

事故经过：2009 年 8 月 21 日 19 时 25 分，某炼铁厂 1 号高炉主风机跳闸断电，高炉被迫休风。19 时 45 分左右，故障排除，热风班开始对干式除尘器进行引煤气操作，由于 7 号箱体 DN250 放散管气动蝶阀出现故障没有完全关闭，21 时 30 分，1 号高炉热风班 4 名工人冒雨上到 7 号箱体顶部实施人工关闭。没有关闭到位的 7 号箱体蝶阀使煤气仍处于放散状态，造成除尘器箱体顶部煤气大量聚集而导致 4 人中毒身亡。21 时 50 分左右，在箱体下留守监护的闫某等 3 人怀疑箱体上面出现问题，也未佩戴空气呼吸器和携带 CO 报警仪，在未切断煤气气源的情况下，也上到 7 号箱体顶部工作台，导致 2 人死亡，1 人中毒受伤，使事故扩大。

事故原因：事故直接原因是作业人员违章指挥、违规作业。危险性较大的操作不应在雨天和夜间进行，违反工业企业煤气安全规程规定要求。间接原因是企业安全教育培训不深入、不细致；职工缺乏基本安全常识；企业安全管理不到位，炼铁厂只配备了一名专职安全管理人员，未设安全管理机构，安全管理力量非常薄弱，现场管理混乱；安全投入不足，设备设施未做到定期保养、检修和检测。

4.2.7 送风系统常见事故及安全防护

4.2.7.1 送风系统特点

送风系统包括鼓风机、冷风管路、热风炉、热风管路及管路上的各种阀门等。对现代高炉炼铁来说，热风炉是高炉本体以外最重要的设备之一。它的主要任务是向高炉连续不断地输送温度高达 1100 ~ 1300℃的热风。每一座热风炉本身是燃烧和送风交替工作，因此，每座高炉必须配备 3 ~ 4 座热风炉同时工作才能满足高炉生产要求。准确选择送风系统鼓风机，合理布置管路系统，阀门工作可靠，热风炉工作效率高是保证高炉优质、低耗、高产的重要因素。

4.2.7.2 常见事故及安全防护

A 阀门事故及安全防护

热风炉系统阀门由于转换频繁，工作环境灰尘大，使用过程中要经常检查，发现损坏要及时更换。有些阀杆要经常擦拭加油润滑。对于水冷阀门，要注意不能断水，以防烧坏。一旦阀门出现故障，会造成恶性事故。

B 高炉憋风事故及安全防护

高炉憋风是高炉的恶性事故。鼓风机的自动防风阀失灵，容易造成高炉灌渣，严重时还会憋坏风机，导致高炉长期停产。

C 煤气中毒事故及安全防护

热风炉系统使用高炉煤气作燃料，煤气管道上阀门众多，属于高煤气危险作业区，容易出现泄漏及中毒事故。

4.2.8 送风系统事故案例分析

4.2.8.1 冷风阀失灵导致高炉放风阀爆炸事故

事故经过：1973 年 8 月 21 日，某厂 4 号热风炉的冷风阀传动齿轮与齿条错位，无法关闭，高炉倒流休风进行修理。休风操作过程中，虽放风阀全开，且鼓风放风，冷风压力仍有 0.01MPa，关闭鼓风机出口阀门后，冷风管压力降到零。在此之前，为了降压曾开 4 号热风炉烟道阀以放掉冷风，直到鼓风机出口阀门关后数分钟才关闭。高炉借机更换风口完毕后，关闭倒流阀送风。刚关倒流阀即发生爆炸，冷风阀及放风阀均冒火，放风阀变形管口炸开，经济损失400万元。

事故原因：冷风阀与热风阀都是借压力密封的，无压力时阀蕊处于中间位置，阀体与阀蕊之间失去密封存有风系通路；高炉休风风口未堵泥，直吹管未卸，关闭鼓风机出口阀后，冷风管失去正压。4号热风炉开烟道阀时，因冷风阀处于开启位置，冷风管道便与烟道连通，炉缸残余煤气被吸入冷风管道。关闭烟道阀后，煤气与冷风的混合物积存在炉内及冷风管道内。关闭倒流阀后，更多煤气经冷风阀进入冷风管道，煤气本身具有点火温度，立即引发爆炸。

4.2.8.2 炉缸煤气倒流导致冷风管道爆炸事故

事故经过：1977年7月21日，某厂4时30分出铁后准备换渣口，由于压力低没换下，便改休风换气。6时25分送风，起初用2号热风炉送风，开冷风阀及热风阀后，发现燃烧口着火，随即改用3号热风炉送风，打开冷风阀及热风阀后发生爆炸，将放风阀高炉侧炸开约2m² 的口子，两名在旁作业的工人受伤。

事故原因：由于放风阀将风放净，使炉缸煤气倒流入冷风管道，关闭冷风大阀后，冷风阀和热风阀便将煤气关在冷风管道中，煤气与冷风形成爆炸性混合气体。当由2号热风炉改用3号热风炉送风时，打开冷风阀、热风阀后，爆炸性气体进入高温热风炉内发生爆炸，将薄弱部位放风阀炸开。

4.2.8.3 热风炉爆炸事故

事故经过：2007年5月8日7点左右，华菱涟源钢铁集团有限公司炼铁厂1号高炉热风炉操作工黄某和聂某到1号热风炉检查烘炉情况，在途经4号热风炉时觉得有异样，经查明是4号热风炉炉顶钢结构支撑处焊缝破裂。1号高炉主任安排操作工彭某到4号热风炉立即进行撤炉操作。同时黄某、聂某又喊来钳工石某。在操作过程中，4号热风炉发生了炸裂事故。由于红的耐火材料和热浪的灼烫、倒塌物的打击，导致黄某死亡，石某重伤，聂某轻伤。

事故原因：事故直接原因是1号高炉4号热风炉炉顶钢结构及燃烧阀焊缝处发红、开裂、局部跑风、强度下降，换炉时因炉内气体流速、压力变化较快，致使发生炉内爆炸，炉皮脆性断裂。间接原因是该热风炉设计上存在不足；施工时部分焊缝未按图施工并且施工质量未达到设计要求；设备管理不严格及安全管理存在漏洞。

4.2.9 渣铁处理系统常见事故及安全防护

4.2.9.1 渣铁处理系统特点

渣铁处理系统的任务是定期将炉内的渣、铁出净，保证高炉连续生产。渣铁处理设备包括出铁平台、泥炮、开口机、铁水罐、铸铁机、堵渣机、渣罐、水渣池以及炉前水冲渣设施等。渣处理工艺的先进程度、设备的运转状况、操作的好坏直接影响出铁过程能否顺利进行。

4.2.9.2 常见事故及安全防护

高炉出铁、出渣时，飞溅的炉渣和铁水可能造成人体烧伤事故。高温是钢铁企业的一大特点。出铁时红外线辐射和电焊辐射。冶炼物体温度达到1200℃以上，出现紫外线辐射。高炉出铁、冲渣时热辐射较强，当大量热量散发到空气中，环境温度高于体温时，使人感到不适。尤其是在夏天，严重时可能造成中暑。

A 烧坏炮头事故

a 原因

压炮不严，打泥时冒泥，铁水继续流出时烧坏炮头。泥套前有凝渣搪炮，炮嘴不能一次压进泥套内，反复压炮时铁流烧坏炮头。泥软时打泥速度慢，铁水呛进炮头内烧坏炮头或粘铁后影响打泥。退炮抽活塞时铁水倒灌进炮头内，烧坏炮头（泥软或铁口浅，没封住铁口）。

b 安全防护

（1）顶铁流堵铁口时，应让有操作经验的人员操作，确保压炮时压严并及时打泥。

（2）铁口泥套前有凝渣时，堵炮前应撬开并拽走，防止搪炮。

（3）当铁口浅时，堵上铁口应延长退炮时间，最好在具备下次出铁的条件时再拔炮。出铁准备工作做好后拔炮，即使渣铁跟出，也不会造成事故。

B 炮头炸飞事故

a 原因

使用无水炮泥时，如果炮泥的挥发分较大，泥炮在铁口停留时间长时，炮泥中的挥发分受热后挥发，由于前端是铁口堵泥，后端是打泥活塞，挥发分散发不出去，积聚后便具有一定的压力。

b 安全防护

在处理炮头结焦时，应该把打泥活塞抽回到过装泥孔的位置，使气体能够排出，炮膛内的压力被卸掉。如果没有抽回到过装泥孔的位置，炮膛内仍然具有一定的压力，因为前端炮头内的炮泥已结焦硬化，挥发分散发不出去。在卸炮头时，如果一下就将炮头卸掉，积聚的压力冲开尚未完全结焦的堵泥，可将能量释放出去。如果不是一下就将炮头卸掉，积聚的压力冲开尚未完全结焦的堵泥后便会带飞炮头，当正面有人时，就可能造成人身伤害。

C　出铁事故

在铁口维护不好或铁口过浅时，往往因操作不当或在某些客观原因的影响下发生各种事故，轻则影响正常生产，重则迫使高炉长时间休风处理，甚至造成设备损坏或人身伤害，并额外增加许多繁重的体力劳动。因此，炉前操作人员应严格遵守操作规程，维护好铁口，防止发生事故。一旦发生事故，应沉着、果断、及时处理，避免事故进一步扩大，尽量减轻事故的危害和所造成的经济损失。

铁口工作失常：正常生产时，铁口深度应保持在规定的范围内，如果铁口深度远低于正常水平（中、小高炉铁口深度不大于 500mm，1000m³ 以上的高炉铁口深度不大于 800mm）时就是铁口过浅。铁口连续过浅，影响正常出铁，有时造成事故，称为铁口工作失常。铁口工作失常后易发生出铁"跑大流"、退炮时渣铁跟出、自动出铁、铁口跑焦炭封不上铁口等事故。

a　出铁"跑大流"

钻开铁口以后，铁水出来不久或见下渣以后，铁流突然变大，远远超过正常出铁时的铁流。主沟内容纳不下时，溢出沟外，漫上炉台，有时流到渣铁运输线上。这种不正常的出铁现象称为出铁"跑大流"。

发生"跑大流"的原因：铁口过浅时开铁口操作不当使铁口孔道直径过大，造成出铁"跑大流"。铁口漏时闷炮，闷炮后发生"跑大流"。铁口孔道直径偏大，在炉泥质量不好时见下渣后易发生"跑大流"。潮铁口出铁，打"火箭炮"使铁口孔道扩大，发生"跑大流"。渣铁连续出不净，铁口浅时钻漏，出铁一段时间后发生"跑大流"。

"跑大流"的危害：易发生下渣过铁烧漏渣罐或造成水渣沟爆炸。因铁流大，拨闸不及时或拨闸后仍有铁流，造成铁罐满后铁水流到地上，烧坏铁轨。渣铁漫上炉台后，当炉台上有水时，发生爆炸，易造成人身伤害。

"跑大流"时的处理：发生"跑大流"以后，高炉值班工长应及时减风改常压，降低炉内压力，以减弱铁流的流势并降低流量。根据罐内渣铁面的位置和流量，及时拨闸，防止罐满后流到地面上。冲水渣时应防止放炮或堵塞水渣流槽，应拨闸改放罐或放入干渣坑。如冲坏渣坝下渣大量过铁时应立即堵铁口，同时迅速把熔渣往干渣坑里放。

"跑大流"的安全防护：

(1) 在铁口浅和炉缸内贮存渣铁过多时，钻铁口时避免钻漏或禁止往返抽动钻杆扩铁口。

(2) 铁口潮湿时，烤干后再出铁。

(3) "闷炮"时提前做好预防工作。

(4) 使用有水炮泥的高炉，当铁口浅、铁流大时，应该适当减风，同时还要提高炮泥的质量（改进配比）。

（5）出铁时值班工长在炉前监视，发现"跑大流"后及时减风。

b 退炮时渣铁跟出

铁口过浅时，在渣铁没出净的情况下堵铁口，打入的炮泥由于渣铁的原因漂浮四散，不能形成泥包。在炉内较高压力作用下，退炮时渣铁冲开堵泥跟着流出，处理不好造成事故。

退炮时渣铁跟出的原因：铁口过浅，渣铁出不净，打泥时不能形成铁口泥包，退炮时铁水冲开堵泥后跟出。退炮时间早，有水而使炮泥没有充分硬化和结焦，没有形成一定结构强度，退炮时铁水冲开堵泥后跟出。无水炮泥没有结焦固化，堵泥还具有一定的可塑性，退炮时铁水冲开堵泥后跟出。退炮时先抽打泥活塞后抬炮，抽打泥活塞时对堵泥形成抽力，而堵泥又没形成一定的强度，堵泥被抽动后渣铁跟出。

渣铁跟出的危害：退炮迟缓，铁水跟出后易烧坏炮头，如果抽活塞时铁水跟出，将造成铁水呛进炮膛内，使打泥的炮筒报废。铁水跟出后如不能立即封住铁口，铁水将流入下渣沟内，流入下渣罐时将会烧坏渣罐；流入水渣沟时将会发生爆炸并烧坏水渣沟；流入铁沟后，如铁罐没调走，罐满后流到地上，铁量多时将造成烧坏铁轨，焊住铁罐车，如果铁罐已调走，铁水流到铁路上，烧坏铁轨影响运输。

渣铁跟出的安全防护：

（1）在铁口浅、渣铁又未出净情况下，堵铁口前泥炮内装满泥，堵铁口打泥时不能打空，留有一定数量堵泥。退炮时先抬炮头后抽活塞，可避免炮头呛铁。发现渣铁跟出时立即压炮，打泥封铁口，待渣铁罐配好并做好出铁准备工作后再退炮。

（2）泥炮装泥时，不能把太软的泥装进去。

c 自动出铁

堵上铁口拔炮后，下次铁的出铁时间还未到，铁水冲开堵泥后流出来，称为自动出铁。

自动出铁的原因：铁口浅、渣铁出不净时堵铁口，铁口深度下降后造成铁口过浅。因打泥活塞和炮筒壁的间隙大，活塞往前推泥时一部分泥从活塞和筒壁间隙中倒回，称为倒泥，倒泥后打泥量不足。炮泥质量差（水分大或结合剂量不足），没有在正常时间内形成正常的结构强度，或新堵泥与原铁口孔道的圆周方向的旧堵泥产生缝隙，铁水沿圆周向外渗透后冲开堵泥。

自动出铁危害：如自动出铁发生在铁罐没配到或泥炮未装完泥时，既不能及时堵铁口，又无铁罐装铁水，将造成铁水流到地上。

自动出铁的安全防护：

（1）铁口过浅，在渣铁未出净时堵铁口，预计铁口还会浅时不拔炮，待下次铁的渣铁罐配好后再拔炮。

（2）保持炮泥质量稳定，装泥时尽量选择较硬一点的泥，并保持打泥量充足。

d　铁口跑焦炭封不上铁口

铁口过浅和铁口泥包在出铁过程中断掉，则易发生出铁过程中"跑大流"并跑焦炭的现象，发生跑焦炭后，主铁沟内有大量焦炭淤塞，造成渣铁外溢并堵不上铁口（焦炭搪炮）。高炉被迫进行休风堵铁口。

e　铁口区冷却壁烧坏事故

造成铁口区冷却壁烧坏原因是铁口长期过浅或炉缸内衬被铁水冲刷侵蚀后变薄。铁口长期过浅时，铁口区炉墙无泥包保护，直接和渣铁接触，被冲刷侵蚀后越来越薄。当砖衬剩 150～250mm 时，铁水穿过砖缝后烧坏冷却壁。从 1950 年到现在，我国有多个厂家发生过炉缸（包括铁口区）冷却壁烧穿事故。

（1）炉缸冷却壁烧坏后的危害：铁口区冷却壁出铁过程中被烧坏，漏水和铁水接触发生爆炸，使事故扩大并易造成人身伤害。事故发生后高炉被迫休风处理，生铁产量降低后铁水供应不足，破坏了联合企业的生产平衡。与此同时，在无准备的情况下处理事故，高炉休风时间长，经济损失大。严重时高炉要提前进行大中修，否则影响高炉的一代寿命。

（2）事故处理：处理时间一般需要休风 5～10 天，首先清理烧穿部位的凝渣和凝铁，然后再清理烧穿部位的残余砖衬，根据烧穿部位的破损情况确定维修方案。

维修方案：用炭素料（粗缝糊）弥补破损部位的炉衬；用磷酸盐加炭的混凝土进行浇注，填补破损部位的炉衬；安装 U 形冷却水管代替冷却壁（冷却壁的制造周期长，一般为 20～30 天），在冷却水管的空隙间捣好料以后，焊接炉壳；焊好炉壳后再在 U 形冷却水管的上部开孔灌浆（无水压入泥浆）。

（3）安全防护：

1）加强铁口维护，防止铁口长期过浅。

2）铁口长时间低于正常铁口深度时，可改变铁种，冶炼铸造铁，待铁口深度恢复正常并稳定后再改回冶炼制钢铁。

3）铁口长期过浅且用一般措施无效时，可将铁口上方两侧（或一个）风口堵死。

4）炉役后期，炉墙侵蚀变薄时，可用钒钛矿护炉。

f　铁口孔道偏移

（1）铁口孔道偏移的原因：生产中的铁口孔道水平中心线应和设计的铁口中心一致，即使出现偏差，应控制小于 50mm。如偏差过大，使铁口孔道和冷却壁的间距过小，出铁时铁口孔道扩大后铁水直接和冷却壁接触时造成烧坏冷却壁事故。如 1995 年某厂 831m³ 高炉发生的铁口右侧冷却壁烧坏和 1996 年 2580m³ 高炉发生的铁口右侧上方的冷却壁烧坏事故，都是因铁口孔道长时间偏移后造成的。

（2）安全防护：

1）定期检查铁口泥套中心是否和设计的铁口中心一致，发现偏差不小于 50mm 时立即查找原因并及时进行纠正。

2）新换泥炮发现炮头和铁口泥套不能对正时，应该调整泥炮，禁止割铁口保护板，用调整保护板来确保炮头伸进铁口泥套内。

3）钻铁口时确保对准铁口中心，使用无水炮泥时，开口机可定期进行正反转交替使用。

g 铁口泥套潮湿使出铁时发生爆炸

铁口泥套底部潮湿，出铁过程中铁水渗入潮湿部位后发生爆炸，崩坏铁口泥套后铁水烧坏炉壳及冷却壁。

（1）爆炸的原因：计划休风时主沟内进水并将泥套泡湿，更换保护板后新做泥套时泥套底含水量较大。泥套和旧泥套接触处没有捣实，结合不严，烘烤后产生缝隙。出第一次铁堵铁口时，压炮后已发生异常（泥套冒黑烟，有响声），虽然拔炮后进行检查，但因检查不细，没有发现隐患，出第二次铁时铁水从裂缝中渗漏下去后接触潮泥后发生爆炸，高炉立即减风到零，但因泥套崩坏后无法堵铁口，渣铁继续从铁口流出，炉壳烧坏后又把冷却壁烧坏。

（2）安全防护：

1）泥套被水泡湿后重做泥套时，把旧泥抠掉后先用煤气火烘烤，把未抠出的旧泥层烤干后再填塞新泥。

2）填塞新泥时，应特别注意把结合部位捣实，防止出现缝隙。

3）如果因冷却设备漏水，从冷却壁和炉壳缝隙处来水浸湿泥套时，在查找漏水的同时，加强对泥套的烘烤，泥套烤干后立即出铁，铁水不直接和潮泥接触便不会发生爆炸事故。加强铁口维护，防止铁口长期过浅。

h 泥套破损后堵不上铁口

（1）事故原因：

铁口泥套破损以后，炮嘴和泥套接触不严，打泥时冒泥。破损较严重时，根本打不进铁口里，全部冒出，封不住铁口而发生事故。渣铁出净后堵铁口时冒泥，危害较小，只是造成铁口深度下降。渣铁未出净带铁流堵铁口时，发生冒泥后如退炮不及时，易烧坏炮头。炮头烧坏后，堵不住铁口，即使减风到零，渣铁还会继续流出，将发生更严重的事故。

（2）安全防护：

1）为避免发生事故，出铁过程中发现泥套损坏时，立即通知值班工长。

2）铁口见喷后减风，在渣铁出净的情况下减风至 50kPa 左右堵铁口，炉内压力降低后打泥阻力减小，可避免冒泥。如仍严重冒泥，可减风到零后再堵铁口。

i 潮铁口出铁事故

（1）潮铁口出铁的原因：铁口潮湿没有烤干出铁或有潮泥时钻漏铁口，铁水接触潮泥后水分急剧蒸发，体积骤胀，带着铁水从铁口喷出，就像火箭炮发射那样，称为打"火箭炮"。潮铁口出铁时，轻则发生打"火箭炮"现象，使铁口眼扩大，发生"跑大流"事故；严重时发生爆炸，如发生在铁口孔道的里端，崩掉铁口泥包，使铁口过浅；发生在铁口孔道的外端，崩坏铁口泥套，烧坏铁口保护板。渣铁汹涌而出，封不上铁口，造成渣铁流到地上。冲水渣时造成水渣沟发生爆炸，使事故危害进一步扩大，有时还会造成人身伤害。发生打"火箭炮"或爆炸事故后，高炉值班工长应立即减风控制铁流，避免事故扩大。

（2）安全防护：铁口潮时严禁钻漏。钻过潮泥层后抽出钻杆，用燃烧器烘烤，烤干后再出铁。

D 操作事故

a 压不开闸或跑闸

铁水沟中各道拨流闸板被铁水凝住后拨闸时压不开，造成罐满后流到地上。高炉被迫迎着铁流堵铁口，如操作不当烧坏炮头，堵不住铁口时事故将进一步扩大。

安全防护：某道闸板在出铁时没用，应在做下一次铁的准备工作时将闸板压开，抠出残铁重新垒闸。

垒闸的河砂潮湿时，垒完闸后用火烤干。没有烤干出铁时，铁水接触潮湿的河砂时，水急剧蒸发，铁流"咕嘟"后铁水从闸板底下钻过；有时垒闸时河砂没有踩实，铁流急时冲开河砂，铁水钻过，以上现象称为跑闸。发生跑闸后铁水罐不能充分利用，易造成渣铁出不净，铁口变浅。

安全防护：垒闸时河砂（或沟泥）用脚踩实，潮湿时用火烤干后再出铁。

b 开铁口时错位造成堵不上铁口

钻铁口时，钻头没有对准泥套中心，造成错位，出铁时铁流往往造成冲刷铁口泥套。泥套破损后堵不上铁口而发生事故。

安全防护：钻铁口时确保钻头对准泥套中心，待钻头顶紧后再启动电机（或风动），钻进铁口后再继续操纵推进机构使钻头向里快速钻进。

c 出铁前没有检查配罐，渣铁流到地上

钻铁口之前必须检查渣铁罐的配置情况，看各个罐位是否都有罐及罐内状况，是否对准渣铁流嘴（罐的中心和流嘴中心对正）。如果罐位不正或没有配罐，铁出来后将造成事故。这种事故时有发生，特别是在中、夜班时，照明不足，人的精神状态欠佳时容易发生。

安全防护：必须在开铁口之前检查渣铁罐的配置情况，确认后再钻铁口出铁。

E 开炉时铁口事故及处理

a 铁口漏煤气

（1）铁口漏煤气危害：铁口漏煤气严重时，煤气火焰大，影响制作铁口泥套及铁口前主沟的修补作业不能正常进行；同时堵铁口后煤气火焰烧烤炮头，使炮头的炮泥硬化或结焦等，不利于出铁操作。

（2）铁口漏煤气原因：主要原因是炉衬砌砖及灌浆质量不好，造成砌砖与冷却壁之间及冷却壁与炉壳之间的灰浆出现裂缝，使煤气通过裂缝从铁口周围逸出。

（3）安全防护：

1）休风时在铁口周围炉壳开孔进行灌浆。

2）抠开铁口泥套，露出砌砖，用树脂捣打料进行捣打。

3）对铁口内部（炉壳里面）和外部（炉壳以外，保护板内）进行二次浇注。

以上 3 种方法，可以根据铁口漏煤气的大小及原因，选择使用，可将第 1）种和第 3）种方法配合使用。

b 铁口来水

一般在开炉 1～2 天时，炉体砖衬及冷却壁与炉壳间灌浆料受热后水分蒸发，在炉内压力的作用下，只能沿冷却壁和炉壳间的缝隙运动，在冷却壁的冷却作用下，又变成水向下渗透。因铁口孔道没有炉壳密封，可以向外渗漏，所以冷凝水逐渐在铁口上方积聚，润湿铁口泥套，严重时钻开铁口后往外流水，此时出铁便会发生铁口爆炸事故。

（1）铁口来水的原因：炉缸冷却壁和球形炭砖之间的捣料质量不好，水浸泡后出现大面积空洞；烘炉不充分，铁口周围又没安排气口，冷凝水在铁口周围积聚，贮存在捣料层出现的空洞内；10 号高炉铁口来水主要是停炉时炉缸打水过多，开炉前炉缸扒焦炭时不彻底。

（2）安全防护：铁口周围烘炉前留排气口，送风后经常打开排气口阀门排气；开炉前做好烘炉工作；中修停炉控制炉缸打水量，开炉前炉缸扒焦炭时尽量将残存焦炭全部扒出。

另外，在筑炉时将灌浆料改为无水或低水灌浆料，烘炉时冷却壁不通水，确保灌浆料中的水分能够充分蒸发后排出，即使烘烤时间稍短些，也从根本上避免了开炉时铁口来水现象。

4.2.10 渣铁处理系统事故案例分析

铁口来水事故：某厂 10 号高炉，1972 年 10 月 15 日开炉，22 日发生铁口来水后出铁爆炸事故，烧坏冷却壁，渣铁从冷却壁破损处流出，埋住泥炮。

某厂 11 号高炉开炉时也发生铁口来水，虽然减风控制料速，但因时间长，铁水面上升到渣口，放渣时造成渣口来铁，烧坏渣口后发生爆炸，崩坏 3 块冷却壁，同时引起水渣沟爆炸，发生人身伤害事故，被迫进行高炉休风处理。

4.2.11 喷煤系统常见事故及安全防护

4.2.11.1 喷煤系统的特点

高炉喷吹煤粉是强化冶炼、降低焦比的有效措施。高炉喷吹系统的任务是对煤粉的磨制、收存和计量，并把煤粉从风口喷入炉内。该系统主要有制粉、输送和喷吹 3 部分组成，主要设备包括制粉机、煤粉输送设备、收集罐、贮存罐、喷吹罐、混合器和喷枪等。提高高炉喷煤比是炼铁系统优化的中心环节，是降低炼铁生产成本的有效手段之一。

4.2.11.2 常见事故及安全防护

高炉煤粉喷吹系统最大的危险是可能发生爆炸与火灾。

常见事故有：

(1) 制粉和喷吹均有大量粉尘产生，作业人员长期在此环境中，可能患尘肺病。

(2) 在煤气采样中，自动或同步取样，在线进行分析，若取样设施不完善，将造成煤气泄漏导致人员中毒。

(3) 喷煤系统采用惰性气氛制粉工艺，喷吹罐充压、流化全部采用氮气惰化保护，煤粉仓用氮气保持微正压，如厂房通风差，操作有误，可引起氮气窒息。

为了保证煤粉能吹进高炉又不致使热风倒吹入喷吹系统，应视高炉风口压力确定喷吹罐压力。混合器与煤粉输送管线之间应设置逆止阀和自动切断阀。喷煤风口的支管上应安装逆止阀，由于煤粉极细，停止喷吹时，喷吹罐内、储煤罐内的储煤时间不能超过 8~12h。煤粉流速必须大于 18m/s。罐体内壁应圆滑，曲线过渡，管道应避免有直角弯。

为了防止爆炸产生强大的破坏力，喷吹罐、储煤罐应有泄爆孔。喷吹时，由于炉况不好或其他原因使风口结焦，或由于煤枪与风管接触处漏风使煤枪烧坏，这两种现象的发生都能导致风管烧坏。因此，操作时应该经常检查，及早发现和处理。

4.2.12 喷煤系统事故案例分析

事故经过：迁钢 2 号高炉喷煤系统采用荷兰达涅利公司的并罐全自动喷吹技术，为两罐不间断循环喷吹。2007 年 5 月，当正处于"喷煤"状态的喷吹罐 FT – 410 喷吹至罐内煤粉约 17t 左右时，该罐 2 号下煤阀突然关闭，FT – 410 停止喷煤。由于喷吹罐 FT – 410 设定倒罐底重为 6t，此时尚未达到倒罐条件，立即查看喷吹曲线，未发现有任何异常，即没有导致该罐 2 号下煤阀关闭的指令发出。但此时另一喷吹罐 FT – 420 尚未完成"充压"进入"保持"状态，FT – 420 的 2 号下煤阀无法打开进行喷煤，造成喷吹系统停煤。为保证分配器压力不小于热风压力造成回火烧抢，遂立即将喷吹设定值修改至最小的"12t/h"，即将输送风量自动提高至 3500m³/h，同时也减小了喷吹罐压力和热风压力的压差设定值，缩短充压时间。从而将原来需要 10min 进入喷吹状态缩短至 2 ~ 3min，以最短的时间恢复喷煤。进一步查看喷吹曲线寻找造成 2 号下煤阀关闭的原因，并通知计控等维护人员到现场查找事故原因。

事故原因：事后经查是由于喷吹罐 FT – 410 称重传感器报错，在经过总重修正程序的不正确修正后使得总重输出值小于 6t（倒灌设定吨数）引发下煤阀关闭停煤。由于报错时间太短在喷吹曲线上并没有显示出来。喷吹罐总共有 3 个称重传感器，总重输出为 3 个传感器数值的总和。正确的修正程序是在其中的一个数值显示与其他两个相差 1t 时，该传感器报错，修正程序启动，自动屏蔽报错传感器，并将两个正常传感器数值的平均值赋予报错的传感器，直至报错传感器恢复正常。而错误的修正程序却将两个正常传感器数值的平均值当作总重输出，使得称重显示小于 6t，造成喷煤罐 FT – 410 的 2 号下煤阀关闭，引发系统停煤。

4.2.13 高炉炉况异常常见事故及安全防护

高炉生产受到诸多外部条件的影响和制约，高炉操作者的任务就是根据外部条件的变化对高炉冶炼过程的影响，进行及时、准确的调节，使各种矛盾继续保持平衡状态，炉况保持稳定顺行。如果操作失误或者反向，不仅会影响炉况的稳定顺行，而且还会发生各种异常事故。

4.2.13.1 低料线事故及安全防护

A 低料线的原因

由于上料设备故障或供料、上料不及时等原因，使料面低于正常料线 0.5m 以上，称为低料线。低料线破坏炉料和气流的正常分布，使炉料得不到正常的预热和还原，破坏炉顶设备，引发炉温向凉，风口和渣口破损等。

B　低料线安全防护

低料线安全防护包括以下措施：

（1）出现低料线时，应迅速查明原因，并估计延续时间，采取相应措施。

（2）减风甚至休风。若1h内不能恢复正常料线，应根据炉温、料线深度和持续时间，提前出铁，出铁后休风。冶炼强化程度高，煤气利用好的高炉，减料应较多。如暂时失去装矿石条件，可连续装入若干批，然后按轻负荷补回矿石量。赶料线过程中宜采用疏松边缘的装料制度。

（3）装料工作正常（包括料线恢复正常）后，才逐渐恢复风量。低料线区间的炉料下来时，应注意炉况的顺行和炉温的变化，并及时调节风温、风量。

4.2.13.2　管道行程事故及安全防护

"管道行程"是高炉局部区域煤气流过分发展的表现。按部位分类，可分为上部"管道行程"、下部"管道行程"、边缘"管道行程"和中心"管道行程"。

A　管道行程的原因

炉温向热时风压升高，顶压不变时压差升高。炉料强度差、粉末多、料柱的透气率降低，和原来正常的煤气流量不适应。装料制度长时间不合理，边缘过分发展。冶炼强度高，批重过小，气流不稳定。

B　管道行程安全防护

（1）采用撤风温措施，煤气体积减少后使之与料柱的透气性相适应。如果撤风温作用不明显，可进一步减风。

（2）采用先疏导、后堵塞的方法，"管道"形成后风量、风压不对称，在减风的同时再临时改变装料制度，适当发展边缘。

（3）高压转常压，使煤气流重新分布，以消除"管道"。

4.2.13.3　崩料事故及安全防护

探料尺突然塌落，下降深度超过0.5m，甚至更多，这种不正常现象称为崩料，如果一个班连续发生3次或3次以上的崩料，称连续崩料。连续崩料是炉况严重恶化表现，处理不及时能使炉温急剧向凉并引起大凉、风口自动灌渣，甚至炉缸冻结。

A　崩料的原因

燃料质量变坏，炉内透气性恶化，上、下部调剂未与之相适宜；设备缺陷、炉喉保护损坏等；高炉内衬侵蚀严重，或已有结厚等；操作不当，加风和提高风温时机不适；炉温剧烈波动未及时调节，渣碱度过高，低料线处理不当等。

上述原因引起气流分布失常，产生管道行程，处理不当，发展成为崩料。

B 崩料征兆

下料不均，出现停滞和陷落。炉顶温度波动，平均值升高，严重时可达正常炉顶温度的两倍以上。炉顶压力波动大，有尖峰。炉喉二氧化碳曲线混乱，管道位于边缘时四个方位的差值大，管道所在方位第二点（严重时包括第三点）的数值低于第一点。静压力压差波动大，边缘管道所在方位的静压力上升，压差下降，中心管道四周的静压力降低，而差值不大，上部管道崩料时，上部静压力波动大。下部管道崩料时，下部静压力波动大。崩料严重时料面塌落很深，生铁质量变坏，渣流动不好，风口工作不均，部分风口甚至涌渣和灌渣。

C 崩料安全防护

（1）果断减风，高压改常压，使风压和风量对称后下料恢复正常。

（2）减风后相应减少喷吹量和富氧，同时补足焦炭，适当缩小矿石批重。

（3）渣铁出净时，可在出铁后进行坐料，使气流重新分布。

（4）当炉温偏低或炉缸内渣铁较多，风口涌渣时，要适当加风防止风口灌渣，并组织提前出铁，同时集中加净焦 5～10 批。

（5）崩料已制止，下料恢复正常，待不正常料通过软熔带以后再把风量恢复到正常水平，相应恢复风温和焦炭负荷。

4.2.13.4 悬料事故及安全防护

炉料停止下降即为悬料。经 3 次坐料仍未能消除者称之顽固悬料。发生悬料的主要原因是由于气流分布失常，软熔带不稳定而导致悬挂料，处理不当成为顽固悬料。长期休风期间，炉内原燃料质量变化，送风后操作不当，也可引起悬料。

A 悬料的特征

风压缓慢升高或突然冒尖，风量逐渐减少甚至吹不进风。炉顶压力降低，炉顶温度升高且波动范围缩小。风口前焦炭不活跃，个别风口出现生降。料尺下降不正常，下下停停，停顿几分钟后突然塌落。

B 悬料安全防护

（1）悬料初期，可减风 10%～20%。如炉温充足，可减少喷吹量，降低风温，增加湿分，停止富氧，争取炉料不坐而下。

（2）上述措施无效时，改常压，停喷吹，放风坐料。放风应达到风量指示至零位。大高炉风压指示不大于 0.49MPa，中小高炉不大于正常风压的 20%。放风坐料时，炉顶须通蒸汽，禁止上料。风压低于正常值 50% 以下时，应关闭冷风大闸和冷风调节阀以保证安全。

（3）休风坐料。放风坐料仍然不下来时，采取休风坐料。

4.2.13.5 炉缸堆积事故及安全防护

炉缸堆积有炉缸中心堆积和边缘堆积（炉缸炉墙结厚）两种。

炉缸里主要是液态渣铁和焦炭，焦炭死料柱沉浸入铁水中，焦炭料柱的空隙中充填液态渣铁。当焦炭强度差，炉缸焦炭料柱中粉末增多，空隙减少，穿透料柱的煤气减少。当炉凉时液态渣铁的黏度升高，煤气更难吹透焦炭料柱，这样就进一步加剧炉缸中心区域的不活跃程度。长时间后，炉缸中心温度逐渐降低，炉缸中心工作达不到正常状态，由不活跃逐渐变成"死区"，这种现象叫炉缸中心堆积。

冶炼铸造铁时间长（超过一个月）或有陶瓷杯的高炉长时间炉温偏高，大量石墨碳析出后和渣铁混合后黏结在炉墙上，使炉缸炉墙结厚。炉墙结厚时相当于炉缸直径缩小，进一步发展后造成炉缸周围区域工作不正常（不活跃），炉缸周围区域的渣铁温度比中心低，这种现象叫边缘堆积。

炉缸堆积是高炉操作中基本操作制度长期不合理造成的，炉况的变化是由正常逐渐转变为不正常，进一步发展后变成失常。发生炉缸堆积后处理时间较长，中小高炉一般需要 10 ~ 15 天，大高炉需要的时间更长。

A 炉缸堆积的原因

原燃料质量恶化，特别是焦炭的质量降低影响最大。长时间高炉温、高碱度操作，加剧石墨积碳沉积而导致炉墙结厚，形成边缘效应。长期采用发展边缘的装料制度，造成中心堆积。长期减风、低压作业，鼓风动能不足，造成中心堆积。冷却设备漏水发现不及时或处理不当继续漏水造成炉凉，时间长了以后炉缸边缘和中心的工作都不能正常，进一步发展形成中心和边缘同时堆积。超过 $450m^3$ 的大高炉长时间（一个月以上）冶炼铸造铁，石墨碳大量沉积后导致中心和边缘都发生堆积现象。焦炭 – 陶瓷砌体复合结构炉缸，经常高炉温（[Si] >0.7%）操作，导致边缘堆积。

B 炉缸堆积安全防护

(1) 改善原燃料的质量，提高焦炭的热强度。

(2) 进行操作调节。

(3) 炉缸边缘堆积的操作处理：初期可以适当扩大风口，降低风速。在装料制度上适当加重中心，发展边缘并适当减轻负荷。如果边缘堆积严重，已发展到连续损坏风口时，则应加均热炉渣或锰矿进行洗炉，洗炉时应该适当提高炉温。适当降低炉缸冷却强度。

(4) 炉缸中心堆积的操作处理：首先应调节装料制度，制止边缘发展，同时应相应缩小风口直径或堵几个风口，提高风速吹透中心，使炉缸逐渐恢复到均匀、活跃。再休风后送风时适当堵风口。堆积严重时，进行洗炉。

4.2.13.6　高炉大凉及炉缸冻结

炉温连续在热制度规定的下限值，渣铁流动性明显变差，进而流动困难，铁水高硫，称为高炉大凉。炉温进一步下降，以致渣、铁不能从铁口正常排放，这种不正常的炉况称为炉缸冻结。

A　大凉及炉缸冻结的原因

严重的崩料、偏料行程或炉温向凉时悬料处理不当，导致大量的生矿下降到炉缸，在炉缸进行大量的直接还原，造成大凉或冻结。冷却设备漏水，检查处理不及时，大量漏水进入炉缸后造成大凉或冻结。焦炭质量严重恶化，无法维持炉况顺行，进行调节不及时或措施不当，发生连续崩料或连续悬料，导致大凉或冻结。在炉温偏低的情况下突然停止喷吹，采取补救措施不及时或力度不够，造成大凉，处理不及时或者采取措施力度不够而发生冻结。长期低压操作热量补偿不足，先是炉凉，处理不及时，炉况恶化后导致大凉或者冻结。炉温低、高碱度，渣铁不能从铁口顺利放出，发生穿烧和灌渣事故后造成炉缸冻结。渣皮或炉墙砖衬脱落，炉缸承受不了，大凉后冻结。重大事故下紧急休风，来不及变料，且休风时间长（特别是老炉子漏水严重），炉缸热量损失过大，复风后送风风口偏多，渣铁出不来后又发生风口灌渣，发展成炉缸冻结。其他错误（如装料错误、称量错误等）都会造成炉缸温度严重不足，处理不及时造成炉缸冻结。在处理炉缸冻结时不要存在侥幸心理，应该把困难程度估计充足，并立即果断采取措施。否则，拖延时间越长，处理难度越大，损失越大。

B　大凉的安全防护

首先查出大凉的原因，然后采取纠正措施。

（1）集中加焦5~10批，然后根据炉况具体状态和发展趋势再减轻焦炭负荷。及时减风控制料速，可减到100kPa左右（可避免风口不灌渣）。及时利用风温，然后再视减风时间的长短补足焦炭。

（2）加强炉前操作，及时出净渣、铁，如果条件允许，可增加出铁次数。

（3）在处理期间内应尽最大努力使高炉不休风，如果必须休风，也应该堵3~4个风口，严重时可堵一半以上并集中堵。

（4）按风压操作，尽量避免发生崩料或悬料。

（5）风口有涌渣现象时要加强监控，风口灌渣后进行外部打水，防止烧穿。

C　炉缸冻结的安全防护

a　一般的安全防护

按倒流休风程序休风，处理灌渣的风口和直吹管，同时把要堵的风口堵牢。把铁口两侧的风口和铁口烧通（使炉渣在烧氧的过程中渗透下去），烧通后可放些铝块和工业盐，送风风口数量不宜过多（2~4个）。送风后首先按冻结程序集中加焦10~20批，常压操作（停煤、停氧），正常料要相应减轻焦炭负荷，使炉温［Si］≥0.8%。烧开的铁口送风后继续保持通畅，使之往外喷煤气，这样，有利于提高铁口区域的温度。送风后风压按风口数目保持对称，采用适当发展边缘的装料制度。送风5~6h后氧气管不间断地烧铁口，烧铁口时尽量斜向往上烧，这样有利于风口前熔融的渣铁渗到铁口，尽最大努力使铁口能够出铁。恢复过程中按风压操作，必须待铁口能够正常出铁后才可以开风口。每增加一个风口送风，风量一般可增加100m³/min（和炉容有关），恢复过程中风口必须在相邻风口打开后出过两次铁才能进行，初期开风口速度每班不超过一个风口，当送风风口超过1/2以上时，可适当加快开风口速度。

b 铁口燃烧法处理炉缸冻结安全防护

发生炉缸冻结后影响出铁的关键是风口和铁口之间有凝结层存在，因此，处理炉缸冻结的关键是送风以后风口前新生成的液态渣铁能够渗透到铁口并能从铁口放出。为了达到这一目的，可以通过铁口燃烧方法把铁口和风口中间的凝结层化开。

铁口燃烧法是在铁口通道内（伸入铁口内）埋没带耐火材料保护的氧枪，然后把铁口密封，使氧气（或氧气和空气的比例各占50%）不能从铁口冒出。吹进的氧气和铁口上面具有一定温度的焦炭，发生燃烧反应后产生大量的热，可将铁口区域和风口之间的凝结层熔化，保证送风后新生成的液态渣铁能够顺利地渗透到铁口区域，使铁口能够放出渣铁。

铁口吹氧应该在高炉送风之前进行，时间一般控制在2~3h左右。送风后如果能够继续保持吹氧效果将更好，待从铁口见到液态渣铁火星或者吹不进氧气时拔出氧枪并堵上铁口。

c 铁口爆破法出铁安全防护

铁口爆破法出铁是在处理炉缸冻结时采用的一种特殊出铁方法。采用铁口爆破法时必须具备以下条件：必须在送风后（两个风口送风，8~10h左右，3~4个风口送风，4~6h左右）风口前已经积累了一定量的液态渣铁。铁口通道烧进深度必须超过炉墙厚度500mm左右，如果烧进深度过深或空间过大，也会影响爆破效果。铁口和风口之间有凝结层存在，爆破才能发挥作用。如果是半熔融状态的渣铁凝结物，爆破的作用不明显。

铁口爆破出铁具体操作：炸药捆绑好以后用纸筒保护，纸筒直径必须小于铁口通道直径。导火索必须捆绑在氧气管上并用石棉板保护好。往铁口送炸药之前用水把铁口通道内的煤气火焰打灭。爆炸时间必须超过30s，以确保爆破手安全。做好送风风口的打水工作，爆炸后一旦发生风口灌渣，可以及时打水防止烧穿。

d 用临时出铁口（渣口）出铁

如果炉缸冻结时间比较严重，用铁口出铁十分困难并且还没有把握时，可把渣口做成临时出铁口，用临时出铁口出铁。用临时出铁口的操作如下：卸下渣口、渣口三套，用氧气将里面的凝渣烧掉并能烧出顺利安严渣口三套的空间。将渣口上方两侧的风口和渣口用氧气烧通，烧通后从风口装入一定量的铝块和工业盐。渣口里面烧出空洞用有水炮泥填充，然后用小铲挖出可容纳渣口三套空间。把石墨套（外形尺寸和渣口三套一样，里面为外大里小的圆形通道）安上后轻轻敲打，确保上严。石墨外套的外沿紧贴渣口二套，大套上砌一层黏土砖，一直砌到大套外端。环形砌砖的里面用水泥炮填充并捣紧，再用小铲抠出外端 $\phi 150$mm，里端 $\phi 100$mm 左右的流铁渣道，然后用火烤干。临时出铁口做好之后，在渣沟的第一道拨流闸板前做出临时的撇渣器。用临时的出铁口出铁时，送风风口不能超过 3 个，出铁次数控制在 10 次以内，否则容易发生烧坏渣口二套的重大事故。

4.2.13.7 炉墙结厚和炉墙结瘤

结厚部位有上部结厚和下部结厚。炉墙结厚时将严重影响煤气流的合理分布，并导致炉况顺行变差。

A 炉墙结厚

a 结厚的原因

炉墙结厚的原因有外因和内因两个方面。外因主要是外部冶炼条件的变化影响高炉冶炼的正常进行，内因主要是高炉操作不适应外部条件的变化。

外因：

（1）原料粉末多，长期边缘过重后在操作制度上没有及时调整，易造成炉身下部结厚。原燃料含钾、钠高或粉末多，或者使用生石灰作熔剂，在炉温、渣碱度频繁波动后软熔带也频繁波动。

（2）烧结质量差，碱度波动频繁，导致成渣带也频繁波动而发生黏结。

（3）设备故障多，休风率高，经常低压或堵风口，堵风口时局部边缘气流不足。

内因：

（1）经常低料线操作，炉内软熔带位置频繁波动等，造成炉身下部结厚。

（2）冷却设备漏水处理不及时，漏水后使熔融的初渣冷凝后黏结在炉墙上，造成炉墙结厚。

（3）高炉操作制度不合理，如冶炼强度与炉料透气性不适应，造成崩料、悬料或"管道行程"；造渣制度不合理；冷却强度与冶炼强度不匹配以及其他操作失误等。

b 结厚征兆

炉况难行，经常在结厚部位出现偏尺、"管道"并易发生悬料。改变装料制度时不能达到预期的效果，上部结厚经常出现边缘自动加重。上部结厚时炉喉红外成像边缘（外环）温度明显低于里环温度。十字测温在结厚方向的第一点低于第二点，严重时低于第三点。风压和风量不对称，不接受风量，炉况应变能力很差。结厚部位炉墙温度、炉皮表面温度和冷却水温差均明显下降。

c 炉墙结厚安全防护

上部结厚安全防护：

(1) 当某一方向频繁出现十字测温温度第一点低于第二点时，应及时发展边缘，同时减轻焦炭负荷。尽可能改善原料条件，以保持炉况顺行，并用发展边缘的方法消除结厚。

(2) 认真检查结厚部位水冷设备，如发现漏水应立即停止通水，外部喷水冷却。若冷却设备正常，结厚部位冷却设备降低冷却强度，使水温差略高于正常水平。

下部结厚安全防护：

(1) 在维持顺行的前提下，稳定送风制度，同时提高炉温，降低炉渣碱度，利用改善炉渣流动性的方法达到消除结厚的目的。

(2) 采用适当发展边缘的装料制度，相应减轻焦炭负荷，利用煤气流冲刷炉墙的结厚部位。采用加锰矿、均热炉渣或萤石，进行化学洗炉，洗炉时除集中加净焦 2 ~ 4 批外，还要相应减轻焦炭负荷，确保 [Si] 在 0.75% ~ 1.25% 之间。

(3) 降低结厚部位炉体的冷却强度，但要保持水温差在适当的水平。

B 炉墙结瘤

a 结瘤的原因

炉墙结瘤指的是炉内呈熔融状态炉料重新凝结在炉墙上并与炉墙耐火材料牢固结合在一起，使炉墙形成局部或环形结厚现象，从而严重破坏高炉冶炼正常进行。

造成结瘤的主要原因如下：矿石种类复杂、化学成分波动大，导致初渣成分波动大。天然矿用量大，软化温度低，钾、钠等碱金属有害元素多。原燃料强度差、粉末多，炉况顺行较差，经常发生低料线、崩料、悬料，长时间没有扭转，导致成渣带波动。造渣制度不合理，初渣中 FeO 和 CaO 含量高，稳定性很差，当炉温波动急剧升高时，FeO 快速被还原，炉渣的熔化温度急剧升高，已熔化的初渣甚至会重新凝固，黏结在炉墙上造成局部结厚或形成炉瘤。冷却设备长期漏水得不到彻底解决，初渣被漏水冷却后凝结在炉墙上造成局部结瘤。在冷却强度偏大时炉况波动后成渣带也波动而形成炉瘤。装料设备有缺陷，局部粉末偏多，煤气流分布失常，煤气流通过少的部位易导致炉墙结厚，沿高度某个部位结厚增加后便形成炉瘤。

b 结瘤的特征

局部结瘤则结瘤部位炉身温度低，其他部位正常或偏高。红外成像测温结瘤方向温度明显低于其他方向。若是环状炉瘤，则各方位炉身温度普遍偏低，采用发展边缘的装料制度时作用不明显。炉顶压力时常出现高压尖峰，提高冶炼强度时表现尤甚。风压高且波动大，减风后趋于平稳但风量风压不对称，表现为不接受风量。探尺在结瘤部位下降慢，时有偏料、崩料、埋尺等现象发生。风口工作不均，结瘤部位因煤气流通过少，炉料加热差和间接还原少而显凉。炉尘（瓦斯灰）量增多。

c 炉瘤安全防护

一旦形成炉瘤以后，用洗炉的措施来消除炉瘤不仅时间长，效果差，而且经济损失也大。最好的方法就是降料线进行人工炸瘤。

上部炉瘤安全防护。上部炉瘤只能进行人工炸瘤，高炉休风炸瘤程序如下：

（1）休风前进行炉墙钻孔，测定炉瘤的位置和大小。

（2）由炉瘤位置和大小确定加净焦的数量，净焦下达到炉瘤的根部以下时休风。

（3）割开炉皮打眼（直径 80～150mm），深度应超过剩余砖衬，钻进炉瘤内部，但不能钻透炉瘤。

（4）将炸药筒伸进钻孔内且伸进深度超过剩余砖衬，做好安全防护后进行引爆。

（5）炸瘤顺序自下而上，先炸炉瘤根部，逐渐上移。如果是环形炉瘤，可按圆周分段，再自下而上进行炸瘤。

下部炉瘤安全防护。

（1）降低炉瘤部位冷却强度，集中加净焦洗炉。降低炉渣碱度且采用萤石洗炉。

（2）采用发展边缘的装料制度，利用煤气流冲刷炉瘤。在处理炉瘤时必须补足焦炭，防止炉瘤下来后热量不够而造成大凉或发生冻结。

4.2.13.8 上部炉衬脱落

A 上部炉衬脱落的原因

装料制度不适应炉衬状况，边缘气流发展，加剧了冷却设备大量损坏，炉衬的砌砖失去支撑作用。炉况顺行差，时常发生崩料、悬料，在崩料或坐料的振动下发生炉衬脱落。设计结构不合理或施工质量差。

B 上部炉衬脱落征兆

砖衬大量脱落后炉料透气性突然降低，风压突然升高，风量下降。炉身温度升高，砖衬脱落部位炉壳发红或烧坏后漏煤气。风口前出现耐火砖，甚至出现风口被耐火砖堵住而吹不进风现象，过一段时间后耐火砖下降后风口又恢复正常。炉渣成分改变，碱度降低。煤气曲线 CO 值边缘明显改变，煤气利用变差，炉况顺行变坏。

C 安全防护

(1) 适当减风以维持顺行，且由当时炉温水平和发展趋势补足焦炭，防止大凉。

(2) 调整装料制度，控制边缘气流，有休风时适当缩小风口面积并调整风口布局，同时尽量使用长风口。

(3) 在砖衬脱落处加强炉壳的外部冷却（安设打水枪），避免烧穿。

(4) 利用设备检修时间在损坏的冷却壁处安装冷却棒并进行压浆造衬。

(5) 根据生产需要可以停炉更换破损的冷却设备并进行炉衬喷补。

4.2.13.9 边缘煤气流过分发展、中心过重

A 边缘过分发展、中心过重的征兆

煤气取样 CO_2% 边缘比正常低，中心比正常高；红外（或炉喉十字）测温边缘比正常高，中心比正常低，最低点移向中心。煤气利用率降低，CO/CO_2 比值升高。料尺有停滞或滑落现象，料速不均。风压曲线表现呆滞，常突然"冒尖"并导致悬料。顶压经常出现向上尖峰波动大。炉喉与炉顶温度升高，炉顶温度曲线带变宽波动大，翻完料后温度上升快。炉体温度上升，冷却水温差升高并且波动较大，闭路循环的补水量增加。风口亮但不够活跃，风口工作不均匀，个别风口有大块生降，易自动灌渣。渣、铁物理热低，前后期相差较大，出铁时先热后凉，生铁含硫升高。炉尘（瓦斯灰）吹出量增加。严重时损坏炉体冷却设备，风口破损部位多在上部。

B 形成原因

送风制度不合理，长期风口面积偏大，鼓风动能不足，边缘煤气长期发展。经常采用发展边缘的装料制度，导致边缘气流过分发展。经常处于减风低压的操作状态，中心吹不透，又没有及时调整装料制度。在中心不够活跃状态下，生产条件正常时也没有采取吹透中心和控制边缘煤气流分布的措施。

C 安全防护

原则是先上部调节，后下部调节。

(1) 采取加重边缘、疏通中心的装料制度，无钟高炉可增加外环布矿圈数，减少布焦圈数，与此同时，适当调整焦炭负荷，保持炉温稳定。

（2）可适当降低料线加重边缘，一次变化幅度以不超过500mm为宜。

（3）批重偏大时，应缩小矿石批重，但料层厚度应不低于4mm。

（4）炉况顺行时，应增加风量，每次可增加$50m^3/min$，但压差不宜过高。

（5）缩小风口面积或增加风口长度，顺行较差时可临时堵2~3个风口。

（6）检查旋转溜槽是否有磨漏现象，如果有磨漏应及时更换。

（7）若以上措施效果不大时，应将上、下部调节结合进行。上部减轻焦炭负荷，改善料柱透气性，同时在下部缩小风口，提高风速与鼓风动能，当回旋区深度适宜，煤气分布基本合理后，再增加焦炭负荷，扩大料批。

4.2.13.10 边缘负荷过重、中心煤气过分发展

A 边缘过重，中心过分发展的征兆

煤气取样CO_2%边缘比正常高，中心比正常低；红外测温（或炉喉十字测温）边缘比正常降低，中心比正常高。料速明显不均，出铁前慢，出铁后加快，小滑料后易悬料。风压偏高，有波动，不易增加风量，出铁前风压升高，风量下降，出铁后风压降低，风量增加，崩料后风量减少较多，不易恢复。炉顶煤气温度带窄，受料速变化影响温度波动较大。炉顶煤气压力不稳，常出现向上尖峰，下部压差高。炉体温度和冷却水水温差降低，闭路循环补水量减少。风口发暗，有时涌渣但不易灌渣。如果用渣口放渣时，上、下渣温差别大，上渣凉，下渣热。上渣带铁多，易喷且上渣不好放，渣口破损多。严重时容易烧坏风口，部位多在前端内下部。

B 形成原因

送风制度不合理，长期风口面积偏小，煤气分布不合理，边缘气流不足，中心过吹。经常采用发展中心的装料制度，中心气流长期过分发展。喷吹燃料后没有及时进行冶炼制度的调整。高炉剖面形状不合理，边缘气流受抑制。

C 安全防护

原则是先疏导边缘，调整装料制度；后抑制中心，调整风口面积。调整装料制度发展边缘气流时可以矫枉过正，待边缘气流达到正常时再及时微调装料制度，以免气流过分发展。

（1）采取适当发展边缘、加重中心的装料制度。钟式高炉可适当增加倒装比例，无钟高炉可减少外环布矿圈数，增加布焦圈数，与此同时，应该适当调整焦炭负荷，保持炉温稳定。

（2）批重偏小时，可扩大矿石批重，但不宜过大，以免影响炉况顺行。

（3）可提高料线，但料线必须不小于0.5m。鼓风动能高可适当减小风量，

维持中下限风速,利用休风机会及时扩大风口面积。

(4) 炉况不顺时,在保证风速的前提下采用发展边缘的装料制度,但要注意减轻焦炭负荷防止炉凉。

(5) 碱度高时,应降低炉渣碱度,保持在中、下限水平。

(6) 如果是炉墙结厚的原因,可加净焦全倒装洗炉或用洗炉剂进行洗炉,洗炉时需要适当提高炉温并降低炉渣碱度。管道行程、边缘气流发展和边缘气流不足炉况特征见表4-1。

表4-1 特殊炉况特征

项 目	管道行程	边缘气流发展	边缘气流不足
热风压力	波动,先趋低后升高,有时冒尖	偏低	偏高
透气性指数	波动,先趋低后升高	偏大	偏小
炉顶温度	管道部位升高	较高	较低
炉喉	管道部位升高	升高	降低
炉身静压力	管道部位降低	升高	升高
炉身水温差	管道部位升高	升高	降低
炉喉 CO_2	管道部位 CO_2 降低	边缘 CO_2 降低	边缘 CO_2 升高
面料上温度	管道部位升高	中心温度降低	中心温度升高
探尺状态	下料不均,常有突然塌落现象	边缘下料快	边缘下料慢
风口状态	管道部位有升降	风口明亮,但有大块生料降	暗淡不均风口显凉
炉渣	渣温波动大	用渣口放渣时,上渣热,下渣先热后凉	用渣口放渣时上渣带铁多,难放
铁水	铁温波动大	铁水温度不足,先热后凉,化学成分高硅高硫	铁水物理热不足,化学成分初期低硅低硫,后期硫升高很多

4.3 其他安全防护

4.3.1 供水和供电安全防护

高炉是连续生产的高温冶炼炉,不允许发生中途停水、停电事故。特别是大、中型高炉必须采取可靠措施,保证安全供电、供水。

4.3.1.1 供水系统安全防护

高炉炉体、风口、炉底、外壳、水渣等必须连续给水，一旦中断便会烧坏冷却设备，发生停产的重大事故。为了安全供水，大中型高炉应采取以下措施：供水系统设有一定数量的备用泵；所有泵站均设有两路电源；设置供水的水塔，以保证柴油泵启动时供水；设置回水槽，保证在没有外部供水情况下维持循环供水；在炉体、风口供水管上设连续式过滤器；供、排水采用钢管以防破裂。

4.3.1.2 供电系统安全防护

不能停电的仪器设备，万一发生停电时，应考虑人身及设备安全，设置必要的安保应急措施。设置专用、备用的柴油机发电组。

计算机、仪表电源、事故电源和通信信号均为保安负荷，各电器室和运转室应配紧急照明用的带铬电池荧光灯。

4.3.2 防火、防爆及其煤气安全防护

高炉煤气的着火、爆炸，高温、高压的气体爆炸，高温铁水爆炸等，对高炉的生产，以及设备和人身安全威胁极大，极易发生重大的恶性事故。

4.3.2.1 火灾、爆炸常见事故

火灾、爆炸常见事故包括以下几方面内容：

(1) 开炉时，炉衬是湿的，如不烘干，开炉后温度突然升高，会造成砖胀裂。装入的原料是冷的，容易造成悬料，炉冷甚至炉缸冻结。开炉时一氧化碳、氢较多，控制不好或使用煤气驱赶空气，易起爆炸。

(2) 高炉出铁、出渣时，液体金属和熔渣遇水会发生爆炸，冲制水渣时，若水渣中带铁水也可能引起爆炸。

(3) 出铁口维护不好有潮泥，带潮泥出铁会造成出铁口大喷、飞溅，伤及人员。

(4) 如在铁水面接近渣口时从渣口放渣，渣中带铁引起冲渣爆炸。

(5) 高炉煤气放散以及设施密封不严，导致高炉煤气泄漏，当煤气在空气中达到一定浓度时，由于高炉煤气无气味不易被发觉，故极易造成巡检人员中毒事故。如浓度进一步升高，和空气形成爆炸性混合物，遇高温或明火易发生燃烧爆炸事故。

(6) 如高炉冷却设备破裂引起炉缸烧穿，最终导致铁水爆炸。另外，如果发生炉缸烧穿事故时，炉内铁水将从烧穿处流出，如果炉基附近的地面存有积水时，铁水流过就会发生爆炸。

(7) 如磨煤机出口处热风的温度过高，则煤粉中挥发性成分易析出，造成煤粉在短时间被引燃而发生爆炸，以及磨煤机出口处因煤结焦而出现堵塞，温度突然升高，有发生爆炸的可能；磨煤机的热风管道内积聚煤粉，也易发生爆炸事故；煤粉仓结构设计不合理，煤粉仓内壁不平整光滑，存在长期积粉的死角，如运行操作和管理不当，就可能因积煤自燃而产生爆炸等。

(8) 在煤粉喷吹系统、磨煤机和高浓度煤粉收集器内，当空气中含氧量达到一定浓度时，会和煤粉形成爆炸性混合物，遇明火或高温会发生燃烧爆炸事故。

(9) 高浓度煤粉收集器储灰斗等处，如果温度过高，或堆积过高，可能会引起煤粉自燃或阴燃。

(10) 如果高浓度煤粉收集器、风管和输煤管道发生结露，有可能引起煤粉积聚而发生燃烧。

(11) 高浓度煤粉收集器、煤粉通风机和输煤管道等，会产生静电，当静电积聚到一定量时会放电产生火花，有可能造成煤粉燃烧和爆炸事故。

(12) 在用胶带机输送物料时，常常因皮带与带轮之间摩擦生热起火，如输送物料可燃易引起火灾。

(13) 使用煤气设备、管道等有隐患，如放散管高度不够，未装阻火器，风机不防爆等，可引起着火后爆炸。

(14) 煤气管道、通风管道等没有静电接地，流速过快，易产生静电积聚，静电火花易引起爆炸。

(15) 高炉检修时需要把料面下降。降料过程中，炉顶温度越来越高，为了保护炉顶设备，需往炉内打水以降低炉顶温度。打水以后炉内产生大量水蒸气，煤气中氢含量增加，爆炸危险增大，如用水控制不好，易产生爆炸事故。

(16) 休风与复风时，安全措施不当，易造成煤气爆炸。

(17) 重力除尘器加蒸汽喷塔除尘过程中，如出气速度过快，煤气管等设施防静电措施不当，或煤气未经防散阀泄压引起超压，均可造成爆炸。

4.3.2.2 高炉煤气

高炉有两个煤气系统，一个是热风炉等使用的由外面引入的净煤气；另一个是高炉输出的荒煤气。高炉煤气作业可分为 3 类：

(1) 煤气作业：风口平台、渣铁口区域、除尘器卸灰平台及热风炉周围，检查大小钟，溜槽，更换探尺，炉身打眼，炉身外焊接水槽，焊补炉皮，焊、割冷却器，检查冷却水管泄漏，疏通上升管，煤气取样，处理炉顶阀门。炉顶人孔、炉喉人孔、除尘器人孔、料罐、齿轮箱，抽堵煤气管道盲板以及其他带煤气维修作业。

（2）煤气作业：炉顶清灰、加（注）油，休风后焊补大小钟、更换密封阀胶圈，检修时往炉顶或炉身运送设备及工具，休风时炉喉点火，水封的放水，检修上升管和下降管，检修热风炉炉顶及燃烧器，在斜板上部、出铁场屋顶、炉身平台、除尘上面和喷煤、碾泥干燥炉周围作业。

（3）煤气作业：值班室、槽下、卷扬机室、铸铁及其他有煤气地点的作业。到煤气区域作业的人员，应配备便携式一氧化碳报警仪。一氧化碳报警装置，应定期校核。高炉煤气作业按煤气作业规定进行。

高炉煤气防火、防爆安全防护：高炉煤气的危害性除可能造成人中毒外，由于其可燃性的特点，若操作处理不当或设备缺陷也可能造成火灾、爆炸事故。火灾与爆炸事故从诱发类型来看，有独立的，也有相互依存的。也就是说，可能是先有着火事故的发生，再有着火引发的爆炸事故，也有可能由于煤气爆炸事故，使煤气外泄而引起着火事故。

（1）高炉煤气防火：高炉煤气的着火燃烧也有 3 个条件，即可燃物、助燃物、引火源。要预防和控制煤气着火事故的发生，从上述 3 个方面入手，重点放在控制引火源方面。要加强对煤气区域的管理和煤气设备的管理，控制煤气外泄，杜绝泄漏现象，并严格管理火种。要落实煤气设备带煤气动火危险的作业审批手续，落实安全措施。如煤气管道焊补，有条件的可先用木塞塞入漏气点，然后再进行焊补，若煤气压力过高，焊补到最后无法收口时，可在管道上先焊上一个比泄漏孔稍大的带丝堵的缩节，然后用丝堵堵住。煤气着火后，对火焰不大的初起火情，即用灭火机、黄沙、湿泥等扑灭。煤气管道着火，管道直径小于100mm 可直接关闭阀门，切断煤气来源，以达到熄火的目的。直径大于100mm的煤气管道着火，应先向煤气管道内通蒸汽或氮气，再关闭阀门，以防止煤气回火，衍生其他事故。

（2）高炉煤气防爆：高炉煤气的爆炸条件是煤气与空气或氧气混合，在一定的空间范围内达到可爆炸的浓度，若遇引爆源，即会发生爆炸。设备除故障或操作失误等原因会引起爆炸外，煤气的动火作业也很容易引发爆炸事故。不论是经过置换后常压动火，还是带压动火，控制不当都会发生爆炸事故。要防止煤气爆炸事故的发生，一定要控制煤气与助燃气体的混合。要求煤气设备管道正压操作，保持其严密。对停止运行煤气设备、管道，一般采取保压处理；长期停用的设备，应进行置换。置换后，必须进行取样分析，符合动火安全要求，在办理动火手续后方可动火，现场要有专人监护。动火完毕及时清理火种，并应有认可手续。带压动火应严格控制煤气压力，一旦发现压力波动较大，应立即通知停止作业。在使用煤气过程中，也应防止煤气爆炸事故的发生，炉窑、烧嘴点火应严格执行先点火后给煤气的原则。炉窑一次点火不成功，应排尽炉膛内残余煤气，然后再按点火操作程序操作。控制煤气爆炸事故的另一重要环节是控制引爆能源。

防止无意带入火种，煤气区域内不得堆放易燃物品。煤气区域内不得有明火、高温物品，特别是有泄漏危险的设备，应与明火、高温物品保持有效的安全距离，严禁在煤气区域、场所抽烟，烟囱飞火，汽车、拖拉机、柴油机等排气火星都可以引起可燃气体的燃烧。包括烛火、打火机、火柴和普通白炽灯等。

4.3.3　事故案例分析

4.3.3.1　电击伤事故

事故经过：2005 年 6 月 7 日，某厂 450m³ 四座高炉计划检修，因煤气量不足，调度室又通知 132m² 两台烧结机先后停机，于是机电一车间副主任谢某通知运转工段段长李某清 2 号机电场积灰，1 号机电场未清，约中午 11 时 45 分，做 1 号机开机准备，其实 1 号机停主抽风机后电场并未断电，此时李某按正常停机检修程序安排岗位工高某、刘某二人去 1 号机电场检查接地刀闸是否断开，高某检查 1 号机北电场正常，刘某检查 1 号机南电场，由于窥视镜看不清里边情况，刘某打开隔离开关门用右手伸进门内，当即被 33kV 电压击伤右臂，送医院住院治疗。

事故原因：主要原因是 1 号机停主抽后电场未断电；而主任、段长部署任务时未把应注意事故讲清楚；岗位工工作时未按规定程序进行检查，违章作业。次要原因是操作工责任心不强，工序之间未做好协调配合。

4.3.3.2　违规清渣导致铁渣遇水爆炸事故

事故经过：2001 年 5 月 6 日 15 时 30 分，某钢铁公司炼铁厂中班作业人员 7 人按时到达炼铁厂 3 号高炉休息室做接班前的工作准备。15 时 50 分正式接班，陈某被安排在下渣岗位，主要负责从出铁沙坝至冲渣沟地段炉渣的清理工作。中班的第一炉铁于 16 时 5 分出完，堵铁口后，陈某等当班人员全部进入休息室休息。16 时 15 分陈某正在冲渣沟用钢钎撬铁渣。16 时 17 分左右在主沟附近突然一声巨响，顿时一些铁渣飞溅起来。随即其他人员跑到爆炸点寻找陈某，在 4 号高炉的冲渣沟里发现陈某已死亡。

事故原因：陈某违章作业，按照炼铁厂炉前工技术要求，上、下渣沟流嘴出"糖包心"渣必须等冷却后才能去戳，且撬棍要长。堵铁口后，当班工作人员应休息 30min，但陈某只休息了 10min 左右，时间太短，铁渣还没有完全冷却。陈某戳铁渣前，冲渣水阀未关严，水源未截断，导致"糖包心"铁渣遇水发生爆炸。现场安全管理不到位。堵铁口后陈某独自去作业，休息室其他人员没有及时制止。对陈某安全教育培训不到位。

4.3.3.3 重庆钢铁高炉铁水打炮事故

事故经过：2010 年 8 月 18 日下午 2 点 5 分，重庆钢铁有限责任公司炼铁厂 1200m³5 号高炉在出铁水 20min 后，由于高炉炉壁破损，高温铁水泄漏，漏出的铁水将高炉下方的水管烧断，遇冷水后爆炸，出现了"打炮"现象。事故发生时，当班工人约有 20 多人，在紧急疏散的过程中，有 3 名工人摔伤，其余没有人员伤亡。

事故原因：这是一起由于设备异常（设备老化）而导致的工艺事故，无人员操作失误的因素。直接原因是高炉老化底部渣口的炉皮穿漏，出现一处直径约 2cm 的洞眼，炉内的铁水就顺着该洞眼流出，高温的铁水正好流在下方的水管上，水管出现了破裂。另一原因就是管理的疏漏，重庆钢铁 5 号高炉运行期间按要求进行中修和大修，近 3 年虽然增加了许多新设施，但也没有按照安全规定排除相关安全隐患，导致该事故发生。

4.3.3.4 酒泉钢铁高炉"3.12"爆炸事故

事故经过：1990 年 3 月 12 日 7 时 56 分，酒泉钢铁公司炼铁厂 1 号高炉在生产运行中发生爆炸。高炉托盘以上炉皮（标高 15 ~ 29m）被崩裂，大面积炉皮趋于展开。瞬间，部分炉皮、高炉冷却设备及炉内炉料被抛向不同方向，炉身支柱被推倒，炉顶设备连同上升管、下降管及上料斜桥等全部倾倒、塌落。出铁场屋顶被塌落物压毁两跨。炉内喷出的红焦四散飞落，将卷扬机室内的液压站、主卷扬机、PC - 584 控制机等设备全部烧毁，上料皮带系统也严重损坏。由于红焦和热浪的灼烫、倒塌物的打击及煤气的毒害，造成 19 人死亡，10 人受伤，经济损失达 2120 万元。这是一起由于高炉内部爆炸，炉皮脆性断裂，推倒炉身支柱，导致炉体坍塌的特大事故。

事故原因：造成炉内爆炸的原因是，炉皮断裂是由 23 处 300 ~ 1400mm 长短不等的预存裂纹同时起裂所致，各预存裂纹两侧均有明显可见向两侧扩展的人字形断口走向，断口的基本特征是多处预存裂纹同时起裂形成脆性断口；风口的损坏导致向炉内漏水，造成炉内区域性不活跃现象，形成呆滞区；炉顶温度升高，两次打水降温，在一定程度上粉化了炉料，造成透气性差。

炉体坍塌是由于 1 号高炉炉况恶化，已承受不了突发高载荷，表现在冷却设备大量损坏，而为了维持生产采用了外部高压喷水冷却，加剧了炉皮的恶化，炉皮频繁开裂、开焊。1986 年 6 月以后，炉皮出现了开裂、开焊，并且日益加剧，焊接质量没得到保证，使高炉已承受不了炉内突发的高载荷。上述原因导致炉内瞬间爆炸，炉皮多处脆性断裂、崩开、推倒炉身支柱、整个炉体坍塌。

4.4　炼铁岗位安全规程和交接班制度

4.4.1　炼铁岗位安全规程

炼铁岗位安全规程主要包括高炉车间、原料车间、检修车间、喷铸车间等岗位安全规程。以下仅对主要岗位进行讲述。

4.4.1.1　炼铁岗位安全通则

炼铁岗位安全通则包括的内容有：

(1) 各设备检修试车时，要与岗位工联系好。

(2) 搞好危险预知活动并严格执行停电挂牌制度。

(3) 处理带煤气设备故障时，必须有煤防人员监护。

(4) 有权拒绝违章指挥，及在安全设施不安全的状态下工作。

(5) 打锤时严禁戴手套，必须与扶钎人站在反方向，以防跑锤伤人。

(6) 用煤气烘烤沟子时，要先点火后开气，用完后及时关闭阀门。

(7) 检修时需要动火，必须办理动火许可证，并有煤防站监护方可动火。

(8) 见2.9.1.1节中（1）、（8）~（9）项，3.5.1.1节中的（1）项及3.5.1.5节中的（4）项。

4.4.1.2　炉内操作工岗位安全规程

炉内操作工岗位安全规程的内容有：

(1) 到炉前点检时严禁跨越渣铁沟，并注意头上脚下。

(2) 认真做好各项工作记录，变料时要经过确认才能下达指令。

(3) 休送风前必须听从作业长指令，并严格执行休送风制度。

(4) 工作中不准在风、渣口对面休息，查看风口要用视孔小镜。

(5) 见2.9.1.1节中（1）、（9）项。

4.4.1.3　炉前作业区炉前岗位安全规程

A　炉前沟队岗位

炉前沟队岗位安全规程的内容有：

(1) 摆动沟施工前必须系好安全带。

(2) 操作天车时要严格执行《炉前天车工操作安全规程》。

(3) 操作电动（电葫芦、振动棒、搅拌机、电夯）、风动（风镐、风锤）设备前，必须确认是否跑电、漏电。手持电动工具必须配置漏电保护器。

(4) 清理主沟前必须将铁口处漏煤气点燃，防止煤气中毒。

（5）清理沟内杂物时，不准站在似凝非凝的渣铁面上。

（6）使用氧气时，手必须握在胶管接头后面，用完后及时关闭阀门。

（7）点检时，严禁跨越无盖的渣铁沟，用标尺检查时，必须用干燥铁棒，严禁使用潮湿的氧气管或铁器。

（8）见2.9.1.1节中（1）项及4.4.1.1节中（5）~（6）项。

B　炉前工岗位

炉前工岗位安全规程的内容有：

（1）处理潮铁口时，严禁站在铁沟内。

（2）钻铁口、透铁口、人工堵渣口、取渣铁样时，要戴好防护眼镜。

（3）清理渣铁沟时，不准站在渣铁面上，以免烧伤、烫伤。

（4）处理摆动流咀时，要系好安全带，同时检查栏杆是否牢固。

（5）出铁放渣时，严禁跨越渣铁沟，以防烧伤、烫伤。

（6）各种工器具在接触渣铁前必须烘干，防止渣铁遇冷爆炸伤人。

（7）操作天车时，遵守《天车工安全规程》，操作开口机、泥炮、悬臂吊、堵渣机时，严格遵守操作制度，注意工作现场，防止将人撞伤、挤伤。

（8）氧气、煤气用完后必须将阀门关严。

（9）铁口过深需加横棒、烧氧气时，用铁锹把棒送入铁口，人站在侧面，防止铁口突喷，烧烫伤。

（10）严禁在开口机旋转时装卸钻头。

（11）烧氧气时，手套不能有油，且不能握在胶管与氧气导嘴接口处，防止回火烧伤，注意氧气压力，防止管头伤人。

（12）使用压缩空气管时，注意接头是否有人，防管头脱落伤人，打风镐时注意渣铁碎片伤人。

（13）严禁用氧气管捅铁口、透铁口，不准在沟内化铁。使用氧气管处理泥套时，另一头必须锤扁。

（14）装炮泥时与操作者联系好，手不能伸进炮泥孔。

（15）打视孔盖，必须站在侧面，更换吹管必须确认倒流开，且站侧面，拉链两侧必须上好保险销。

（16）处理吹管跑风，必须找煤防站监护，必要时戴氧气呼吸器并用轴流风机吹扫，以防煤气中毒。

（17）见2.9.1.1节中（1）项及4.4.1.1节中（5）~（6）项。

4.4.1.4　矿槽系统、运转作业区、煤气布袋和布袋除尘岗位安全规程

岗位安全规程均见2.9.1.1节中（1）项，3.5.1.5节中（4）项及4.4.1.1节中（1）~（4）项。

4.4.1.5　点检工岗位安全规程

点检工岗位安全规程包括的内容有：

(1) 工作前做好准备工作，带全点检工器具。

(2) 熟悉本岗位点检范围内的机械设备及负责范围内的附属设备的机械性能和有关安全技术规程。

(3) 熟悉和遵守钳工的一般安全操作规程，严格遵守煤气安全规程和制度。

(4) 点检时应按规定的路线部位进行。

(5) 在进行设备动态点检时，一定要站在安全栏杆后面，没有栏杆的情况下要和设备保持在 0.5m 距离以外，检查时要有一人在旁监护。

(6) 点检部位要正确，点检工器具的使用要正确，使用听音棒和点检锤时，不得与设备的运转部位相接触。

(7) 凡需要停机检查或进行检修时，无论设备运转与否，都需要通知岗位工人停电，确认安全后挂牌，再进行操作，检修设备时要进行三方挂牌制。

(8) 在设备狭窄部位或进入设备内部点检时，必须采取必要的安全措施（如清除积料，安全带，照明，CO 检测，专人监护等等）后方可进行。

(9) 点检作业中，要将设备的静止状态视为运转状态。

(10) 在粉尘区进行点检时应戴好防尘口罩。

(11) 设备上的电气故障应交电工修理，不得自己拆卸。

(12) 试车、试运转时必须和岗位操作工联系协调进行，统一指挥应仔细检查设备各部位是否有阻碍物，人员是否撤离到安全部位，遵守试车的一般规定，充分做好试运转的准备工作。

(13) 见 2.9.1.1 节中 (1)、(8) 项。

4.4.1.6　仪表工点检岗位安全规程

仪表工点检岗位安全规程的内容有：

(1) 去现场时，带好工作时所需的工具和仪表。

(2) 检查和操作电器时，要两人以上，首先将电闸拉下，挂上"有人操作，禁止合闸"的标牌，确认安全后，方可进行工作和修理。

(3) 对电器设备修理时，所使用的工具和绝缘鞋，定期检查绝缘程度，不合格应及时更换。

(4) 接触有害液体和水银前，事先做好防毒措施，然后再进行工作。

(5) 去要害车间时，遵守要害车间规定的有关安全规程（如去氧气站、变电站、油站等）。与仪表无关的设备严禁乱动。

(6) 对存放的易燃易爆品，做好管理工作，严禁烟火。

（7）对新使用的标准仪器，在操作之前，事先学习操作方法。通电前注意其使用的电压，检查接地情况，防止将仪器、仪表指针打坏、烧毁。

（8）去现场测量铁水和钢水温度时，除戴上安全帽，防护眼镜，防护服，放热鞋外，还要注意钢水铁水飞溅，防止烫伤、烧伤。

（9）厂区行走时要注意来往汽车、空中吊车、机动车、火车及道口所发出的信号。

（10）处理有电容的设备时，先将电容放电再工作。

（11）另 4 条岗位安全规程分别见 1.4.4.3 节和 2.9.1.1 节中（1）、（15）项。

4.4.1.7　粒化渣岗位安全规程

粒化渣岗位安全规程的内容有：

（1）起车前，必须对沟头进行检查、维护，防止异物堵塞沟头。如沟头损坏，及时修复，保证出渣的顺利进行。

（2）人员进入设备检查时，必须把机旁箱打到"零"位，同时通知集中控制室。进入设备内部检查，使用照明电源电压不得超过 36V。

（3）对所有设备全面检查，确认无误后，方可按操作顺序起车。

（4）设备运行过程中，必须有专人对设备的运行进行机旁监控。遇到紧急情况，及时停车，并与中控室联系，迅速对事故进行处理，保证高炉生产正常进行。

（5）起车后，严禁任何人员打开设备上的人孔，严禁任何人员进入设备内部，防止蒸汽及设备旋转部位伤人。

（6）运行过程中，中控室操作人员必须严格遵守操作规程中的起、停车顺序及各项注意事项，不得擅自离开，有事故及时同炉前联系并汇报有关领导。严禁非操作人员接触控制台面。

（7）停车后，操作工人对设备全面检查、清理，作好记录，并向中控室汇报，保证下次出渣的顺利进行。

（8）见 2.9.1.1 节中（1）、（9）、（15）项。

4.4.1.8　喷铸车间运转岗位安全规程

喷铸车间运转岗位安全规程的内容有：

（1）熟悉所负责区域内设备性能及工作原理，熟悉本岗位技术操作规程和设备点检维护规程。

（2）燃烧炉各层平台属煤气危险区作业，该区域作业必须有两人以上。

（3）所属区域设备动火，必须开动火许可证，煤气设备动火检修必须由煤防站人员检测。

（4）各部位检修必须坚持"停"、"送"电挂牌制度及三方确认制度，进入磨机及系统内作业必须测 CO、O_2 浓度，合格后方可进入作业。

（5）见 2.9.1.1 节中（1）、（3）、（9）项。

4.4.1.9　皮带上料工和收料工岗位安全规程

皮带上料工和收料工岗位安全规程的内容有：

（1）皮带通廊栏杆必须安全可靠，不得损坏，安全通道畅通，地面无杂物，无积料。

（2）收料时，必须站在安全地方。不准乱动各种机动车，严禁无证驾驶。

（3）另 4 条岗位安全规程见 2.9.1.1 节中（1）、（3）、（8）~（9）项。

4.4.1.10　原料管理工岗位安全规程

原料管理工岗位安全规程的内容有：

（1）指挥车辆装料、倒料要选好站位，防止物料坍塌伤人及车辆伤害。

（2）需要乘坐车辆时，必须等车辆停稳后方准上、下车，车辆在行驶时，不准站在驾驶室外，自卸车厢内严禁载人。

（3）严禁无证驾驶车辆，在雷雨天人员及车辆严禁上垛，防止雷击事故。

（4）车辆上垛、造堆时，要负责现场监护，如有电线等设施，要与其保持安全距离，防止发生触电事故。

（5）见 2.9.1.1 节中（1）项。

4.4.1.11　喷铸中控岗位安全规程

喷铸中控岗位安全规程的内容有：

（1）严密监视各生产环节的参数变化，发现问题及时处理。

（2）电气设备绝缘良好，防止发生触电及着火事故。

（3）需进入系统内检修，必须将罐内及系统内吹扫干净并测得氧气浓度大于19%时方可进入作业。

（4）作业必须两人以上并系好安全带，使用照明灯须是 36V 以下低压防爆灯具。

（5）见 2.9.1.1 节中（1）、（3）、（9）、（15）项，4.4.1.1 节中（7）项及 4.4.1.6 节中（6）项。

4.4.1.12　燃烧炉岗位安全规程

燃烧炉岗位安全规程的内容有：

（1）燃烧炉周围 5m 内为二类煤气区，在该区域内作业时要拿 CO 报警仪，必要时通知煤防站监护。

（2）进入燃烧炉内作业时要切断各煤气阀门，并吹扫干净，通知煤防站监护。

（3）燃烧炉使用前必须吹扫 15min 以上，炉内 CO 浓度小于 200×10^{-6}，高炉煤气压力大于 3kPa，焦炉煤气压力大于 1.8kPa 方可用明火点炉，点火时一人操作，一人监护。

（4）另 5 条岗位安全规程见 2.9.1.1 节中（1）、（3）、（9）项，4.4.1.1 节中（7）项和 4.4.1.6 节中（6）项。

4.4.2 炼铁交接班制度

炼铁交接班制度见 2.9.2.1 ~ 2.9.2.7 节。

5 炼钢安全防护与规程

5.1 炼钢生产基本工艺和安全生产的特点

5.1.1 炼钢生产基本工艺

炼钢就是将铁水、废钢等炼成具有所要求化学成分的钢，并使其具有一定的物理化学性能和力学性能。为此，必须完成去除杂质（硫、磷、氧、氮、氢和夹杂物）、调整钢液成分和温度三大任务。

目前有转炉炼钢流程和电炉炼钢流程。通常将"高炉-铁水预处理-转炉-精炼-连铸"称为长流程，而将"废钢-电炉-精炼-连铸"称为短流程。短流程无需庞杂铁前系统和高炉炼铁，因而工艺简单、投资低、建设周期短。但其生产规模相对较小，生产品种范围相对较窄，成本相对较高。因此，目前长流程是主要炼钢工艺路线。

5.1.1.1 转炉炼钢的工艺及设备

转炉炼钢是以铁水和废钢为主要原料，向转炉熔池吹入氧气，使杂质元素氧化，提高钢水温度，一般在 25~35min 内完成一次精炼的快速炼钢法。转炉炼钢由转炉、转炉倾动机构、熔剂供应系统、铁合金加料系统、供氧系统、烟气除尘系统（OG）、钢包及钢包台车、渣罐及台车等部分组成，其主要工艺流程如图 5-1 所示。

转炉作为反应容器，用于装铁水和废钢。转炉炉体由炉壳、托圈、耳轴轴承座四部分组成。转炉倾动机构的作用是倾转炉体。

熔剂供应系统一般由贮存、运送、称量和向转炉加料等几个环节组成。熔剂通过皮带运输机运送到转炉的高位料仓，称量后加入到转炉。熔剂用于炼钢的造渣、保护炉衬和冷却钢水，主要有：石灰、轻烧白云石和生白云石、萤石、矿石和氧化铁皮等。

铁合金供应系统一般由贮存、运送、称量和向钢包加料等几个环节组成。铁合金通过皮带运输机运送到中位料仓，称量后加入到钢包。铁合金用于钢水的脱氧和合金化。转炉炼钢常用的铁合金有锰铁、硅铁、硅锰铁和铝等。

供氧系统一般是由制氧机、加压机、中间储气罐、输氧管、控制闸阀、测量仪表及喷枪等主要设备组成。供氧系统是炼钢工艺中的关键技术，送氧管道和氧

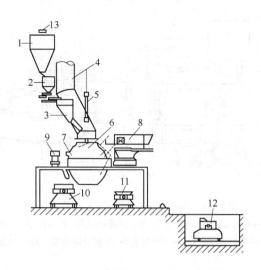

图 5 - 1　氧气顶吹转炉的工艺流程及设备

1—料仓；2—称量料仓；3—批料漏斗；4—烟罩；5—氧枪；6—转炉炉体；7—出钢口；8—废钢斗；
9—往钢包加料的运输车；10—钢包；11—渣罐；12—铁水罐；13—运输机

枪是炼钢工艺的关键设备。

OG 系统主要是由烟罩、一级文氏管、90°头脱水器、二级文氏管、风机等组成，主要用于烟气净化回收，对转炉烟气采用未燃法、湿式处理方式。

钢包及钢包台车：钢包用于盛装钢水；钢包台车将钢水运送到不同的加工、处理地点。

渣罐及钢渣台车：渣罐用于盛装热炉渣；钢渣台车将热炉渣运送到不同的加工、处理地点。

5.1.1.2　电炉炼钢工艺及设备

传统电弧炉炼钢原料以冷废钢为主，配加 10% 左右生铁。现代电弧炉炼钢除废钢和冷生铁外，使用的原料还有直接还原铁、铁水、碳化铁等。按电流特性，电弧炉可分为交流和直流电弧炉。交流电弧炉以三相交流电作电源，利用电流通过 3 根石墨电极与金属材料之间产生电弧的高温来加热、熔化炉料。直流电弧炉是将高压交流电经变压、整流后转变成稳定直流电作电源，采用单根顶电极和炉底底电极。

电弧炉炼钢设备包括机械设备和电气设备，其主要工艺流程及设备如图 5 - 2 所示。

电弧炉的炉体由金属构件和耐火材料砌筑成的炉衬两部分组成，金属构件包括炉壳、炉门、出钢机构、炉盖圈和电极密封圈等。目前电炉以偏心底出钢方式

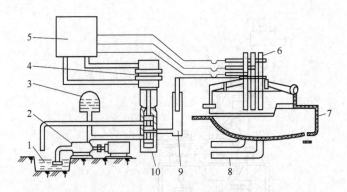

图 5 - 2　电炉炼钢生产的工艺流程及设备

1—储液槽；2—液压水泵；3—压力罐；4—伺服阀线圈；5—电气控制系统；6—电极；
7—偏心炉底出钢；8—吹气管；9—电极升降装置；10—伺服阀

为主。为了便于电弧炉出钢和出渣，炉体应能倾动。倾动机构就是用来完成炉子倾动的装置，偏心底出钢电炉要求向出钢方向能倾动 12° ~ 15°，以出尽钢水，向炉门方向倾动 10° ~ 15°以利出渣。电极升降机构由电极夹持器、横臂、立柱及传动机构组成。其任务是夹紧、放松、升降电极和输入电流。

5.1.2　炼钢安全生产的特点

　　转炉炼钢工序环节多，工艺环节之间环环相扣紧密，作业过程依赖行车过跨车等机械设备做物料转运。电炉炼钢设备多，包括机械设备和电气设备。上述这些都给炼钢人员带来一系列潜在的职业危害，炼钢整个过程要求电、水、氧有高度的可靠性。例如生产中存在着强烈的高温热辐射、噪声、烟尘、转炉煤气等危险有害因素。在生产过程中，可能引发钢水和熔渣喷溅，从而引起灼烫与爆炸。起重伤害、车辆伤害、机具伤害、物体打击、高处坠落、触电和煤气中毒事故。

5.2　转炉常见事故及安全防护

5.2.1　炉子跨常见事故及安全防护

5.2.1.1　转炉炉前与炉下区域

　　转炉是整个炼钢厂的中心环节，作业频率高，人员集中。冶炼时产生的喷溅、转炉煤气管泄漏、高温辐射、行车运行等存在一定的危险性。

　　A　常见事故

　　(1) 兑铁水时铁包倾翻过快，引起炉内剧烈氧化，导致铁水喷溅伤人。兑铁水时炉前有人通行或行车指挥人员站位不当，被喷溅的铁水烫伤。

（2）入炉废钢中混有密闭容器或潮湿废钢，在兑铁水时引起炉内爆炸。吹炼时由于操作不当引起转炉大喷或炉体漏钢。

（3）废钢桶起吊前未清理桶口悬挂的废钢，致使废钢掉落伤人。倒渣出钢过程中炉下渣道或渣有积水或潮湿引起放炮。

（4）炉下渣车和钢包车运行时，撞伤过往行人。

（5）转炉进料、冶炼或检修时，炉下有人作业。

（6）烟道内积渣、冷钢，在炉体检修时掉落伤人。

（7）烟道或氧枪大量漏水进入炉内，盲目摇炉引起爆炸。

B 安全防护

（1）兑铁水冶炼时禁止穿越炉前区域，行车指挥人员站在炉前120°扇形面处。

（2）检查入炉废钢质量，严禁密闭容器进炉。

（3）兑铁水时控制好行车副钩上升速度，防止铁包倾翻过快。

（4）冶炼时按照工艺操作规程，控制辅料加入量、加入时间和氧枪高度。转炉前后应设活动挡火门，以保护操作人员安全。

（5）加强炉下区域日常检查，发现渣道、罐内潮湿或有积水，及时处理。

（6）炉下渣车和钢包车设置声光报警装置，过往行人需要注意安全。

（7）转炉进料和冶炼时，炉下严禁有人作业。

（8）检修炉体前必须清理烟道内积渣，必要时用盲板封堵烟道口。

（9）遇到炉内有积水时，必须停止冶炼，待积水蒸发、炉内钢渣变红后再动炉。

（10）发生转炉穿炉漏钢时，停止吹炼，从漏点反方向摇炉出钢后再补炉。

5.2.1.2 转炉高层平台

转炉高层平台正常生产时人员少，上下频率低，但危险性大，主要原因是在平台上集中了一次除尘系统、原辅料下料系统、转动皮带、汽化冷却、能源介质管道等系统。容易发生煤气中毒、火灾爆炸、机械伤害、灼烫、窒息等事故。

A 常见事故

（1）汽化烟道各段本体连接处及其附属设施密封异常，重力除尘器水封箱及污水溢流槽水位低，水封高度不够，都可能导致煤气泄漏。

（2）煤气管道及其附属设施动火作业未落实有效防护措施，电焊机接地在煤气管道或支架，引起火灾爆炸。

（3）人员随意出入，明火带入该区域，导致煤气爆炸或火灾事故。

（4）进入该区域进行高空作业、料仓检修未采取有效安全防护措施，导致高处坠落事故。

（5）进入皮带输送区域未走安全通道及安全过桥，造成机械伤害。

（6）平台孔洞不盖板或护栏缺损，导致高空坠物或人员坠落事故。

（7）各平台固定式煤气报警设施失效或监测不准，导致煤气中毒。

（8）入煤气管道或密闭容器内作业，未进行气体分析检测导致煤气中毒或窒息。

（9）接触蒸汽管道蒸汽包导致烫伤事故 。

B 安全防护

（1）加强管道、阀门的检查和保养，每班进行巡检，及时处理泄漏与腐蚀问题。

（2）每班进行巡检，保证水封箱水位合适、稳定。

（3）固定式煤气报警器专业点检，每周点检，发现异常及时报修，每年标定。

（4）动火必须按规定办理动火证，并严格采取有效防范措施。

（5）进入管道前必须按规定办理危险作业审批手续，并采取有效防范措施。

（6）对该区域进行管制，进入人员必须进行登记，并携带煤气报警器及两人以上前往，严禁携带明火。进入该区域必须走安全通道及安全过桥，禁止穿越皮带机，皮带机运行前必须打铃。

（7）加强对现场隐患的排查整改工作，发现孔洞或护栏缺损现象，及时整改并采取临时防护措施。

（8）烟道上的氧枪孔与加料口，应设可靠的氮封。转炉炉子跨炉口以上的各层平台，宜设煤气检测与报警装置。

（9）上高层平台，人员不应长时间停留，以防煤气中毒；确需长时间停留，应与有关方面协调，并采取可靠的安全措施。

5.2.1.3 大喷溅

一旦发生喷溅，切忌惊慌失措，应立即判断喷溅原因和种类，及时调整枪位等操作，以求减轻程度。

A 低温喷溅

低温喷溅一般在前期发生，由于前期温度较低，熔池反应还不是很激烈，可以及时降低枪位以强化碳氧反应，减少渣积累并迅速提温，同时延时加入渣料或采取其他的提温措施来消除喷溅。

B 高温喷溅

可适当提枪，一方面降低碳的氧化反应速度和熔池升温速度；另一方面借助于氧气流的冲击作用吹开泡沫渣，促使 CO 气体排出。当炉温很高时，可以在提枪的同时适量加入一些白云石或石灰等冷却熔池，稠化炉渣，也有利于抑制喷溅。

C　金属喷溅

可适当提枪以提高 FeO 含量，有助于化渣，并加入适量萤石助熔，使炉渣迅速熔化并覆盖于钢水面之上。值得注意的是，如果喷溅原因不明，绝不能盲目行动，只能任其喷溅结束。如盲目处理，可能会增强喷溅，反而造成更大的损失。对于兑铁水发生的大喷溅，关键是严格遵守操作规程，兑铁水前必须倒尽炉内的残余钢渣；对于采用留渣操作工艺的转炉，进炉前必须严格按规程做好各项操作，如降低炉渣温度加石灰，降低炉渣氧化性（加还原剂）等，方可兑铁水；控制好熔池温度，前期温度不过低，中期温度不过高，禁止突然冷却熔池，保证熔池均匀升温、碳氧反应均衡进行，消除突发性的碳氧反应；通过枪位及氧流量的调节控制好渣中的 FeO 含量，不使 FeO 过分积累升高，以免造成炉渣过分发泡或引起爆发性碳氧反应而形成喷溅，中期要防止 FeO 过低，以引起炉渣返干而造成金属喷溅；第二批渣料的加入时间要适宜，且应少量多批加入，以免炉温突然明显下降，这样可抑制碳氧反应，从而消除突发性碳氧反应的可能。

5.2.2　炉子跨事故案例分析

5.2.2.1　违规向转炉冲水引起转炉爆炸伤人事故

事故经过：1986 年 11 月 7 日，某钢铁公司六厂 2 号转炉早班工人于 15 时 14 分出完超计划的第二炉钢（计划 6 炉钢）后，倒渣并清理炉口残钢，准备换炉。此时车间副主任兼冶金工段长钟某指挥当班班长洪某用水管向炉内打水进行强制冷却，以缩短换炉时间。16 时工人接班。这时钟某指挥中班工人准备倒水接渣，并亲自操作摇炉倒水。当炉体中心线与水平夹角为 30°时，炉内发生猛烈爆炸，气浪把重约 3.3t 的炉帽连同重约 0.95t 的炉帽水箱冲掉，飞出约 45m，打碎钢筋混凝土房柱，当场造成 6 人死亡，重伤 3 人，轻伤 6 人，造成全厂停产。

事故原因：当时炉内约有 280mm 厚残渣，体积约 0.6m³，重约 2t。在爆炸残渣处于液态状态，当水进入炽热炉内后，水被大量蒸发，渣液表面迅速冷凝成固体状，而渣液表面以下部分仍处于液态状态，在进行摇炉倒水操作时，由于炉体大幅度倾斜，在自身重力作用下，炉内残渣发生倾覆，下部液渣翻出并覆在水上，以致液渣下部大量蒸汽无法排除，造成爆炸。

钟某忽视安全，缩短吊装换炉时间，向炉内冲水，应负主要责任。安全管理不严，长时间违章冲水不过问、不制止，对吊装前留渣检查督促不严，负次要责任。

5.2.2.2　擅用普通起重机起吊钢包造成钢包滑落倾覆事故

事故经过：2007 年 4 月 18 日 7 时 53 分，辽宁铁岭市清河特殊钢有限公司装有 30t 钢水的钢包在吊运下落至就位处 2 ~ 3m 时，发生钢水包倾覆特别重大事故，如图 5 - 3 和图 5 - 4 所示。造成 32 人死亡、6 人重伤，直接经济损失 866.2 万元。

 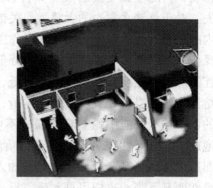

图 5 - 3　钢包滑落倾覆事故现场　　　　图 5 - 4　钢水包脱落示意图

事故原因：事故直接原因是该车间违反炼钢安全规程，没有采用冶金专用的铸造起重机，而是擅自使用一般用途的普通起重机起吊钢包。另外设备日常维护不善，如起重机上用于固定钢丝绳的压板螺栓松动；作业现场管理混乱，厂房内设备和材料放置杂乱、作业空间狭窄、人员安全通道不符合要求；违章设置班前会地点，该车间长期在距钢水铸锭点仅 5m 的真空炉下方小屋内开班前会，钢水包倾翻后造成人员伤亡惨重。

5.2.3　加料跨常见事故及安全防护

炼钢厂行车是炼钢工艺必不可少一部分，贯穿了整个炼钢过程，尤其是吊运液体金属的行车，其吨位重、吊物温度高，一旦发生事故将给炼钢厂带来严重后果。

5.2.3.1　常见事故

A　触电

行车配电箱电线、电缆老化或破损；行车驾驶员接触滑触线，检修时未断电等情况可能发生触电事故。

B　机械伤害

各传动联轴器防护罩缺损引起机械伤害；大小车开动时发生挤压事故。

C 烫伤

兑铁水时发生喷溅，兑完铁水铁包退出时剩余铁水溅出。

D 高处坠落

检修行车时未系安全带；清扫行车大梁或行车检修后孔洞未复位发生坠落事故。

E 起重伤害

吊挂重罐歪斜、脱钩、滑钩，引起重罐倾翻。

F 物体打击

吊运废钢时，废钢从料槽内滑落；吊运红坯中心不准，脱钳致板坯滑落；检修、清扫行车后高空抛物。

5.2.3.2 安全防护

安全防护主要包括：

（1）上下行车抓好扶手，注意脚下障碍物，按门铃待车停稳后从安全门上下。

（2）准备必要的防护设施，断电检修维护。

（3）各传动联轴器防护罩安装齐全。

（4）吊挂钢水包耳轴时，听从地面指吊人员指挥，两边耳轴钩挂好再起吊，铁包倾翻时主小车不能操作过快。

（5）动车前确认大车上没有无关人员。

（6）铁水钢水装入量不能过满，吊运中保持平稳。废钢装入料槽不能过满，起吊前清除槽口废钢。磁盘调运废钢严禁从人员上方经过。

（7）吊运过程中避开地面设备和人，发出警报，启动行车不能过快。

（8）吊板坯时必须找准中心点，确认夹紧后听从指挥方可起吊。

（9）严禁从行车等高空抛物，加强对行车上物品的管理，所有物品必须固定，避免在行车走动过程中由于惯性导致物品滚动坠落。

5.2.3.3 加料口堵塞安全防护

加料口堵塞安全防护包括以下内容：

（1）在溜槽上开一观察孔（加盖，平时关闭），处理堵塞时打开观察孔盖，将撬棒从观察孔中伸到结瘤处，然后用力凿或用锤子敲打撬棒，击穿、打碎堵塞物后使加料口畅通。这种方法是目前最主要和常用的方法，也较安全。

（2）在平台上用一根长钢管自下而上伸到加料口堵塞处进行凿打；也有用氧气管慢慢烧掉堵塞物的。两种方法也很有效，但由于存在着不安全因素，用时一定要小心，一般不常采用。

（3）堵塞如属溜槽设计中的问题，则需要在大修中进行改造；如因漏水造成堵塞，必须查明漏水原因并修复；如用氧气烧开则要用低氧压且在过程中加强观察。

5.2.4 加料跨事故案例分析

5.2.4.1 铁水罐倾翻事故

事故经过：2010年12月8日7时许，位于山东省莱芜市富伦钢铁有限公司炼钢厂发生铁水罐倾翻事故，如图5-5和图5-6所示。发生倾翻的是一个240t行车吊铁水罐，当时铁水罐正在被运入车间，起吊的过程中，行车的一根钢丝绳突然滑落，铁水罐从5m左右的高度下坠并且倾翻，罐中的100多吨铁水瞬间涌出，正在附近进行正常作业的8名职工躲闪不及，造成人员伤亡。

图5-5 倾翻的铁水罐　　　　　图5-6 铁水罐倾翻发生事故现场

事故原因：事故直接原因是行车吊故障导致铁水罐倾翻。

5.2.4.2 错误指挥违规吊运造成钢水外泄爆炸事故

事故经过：2003年4月23日0时20分，某钢铁集团所属分公司炼钢车间1号转炉出第一炉钢，该车间清渣班长陈某到钢包房把1号钢包车开到吹氩处吹氩。0时30分，陈某把钢包车开到起吊位置，天车工刘某驾驶3号80t天车落钩挂包（双钩）准备运到4号连铸机进行铸钢。此时，陈某站在钢包东侧（正确位置应站在距钢包5m处）指挥挂包，但仅看到东侧的挂钩挂好后就以为两侧的挂钩都挂好了，随机吹哨明示起吊。刘某听到起吊哨声后起吊。天车由1号炉向4号连铸机方向行驶约8m后，陈某才发现钢包西侧挂钩没有挂到位，钩尖顶着钢包耳轴中间，钢包倾斜，随时都有滑落坠包的危险。当天车行驶到3号包坑上方时，刘某听到地面上多人的喊声，立即停车。在急刹车的惯性作用下，顶在钢包西侧的吊钩尖脱离钢包轴,钢包严重倾斜(钢包自重 30t,钢水 40t)扭弯东侧吊钩后脱钩坠落地面,钢水撒地后因温差而爆炸(钢水温度 1640℃),造成 8 人死亡、2 人重伤和 1 人轻伤,事故直接经济损失 30 万元。

事故原因:直接原因是 3 号天车起吊钢水包时,两侧挂钩没有完全挂住钢包的耳轴,而是勾尖顶在西侧耳轴的轴杆中侧,形成钩与耳轴"点"接触。陈某指挥起吊时站位不对,他只看到挂钩挂住东侧钢包耳轴,而并没有看到西侧挂钩是否挂住钢包西侧耳轴,就吹号指挥起吊,造成钢包西侧受力不均匀,钢包倾斜,导致天车工刘某操作天车是因急刹车惯性力的作用,使西侧挂钩从耳轴上脱落,扭弯钢包东侧吊钩而致钢水倾翻。另外,该炼钢车间操作工人生产确认制、责任制、安全操作规程实施不到位,指车工陈某在没有确认两侧吊钩挂牢就指吊,天车工刘某违规操作,发现陈某指挥吊车站位不对没有告示,起车时没有按操作规程"点动 - 试闸 - 后移 - 准起吊"程序操作。

5.2.4.3 落包摘钩包梁倾倒躲避不及被砸伤亡事故

事故经过:2006 年 4 月 29 日 13 时 10 分,某机械制造公司矿山机修厂铸钢车间 10t 钢水包方砖损坏,电炉丙班班长李某安排浇铸工林某、赵某两人将钢水包内的废渣翻净准备更换运转。林某指挥天车将翻完残渣的钢水包落到地面后,天车司机将钢水包梁落到钢包上摘钩。由于钢水包梁放的位置不当,摘钩时钢水包梁倾倒,林某躲闪不及,被钢水包梁砸伤,经抢救无效死亡。

事故原因:事故直接原因有浇铸工林某在指挥天车落包摘钩时,没有躲避到安全距离以外,违章作业;天车工田某在落包自行摘钩时,缺乏安全意识,没有对作业环境认真检查和确认,习惯性违章作业,致使摘钩时包梁倾倒。间接原因是安全管理有缺陷,安全管理制度和岗位安全操作规程不够完善,现场安全监督检查不到位,设备、设施和作业环境不良,未及时消除事故隐患,安全生产投入不足。

5.2.5 浇铸跨常见事故及安全防护

5.2.5.1 浇铸跨基本工艺

在炼钢炉或精炼炉中冶炼的钢水,当其温度合适、化学成分调整合适以后即可出钢。钢水经过钢水包铸入钢锭模或连续铸钢机内,即得到钢锭或连铸坯。

浇注分为模铸和连铸两种方式。模铸又分为上铸法和下铸法两种。上铸法是将钢水从钢水包通过铸模的上口直接注入模内形成钢锭。下注法是将钢水包中的钢水浇入中注管、流钢砖,钢水从钢锭模的下口进入模内。钢水在模内凝固即得到钢锭。钢锭经过脱保温帽送入轧钢厂的均热炉内加热,然后将钢锭模等运回炼钢厂进行整模工作。

连铸是将钢水从钢水包浇入中间包,然后再浇入结晶器中。钢液在结晶器内形成一定坯壳后由拉坯机按一定速度拉出结晶器,经过二次冷却装置强迫冷却,待全部凝固完毕或仍带有液芯的状态下,铸坯被矫直,随后被切割成定尺长度的连铸坯,最后送往轧钢车间。

5.2.5.2　浇铸跨常见事故及安全防护

A　浇铸跨常见事故

浇铸跨常见事故包括中间包发红,结晶器漏水、断水,结晶器变形等危险事故,浇铸漏钢,二冷区断水,喷嘴堵塞等,拉矫机出现液压、机械或电气方面的故障事故。

B　浇铸跨安全防护

a　中间包的安全防护

因中间包包衬破坏或变薄等原因,高温钢水会使中间包壁发红,此时应立即开走中间罐,停止浇铸。

b　结晶器的安全防护

(1)结晶器冷却水软管漏水。若漏水过于严重致使结晶器冷却不足时,应停止该流的浇铸。

(2)结晶器冷却水中断。若因冷却水泵停止运转而导致结晶器冷却水中断,必须立即终止浇铸,接通事故供水系统,快速从结晶器中拉出铸坯,否则易引起结晶器变形损坏。

(3)结晶器漏水。结晶器漏水的主要原因是结晶器未按规程组装及试压,密封材料不佳,铜管变形严重等。如水漏入结晶器内腔进入钢液面区,则应立即中断浇铸。否则可能造成钢水飞溅、危及操作人员,而浇出的铸坯也是废品。假如漏水部位在结晶器底部,则仍可用该结晶器浇铸到这炉钢水浇完为止,但随后必须更换新结晶器。

(4)结晶器变形及划伤。浇铸过程中结晶器内壁与外壁间温差的作用以及浇铸间歇时间的冷却作用,会引起铜管的变形,尤其在钢液面区域,这种变形特别严重。因此,必须经常检测结晶器内壁。每个铜管应配一检查记录卡,记录检查及修理情况。凹陷严重的结晶器可造拉漏及纵裂,必须进行更换。内壁划痕只在液面区有害,若在结晶器下部,用磨料打光尖锐的棱边仍可继续使用。

(5)结晶器振动停止。若振动停止,则在任何情况下都不能继续浇铸。否则坯壳与结晶器壁的粘连易在结晶器下部造成漏钢。

(6)结晶器溢钢。若由于中间包水口或拉坯产生故障使结晶器内钢水溢出,则应立即停止该流浇铸。不得已时，用塞头从下面堵塞水口，停止该流浇铸。无论如何，应避免钢水通过结晶器盖板流至振动台与结晶器之间，否则会造成重大事故。

C 二次冷却的安全防护

a 二次喷水中断

若喷水全部中断则应停止浇铸，否则有漏钢的危险，且辐射热可能造成辊子变形。

b 喷嘴堵塞或喷水管定位不准

如果仅个别喷嘴堵塞，则有时可增大喷水量或稍降低拉坯速度。为了能均匀冷却铸坯，必须定期检查喷嘴。清除堵塞物或更换新喷嘴。

若所有喷嘴都对准不好，使冷却水不能有效地喷在铸坯表面上，必须在浇铸间隔时间内进行位置调整。由于铸坯表面冷却不均匀对铸坯质量极为有害，故应特别注意检查与调整喷嘴。

D 拉矫机的安全防护

对拉矫机液压、机械或电气方面的所有故障，都需短时间停止浇铸。但随后必须很快地发现并排除故障，因为在任何情况下都要尽量使连铸坯在热状态下从铸机拉出。若停机时间过长，铸坯已过冷时，需用切割枪（烧嘴）切割成一段一段，从拉辊处运出。

E 拉漏

在结晶器以下发生漏钢时，必须立即中断钢水浇铸，但拉矫机系统应继续运转，使尾坯能在塑性状态下从结晶器和二冷区拉出来。若拖延时间过长、铸坯冷冻在二冷区中时，则必须在二冷区中用人工切断铸坯，再把它们运出。但在强制拉坯、铸坯打滑不能拉动时，则应停止拉矫机传动装置，用切割枪在拉漏区将铸坯切断，把下面一段铸坯拉出，这一操作应尽快完成，防止铸坯过冷。浇铸结束后，应清除结晶器和夹辊区的残钢，若辊子上残钢太多时应更换辊子或导坯架或结晶器。

5.2.6 浇铸跨事故案例分析

5.2.6.1 引锭杆钩头脱落砸死维修工事故

事故经过：2006 年 11 月 24 日 16 时，在马钢股份有限公司第二钢轧总厂连铸分厂 4 号连铸机乙班接班，机长陈某召开了班前会，布置完任务后，交代了安全注意事项。随后维护班组成员进行正常设备巡查，巡查后回到现场休息室休息。22 时 30 分左右，4 号连铸机 4 流大剪出了故障，拉矫剪切工徐某到维护班组休息室喊陶某和梁某到 4 号连铸机处理，22 时 45 分处理完毕后，两人回到

P45 操作室休息，23 时左右，4 流开机引锭杆未进入存放架，陶某和梁某赶到操作平台，查看存放架液压系统，发现引锭杆已从存放架出来 2 ~ 3m 左右。机长陈某喊 F1 号行车工彭某处理 4 号连铸机 4 流引锭杆，彭某将行车开到 4 流位置，并将行车挂钩落下，徐某把链条栓在引锭杆的前端，徐某指挥彭某将挂钩提升，然后打铃起吊，引锭杆脱离了存放架架槽，彭某一边吊一边听徐某指挥，当钩头已到存放架末端位置时，挂引锭杆的钩头突然脱落，引锭杆倒向北侧，砸到位于过桥的梁某的胸部，陶某立即将梁某抬到 1 号连铸机和 4 号连铸机之间的通道上，随后送往医院抢救，终因抢救无效于 23 时 50 分死亡。

事故原因：该事故的直接原因是引锭杆脱落倒下，砸到梁某的胸部导致死亡。间接原因是引锭杆没有进入存放架，导致引锭杆在拉缸过程中需要固定；安全教育不够，少数职工安全意识不强；作业现场确认检查不够。

5.2.6.2　铸型车间钢水爆炸事故

事故经过：2006 年 8 月 15 日某炼钢铸造厂铸型车间温度闷热。两个大如碾盘的电解熔化炉吊在半空中，沿着上方钢铁滑道慢慢地来回穿梭。为了最大限度地降低高温对工人的影响，技术人员按照以往用高压水管将冷水喷向电解熔化炉和净化炉炉壁底部的方法而达到降温效果，两次水枪喷水使地面积水达 8cm 左右，在大家感到些凉爽的同时，一场罕见的爆炸事故即将发生。作业人员开始净化坩炉里钢水上漂浮杂物，使坩炉里钢水变得较为纯净。就在启动电动开关，要将坩炉倾斜开始浇铸的时候，机械传导部分出现了故障，不能呈现出既定的倾斜角度，钢水无法倒出。技术人员正要关掉断电开关，坩炉的机械传导部分忽然剧烈抖动起来，猛然地发生了倾斜。由于机械故障，使得坩炉的位置发生了偏移，直接将 1500℃ 的高温熔融钢水注向地面，瞬间发生了连环爆炸。造成 7 人死亡，3 人受伤，厂房坍塌，损失惨重。

事故原因：经调查，此次事故是由于操作不慎和机械设备控制故障，造成盛装高温熔融钢水容器不规则倾斜，钢水外溢遇到地面积水导致爆炸，属爆炸事故分类Ⅲ——由于过热液体蒸发的爆炸，即Ⅲ——A 传热型蒸汽爆炸。

5.2.7　转炉设备常见事故及安全防护

5.2.7.1　氧枪及设备漏水常见事故及安全防护

A　氧枪及设备漏水常见事故

a　可能引起爆炸

如氧枪漏水是因为氧枪内进出冷却水都是高压水，其漏水量很大，炉内是高温液体，温度在 1300 ~ 1700℃，冷却水进入熔池很快成为蒸汽，体积会急剧膨胀从炉口涌出。如果此时使炉子转动，会有部分冷却水进入金属熔池，其汽化速度快，膨胀速度更快，蒸汽冲击受阻于钢水，巨大膨胀力会将金属、熔渣炸出炉外，严重时还可能将炉底销炸断，造成重大的设备和安全生产事故。汽化冷却烟道及水冷炉口如产生严重漏水，且漏水进入炉内，严重时会产生与上述相似的情况。

b　缩短炉衬寿命

炉口水箱若有轻度损坏，造成少量冷却水渗向炉衬，会造成炉衬耐火材料疏松，从而会缩短炉衬的使用寿命。

c　影响钢的质量

如氧枪漏水，但不严重或水冷炉口漏水，漏水方向在出钢时正好向着钢包，因此大量的水及水汽在吹炼终点、碳氧反应已不剧烈时会使钢中 $w[H]$ 含量升高，或在出钢合金化时氢的含量升高，影响钢的质量。

d　设备变形，影响生产

设备漏水一定会造成该设备供水不足，甚至该设备局部区域无水从而失去冷却功能。例如，氧枪或炉口水箱口漏水而造成局部冷却水不足，使冷却作用降低，容易产生粘钢、渣的现象，且不易清除，对生产带来不良后果；也可能因为供水不足，冷却功能降低造成该部位发热发红，变形甚至烧穿，此时应该停炉检修或调换，而像汽化冷却烟道或炉口水箱的调换是十分困难的，会严重影响正常生产。

B　氧枪漏水安全防护

a　氧枪严重漏水的安全防护

在吹炼过程中如发现水从炉口溢出，说明氧枪严重漏水，应立即进行如下操作：立即提枪，自动关闭氧气快速阀，切断供氧；迅速关闭氧枪冷却用高压水；关键一点：此时绝对不准倾动转炉炉体，以避免引发剧烈爆炸，必须待炉内积水全部蒸发，炉口不冒蒸汽，在确保炉内无水时方可倾动炉体，观察炉内情况；尽快地换枪，然后用新枪重新吹炼，避免造成冻炉事故，如温度偏低可加入适量焦炭帮助升温；同时应仔细检查换下的氧枪，找出漏水原因，并制订预防措施。

b　氧枪一般漏水的安全防护

绝大多数情况下，氧枪的漏水是不会造成炉口溢水的。一般的氧枪漏水，当氧枪提出炉口时，可以从氧枪的头上看到滴水或水像细线般地流下。发现氧枪漏水，应按操作规程要求，进行换枪操作。

C　其他设备漏水安全防护

a　汽化冷却烟道漏水安全防护

一般来讲，汽化冷却烟道漏水不会像氧枪那样从炉口溢出，因为汽化冷却烟道漏水的发展有一个过程，当水漏得大时，在倒炉时就可明显发现，发现漏水后，可在安排转炉补炉的同时进行烟道补焊工作；每一次换新炉也是汽化烟道补焊漏水及捉"漏"的好机会，只要加强日常对汽化烟道的维护保养，汽化烟道的漏水现象是可以减少的。

b　炉口水箱漏水安全防护

大部分炉口水箱是漏在倒渣面，由于倒渣操作失误，钢水从炉口倒出，将水冷炉口熔穿，也有因应力作用或加废钢，兑铁水或清炉口时外力作用，造成局部焊缝开裂而漏水，大部分漏水漏在水冷炉口上面，此时容易检查出漏水，因为水会从表面喷出，可以采用补炉或计划热停炉进行炉口焊补作业，但有时候水箱漏水漏在炉口水箱与耐火材料相接的那一面，这种情况下很难焊补，有时只能调换炉口水箱。

c　严重漏水安全防护

氧枪严重漏水时，绝对不准倾动转炉炉体，避免引发剧烈爆炸。兑铁水、加废钢、倒渣、清炉口时严禁损坏炉口水箱。

D　氧枪及设备漏水的常见部位

a　氧枪漏水

(1) 氧枪漏水常发生在喷头与枪身的接缝处。

(2) 喷头端面：氧枪喷头设计一般都采用马赫数约为 2 的近似拉瓦尔喷嘴，从气体动力学分析，在氧枪喷头喷孔气流出口之间（因为一般氧枪为 3 孔或多孔）及喷孔的出口附近有一个负压区，当冶炼过程中出现金属喷溅时，负压会引导喷溅的金属粒子冲击喷头端面，引起喷头端面磨损，磨损太深会漏水。

(3) 喷头的材质不良也会漏水。目前的喷头大部分是铜铸件，如铸件有砂眼或隐裂纹，则会发生漏水现象。

(4) 氧枪中套管定位块脱落，中套管定位偏离氧枪中心，冷却水水量不均匀，局部偏小部位的外套管易在吹炼时烧穿。

(5) 氧枪本身材质有问题，在枪身靠近熔池部位也会烧穿小洞而漏水。

b　炉口水箱漏水

炉口水箱漏水最常发生的地方是在直接受火焰冲刷一圈圆周上，此处温度最高，受冲刷也最厉害；而且也是制造加工上的薄弱环节，应力最大；同时此处在进炉时易被铁水包或废钢斗碰撞擦伤，在倒渣时带出少量钢水，都会加速该处的熔损。

c　汽化冷却烟道漏水

汽化冷却烟道漏水常发生在密排无缝钢管与固定支架连接处，由于该处在热胀冷缩时应力最大，常会产生疲劳裂纹而导致漏水。其次是与烟气接触的一侧，哪一根无缝钢管由于水路堵塞水量减少，哪一根就会发红、漏水。

5.2.7.2 氧枪点不着火

A 氧枪点不着火的概念

转炉进炉后炉子摇正，降枪至吹炼枪位进行供氧，炉内即开始发生氧化反应并产生大量的棕红色火焰，称之为氧枪点火。如果降枪吹氧后，由于某种原因炉内没有进行大量氧化反应，也没有大量棕红色火焰产生，则称之为氧枪点不着火。氧枪点不着火将不能进行正常吹炼。

B 氧枪点不着火的原因

炉料配比中刨花以及压块等轻薄废钢太多，加入后在炉内堆积过高，致使氧流冲不到液面，造成氧枪点不着火。操作不当，在开吹前已经加入了过多的石灰、白云石等熔剂，大量的熔剂在熔池液面上造成结块，氧气流冲不开结块层，也可能使氧枪点不着火，或吹炼过程中发生返干造成炉渣结成大团，当大团浮动到熔池中心位置时造成熄火。发生某种事故后使熔池表层冻结，造成氧枪点不着火。另外，如补炉料在进炉后大片塌落，或者溅渣护炉后有黏稠炉渣浮起，存在于熔池表面，均可能使氧枪点不着火。

C 氧枪点不着火安全防护

（1）进炉后正式冶炼时，必须遵守操作规程，先降枪吹氧，再加第一批渣料，这样就不会发生氧枪点不着火的情况。

（2）如果冷料层过厚、结块等原因使氧枪点不着火，一般可以用下列方法来处理：摇动炉子，使炉料作相对运动，打散冷料结块，同时让液体冲开冷料层并部分残留在冷料表面，促使氧枪点火；稍微增加氧气压力，使枪位上下多次移动，使氧流冲开结块与液面接触，促成点火；对熔池表面冻结的炉子，可以摇动炉子使凝固的表层破裂。此法仅适于薄层冻结；补加部分铁水点火吹炼。

（3）选择废钢轻、中、重比例搭配合适，勿使轻、中比例过大，造成废钢漂浮，无法点火。向冻炉内兑铁水勿过量，以免吹炼造成喷溅。

5.2.7.3 氧枪粘钢

冶炼过程中，熔池由于氧流的冲击和激烈的碳氧反应而引起强烈的沸腾，飞溅起来的金属夹着炉渣粘在氧枪上，这就是氧枪粘钢。严重的氧枪粘钢会在氧枪下部，喷头上形成一个巨大的纺锤形结瘤。

A 造成氧枪粘钢的主要原因

氧枪粘钢的主要原因是由于吹炼过程中炉渣化的不好或枪位过低等，炉渣发生返干现象，金属喷溅严重并黏结在氧枪上，另外，喷嘴结构不合理，工作氧压高等对氧枪粘钢也有一定的影响。

（1）吹炼过程中炉渣没有化好化透，炉渣流动性差。根据化渣原则是初渣早化，过程化透，终渣做粘，出钢挂渣。但在生产实际中，由于操作人员没有精心操作或者操作不熟练，操作经验不足，往往会使冶炼前期炉渣化的太迟，或者过程炉渣未化透，甚至在冶炼中期发生了炉渣严重返干现象，这时继续吹炼会造成严重的金属喷溅，使氧枪产生粘钢。

（2）由于种种原因使氧枪喷头至熔池液面的距离不合适，即所谓枪位不准，且主要是距离太近所致。造成距离太近的主要原因有以下几点：

1）转炉入炉铁水和废钢装入量不准，而且是严重超量，而摇炉工未察觉，还是按常规枪位操作。

2）由于转炉炉衬的补炉产生过补现象，炉膛体积缩小，造成熔池液面上升，而摇炉工亦没有意识到，未及时调整枪位。

3）由于溅渣护炉操作不当造成转炉炉底上涨，从而使熔池液面上升。氧枪喷嘴与液面的距离近容易产生粘枪事故。硬吹导致渣中氧化物相返干而枪位过低，实际上就形成了硬吹现象，于是渣中的氧化铁被炉气或（渣内）金属滴中的碳所还原，渣的液态部分消失。金属就失去了渣的保护，其副作用就是增加了喷溅和红色烟尘，这种喷溅主要是金属喷溅，喷溅物容易结在枪体上，形成氧枪粘钢。

B   氧枪粘钢的常见事故

氧气顶吹转炉的除尘系统是一个密封系统，氧枪通过汽化冷却烟道上的氧枪氮封口进入转炉，转炉在吹炼时炉子是处于垂直位置，氧枪从待吹点下降到吹炼位时开始吹氧。当冶炼终点，需要倒炉取样及观察炉况时，应先提枪停氧，氧枪的大部分要从氮封口提出，进入待吹点，此时氧枪喷头离开炉子以便转炉能够倾动。

当氧枪粘钢达到一定直径时，造成提枪困难，且容易拉坏氮封口。粘钢严重时会造成氧枪提不出炉口（因粘枪的冷钢卡在氮封口上出不来），此时就造成炉子不能倾动，影响吹炼操作；其次，氧枪传动系统有平衡配重，其基本原理是配重大于枪重，卷扬机提升配重，此时氧枪下降开始吹炼，卷扬机放下配重时实为提枪操作，因此正常情况下氧枪上下十分自如。氧枪定位精度较高，但由于严重粘枪，会破坏系统的平衡，甚至会使氧枪无法提升（当粘钢重量加上枪自重大于配重量时，枪就无法提升）。此时，枪始终处于最低的枪位在吹炼，情况将十分危险。一旦提枪时（粘枪太重）配重下降不畅，还会出现氧枪的提升卷扬机钢丝绳从滑轮槽中脱出，钢丝绳损坏等事故，从而造成冶炼中断。一旦当氧枪提不出炉口时，就必须用吹氧管吹氧处理粘钢（此时还不能"割枪"，因为炉内有钢水时，安全规程规定不能"割枪"）使枪能从炉口提出，冶炼能继续，以便在该炉钢出钢后可较彻底地处理氧枪粘钢。这样的处理，工人们的劳动强度很高，炉子需热停工，炉内的半成品钢水因事故处理而等待，造成吹炼困难，影响钢的质量。

C 以粘渣为主的氧枪粘钢安全防护

对于一些以粘渣为主的氧枪粘钢，特别是溅渣护炉后，看似有粘钢，实质主要是粘渣，可用头上焊有撞块的长钢管，从活动烟罩和炉口之间的间隙处，对着氧枪粘钢处用人工进行撞击，以渣为主的粘钢块被击碎跌落，氧枪可恢复正常工作。

D 以粘钢为主的氧枪粘钢安全防护

对于金属喷溅引起的氧枪粘钢，粘钢物是钢渣夹层混合所致，用撞击的办法无法清除，用火焰割炬也不易清除，一般是用氧气管吹氧清除。清除方法：操作者准备好氧气管，氧枪先在炉内吹炼，然后提枪，让纺锤形粘钢的上端处于炉口及烟罩的空隙间，由于刚提枪时粘钢还处于红热状态，用氧气管供氧点燃粘钢，然后不断地用氧气流冲刷，使粘钢熔化而清除，同时慢慢提枪，最后将粘钢清除。

E 粘钢严重并已烧枪的安全防护

对于粘钢严重且枪龄又较高，或氧枪喷头已损坏，清除掉氧枪粘钢后，氧枪也不能再使用的情况下，为了减少氧枪的热停工时间，可用割枪方法，将氧枪粘钢割除，然后换枪继续冶炼。但是割枪操作是一项十分危险的工作，必须严格执行操作规程。割枪时必须做到以下几点：

（1）必须将炉内的钢渣全部倒清，才能将割断的枪掉入炉内。

（2）割枪前必须将氧枪进出水阀门关闭，当炉内有钢渣时，割断的氧枪端部带着粘钢以自由落体的速度冲击熔池时，往往容易产生爆炸事故，该爆炸的威力会将整个汽化冷却烟道产生移位和损坏，同时会造成人身伤害事故。因此，一般割枪操作必须先将氧枪粘钢清除使枪能提出转炉炉口，使转炉能倾动，以便倒去炉内钢渣后，才能割枪。

（3）也可将炉口摇出烟罩，使割下的部位落在炉裙上再滑落到炉坑（或渣包）中。

（4）其他处理方法。发现氧枪粘钢，个别炼钢厂还有利用造高温稀薄渣进行涮枪操作，即利用炉内的高温将枪上的粘钢化掉，但是这对炉衬，对钢的质量有较大的影响，一般钢厂的操作规程内是明确规定不准进行涮枪操作，这种方法是属于违规作业，应予以制止。

F 注意事项

以粘渣为主的氧枪粘钢，主要以振动、敲击氧枪，使渣脱落。勿采用火焰处理。以粘钢为主的氧枪粘钢，采用火焰处理，勿烧坏氧枪，所以要边烧边观察，氧压不要过大，火焰不要过长。清除过程特别要注意，供氧的氧气管气流不能对着氧枪枪身，也不能留在一点上吹氧，不能将点燃的氧气管去接触氧枪枪身，以免将氧枪冷却水管的管壁烧穿而漏水。

5.2.7.4　转炉塌炉

A　转炉塌炉的概念

转炉在新开炉的最初几炉冶炼过程中，炉衬表面发生较大的熔损，或者较大量的炉衬砖因崩裂而脱离炉体，或整块炉衬砖脱离炉体，包括炉底的耐火砖脱离炉体而上浮的现象称为塌炉；老炉子经过补炉后，因补炉料未烧结好在补炉后的一、二炉内即发生较大量地炉衬从表面剥落下来的现象也称为塌炉。即转炉塌炉分为新砌炉塌炉和补炉料塌炉。

B　转炉塌炉的原因

补炉前炉内残渣未倒净。这是造成转炉塌炉的一个重要原因。炉渣未倒净，损坏炉衬的表面附有一层熔融状的炉渣，补炉时补上去的补炉砂不能直接与炉衬表面粘在一起或黏结不牢固，冶炼时就容易塌落下来。

补炉砂过多、烧结时间不足，且原始炉衬表面光滑，这也是造成转炉塌炉的另一个重要原因。补炉砂过多（即补炉层过厚）或烘烤时间不足，都会使补炉料中的炭素未能充分形成骨架，补炉料与炉衬本体还未完全固结为一体，在冶炼过程中，补炉衬脱离炉体而剥落下来，造成塌炉；补炉前，被补炉衬的表面过分光滑，且补炉料层过厚，两者不易牢固烧结，也容易造成塌炉。所以补炉时一定要执行"均匀薄补，烧结牢固"的补炉原则。

炉衬砖及补炉料的质量问题。转炉的炉衬从焦油沥青白云石砖发展到镁炭砖后，新开炉的塌炉事故就明显减少了。但镁炭砖也存在高温剥落问题，严重剥落就会引起塌炉，这种严重剥落现象往往是砖的质量问题所致。目前有些转炉厂仍采用沥青白云石作为补炉料，由于白云石中含有 CaO，遇到空气中的水会形成 $Ca(OH)_2$，该补炉衬在高温下，$Ca(OH)_2$ 重新分解成 H_2O 和 CaO，这样就很容易引起补炉料疏松，从而造成塌炉。

C　塌炉的常见事故

塌炉事故对安全带来很大的威胁，特别是当转炉倒炉时，塌炉下来的耐火材料冲击钢水，会将钢水从炉口泼出，同时塌下来的补炉料与炉渣混合，发生猛烈的 C - O 反应，产生巨大灼热的气浪冲出炉口，从而造成人员伤害事故，尤其是补炉后的第一炉、第二炉更是需要操作人员保持高度警觉及避让。

D　转炉塌炉的征兆及安全防护

a　塌炉的征兆

倒炉时，炉内补炉砂及贴砖处有黑烟冒出，说明该处可能塌炉，或者熔池液面有不正常的翻动，翻动处可能会塌炉。

补炉后在铁水进炉时有大量的浓厚黑烟从炉口冲出，则说明已发生塌炉。即使在进炉时没有发生塌炉，但由于补炉料的烧结不良，也有可能在冶炼过程中仍会塌炉。所以在冶炼中仍应仔细地观察火焰，以掌握炉内是否发生塌炉事故。

新开炉冶炼时，如果发现炉气特"冲"并冒浓烟，意味着已经发生塌炉，操作更要特别小心。

b 塌炉的安全防护

（1）补炉前一炉出钢后要将残渣倒干净，采用大炉口倒渣，且炉子倾倒180°。

（2）每次补炉用的补炉砂数量不应过多，特别是开始补炉的第一、二次，一定要执行"均匀薄补"的原则。这样一方面可以使第一、第二炉补上去的少量补炉砂烧结牢固，不易塌落；另一方面可以使原本比较平滑的炉衬受损失表面经补上少量补炉砂后变得粗糙不平，有助于以后炉次补上去的补炉砂黏结补牢，以后炉次的补炉也需采用薄补方法，宜少量多次，有利于提高烧结质量，防止和减少塌炉。

（3）补炉后烧结时间要充分，这是预防塌炉发生的一个关键所在。实践证明，补炉后若烧结时间充分，能提高烧结质量，可避免塌炉事故，所以各厂对烧结时间都有明确规定。烧结时间从喷补结束开始计算，一般为40min以上；如一次喷补不合格而需要再次喷补时，由第二次喷补结束时计算，烧结时间在20～24min，特殊情况下还应适当延长。可见确保有充分的烧结时间的重要性。

（4）补炉后第一炉一般采用纯铁水吹炼，不加冷料，要求吹炼过程平稳，全程化渣，氧压及供氧强度适中，尽量避免吹炼过程冲击波现象，操作要规范、正常，特别要控制炼钢温度，适当控制在上限以保证补炉料的更好烧结。如有可能的话，适当增加渣料中的生白云石用量，以提高渣中的氧化镁含量，有利于补牢炉子。

（5）严格控制补炉衬质量，如喷补料不能有粉化现象，填料与贴砖要有足够的沥青含量且不能有粉化现象。有条件的情况下，要根据炉衬的材质来选择补炉料材质。

E 转炉塌炉的处理过程

发生塌炉事故，首先检查操作人员有无烫伤，并及时救护，然后要确认是什么性质的塌炉，补炉塌炉还是新炉塌炉。如果是新炉塌炉，应尽快地将炉内钢水倒入钢包（新开炉时按规程要求炉下应备好钢包），然后检查塌炉情况及部位，如大面积塌炉，则炉衬只能报废重砌。新炉第一炉由于炉衬温度尚未升高，出现塌炉后如何处理是一个较复杂的问题，要根据现场的实际情况由有经验的专业技术人员和技师们来确定如何处置，如采用补炉时特别要注意炉温较低的情况下补炉料能否烧结，否则会造成再次塌炉的危险。

对于补炉塌炉事故，安全防护措施有：

（1）炉渣清理：塌炉后，塌炉料已进入炉渣，出钢后特别注意将炉渣倒干净。

（2）钢水处理：塌炉后塌炉料进入炉渣，也会因此增加钢水中非金属夹杂物，如果该炉原计划冶炼优质钢，一般在检验时要降级处理，将优质钢改为普碳钢。

（3）炉衬处理：由于塌炉，炉衬受损严重，出钢后要对塌炉区域重新进行补炉。

F　注意事项

（1）平时操作思想要集中，随时要防止塌炉等事故的发生，站立地方要有退路；倒渣及出钢时，在炉口前方人不能站立，防止塌炉事故发生时灼伤；待炉子摇平后方能取样、测温，操作时人应站在炉门水箱的两侧，动作要快，发现异常情况应迅速向两侧避让。

（2）补炉后第一炉冶炼时期要设立"禁止牌"，人员要绕道行走，远离危险区域。

（3）凡已发生塌炉事故，需在倒炉前与炉下联系，放置清洁渣包，以保可容纳混入塌炉料的渣子。

G　转炉补炉操作与塌炉的关系

从塌炉的原因中可知，塌炉分为新炉塌炉和补炉塌炉两种情况。对于一个炉段来说，新炉塌炉仅有一次可能，而补炉塌炉的次数有几十次，因此预防补塌炉就成为转炉炼钢安全生产上十分重要的课题，补炉对转炉炼钢来说是一项十分重要的"危险源"。

目前转炉补炉可分为两种方法：一是抓一次炉龄，即将一次炉龄尽量提高，到后期再补炉，这主要是依靠原始炉衬的质量来提高炉龄。这种方法的优点在于一次炉龄期间不用补炉，可提高此期间转炉的利用系数；缺点是随着一次炉龄提高，炉膛不断扩大，后期炉子在吹炼时的搅拌功能变差，影响各项技术经济指标，且增加了补炉的困难。一般来说用这一方法补炉其炉龄不会很长（指不采用溅渣护炉新技术），其吨钢的原始炉衬费用提高。

另一种方法是从炉龄中期，即原始炉衬侵蚀到 200～240mm（约 400 炉）开始补炉，由于炉衬的侵蚀可以用平均每炉的侵蚀速率来统计（如一般镁炭砖炉衬的侵蚀速率为 0.4～0.8mm/件），补炉后，由于补炉料对原始炉衬的保护，将会大幅度地减缓侵蚀速率，其次由于在炉衬砖仅侵蚀 200～240mm 时补炉，此时正是炉型最好的中期炉，可通过补炉较长时期保持其中期炉型，对冶炼控制及技术指标十分有利，并可以创造较高的炉龄指标。其缺点是中期即开始补炉耗时较多，影响转炉利用系数，补炉料消耗略有上升，但原始炉衬的费用随炉龄提高而有所下降，可寻找原始炉衬下降和补炉料费用上升综合后的最佳炉龄。

综上所述，可见第一种方法由于炉膛扩大补炉量势必增加，且后期炉子炉壁较光滑，容易发生塌炉事故。而后一种方法是使炉衬保持中期炉型，补炉料容易烧结牢固而不易产生塌炉现象。当前溅渣护炉新技术的推广，可以结合这两种思路创造出新的补炉方法来。

H　防止新开第一炉塌炉

早期的氧气顶吹转炉采用焦油沥青作结合剂的白云石砖，由于焦油沥青砖从常温升到1600℃以上时有一个软化阶段，因此当第一炉钢水用来"炼炉"时，如温度控制不当，或白云石材料有水化现象时，易发生塌炉事故。随着耐火材料技术的发展，转炉炉衬的材质已经开始采用树脂作黏结剂的镁炭砖，由于镁炭砖不存在升温阶段的软化现象，因此，采用镁炭砖后基本上避免了第一炉塌炉事故。对于镁炭砖炉衬来讲，造成塌炉的原因基本有两个方面：一是砌筑质量不佳，砖缝没有砌紧，在吹炼过程中或倒炉时因砖脱落而造成塌炉事故；二是砖的质量问题，砖在升温过程中发生爆裂现象，通常称之为剥落，当剥落达到一定量时就会造成塌炉。

为了防止新开第一炉塌炉，首先要保证砌炉质量，保证砖缝砌得紧密，其次要保证砖的质量。新开第一炉在吹炼前应配加一定量的焦炭，前4炉一般采用纯铁水冶炼，以保证有足够的热量。新开炉前10炉应连续吹炼，可取正常流量的0.8左右，然后逐渐增加到正常值。

5.2.7.5　出钢口堵塞

A　出钢口堵塞的概念及危害

在出钢时，由于出钢口的原因炉内钢水不能正常地从出钢口流出，称为出钢口堵塞。出钢口堵塞，特别是由于出钢口堵塞后需要进行二次出钢是一种生产事故，会对钢质带来不良后果。

B　出钢口堵塞的原因

上一炉出钢后没有堵出钢口，在冶炼过程中钢水、炉渣飞溅而进入出钢孔，使出钢口堵塞。上一炉出钢、倒渣后，出钢口内残留钢渣未全部凿清就堵出钢口，致使下一炉出钢口堵塞；新出钢口一般口小孔长，堵塞未到位，在冶炼过程中钢水、炉渣溅进或灌进孔道致使堵塞；在出钢过程中，熔池内脱落的炉衬砖、结块的渣料进入出钢孔道，也可能会造成出钢口堵塞；采用挡渣球挡渣出钢，在下一炉出钢前，没有将上一炉的挡渣球捅开，造成出钢口堵塞。

C　出钢口堵塞安全防护

采用什么方法来排除出钢口堵塞应视出钢口堵塞的程度而决定。通常出钢时，转炉向后摇到开出钢口位置，由一人用短钢钎捅几下出钢口即可捅开，使钢水能正常流出。如发生捅不开的出钢口堵塞事故，则可以根据其程度不同采取不同的排除方法：

（1）如一般性堵塞，可由数人共握钢钎合力冲撞出钢口，强行捅开出钢口。

（2）如堵塞比较严重，操作工人可用一短钢钎对准出钢口，另一人用锤头敲打短钢钎冲击出钢口，一般也能捅开出钢口保证顺利出钢。

（3）如堵塞更严重时则应使用氧气来烧开出钢口。

（4）如出钢过程中有堵塞物，如散落的炉衬砖或结块的渣料等堵塞出钢口，则必须将转炉从出钢位置摇回，开出钢口位置，使用长钢钎凿开堵塞物使孔道畅通，再将转炉摇到出钢位置继续出钢。这在生产上称为二次出钢，会增加下渣量，增加回磷量，并使合金元素的回收率很难估计，对钢质造成不良后果。

D 注意事项

排除出钢口堵塞要群力配合，动作要快，否则会延误出钢时间，增加合格钢水在炉内滞留时间，造成不必要的损失。用短钢钎的操作人员要注意安全，防止敲伤手指。用氧气烧出钢口时要掌握开烧方向、不要斜烧。同时要注意防止火星喷射及因回火而烧伤操作工人的手指。如二次出钢则需慎重考虑回磷和合金元素回收率的变化，及时调整合金加入量等，防止成分出格。如处理时间较长，应再进行后吹升温操作，以防发生低温钢事故。

5.2.7.6 穿炉事故

穿炉是一种危害性较大的事故，因此在遇到穿炉事故时，如何应急处理，将事故损失控制在较低的范围内是十分重要的。

A 穿炉常见事故、发生的征兆及安全防护

a 穿炉的常见事故

转炉在冶炼过程中，由于受到各种因素的作用使炉衬受到损坏（或熔损或剥落）并不断减薄。当某一炉次钢冶炼时将已减薄的炉衬局部熔损或冲刷掉，使高温钢水（或炉渣）熔穿金属炉壳后流出（或渗出）炉外，即形成穿炉事故。穿炉在转炉生产中是一种严重生产事故，其危害极大。在发生穿炉事故后，轻则立即停止吹炼，倒掉炉内钢液后进行补炉（有时还须焊补金属炉壳），并影响炉下清渣组的操作。穿炉严重时，炉前要停止生产，重新砌炉，而炉下因高温液体可能烧坏钢包车及轨道（铁路），严重影响转炉的生产。

b 穿炉发生的征兆

从炉壳外面检查，如发现炉壳钢板表面颜色由黑变灰白，随后又逐渐变红（由暗红到红），变色面积也由小到大，说明炉衬砖在逐渐变薄，向外传递的热量在逐渐增加。当炉壳钢板表面的颜色变红，往往是穿炉漏钢的先兆，应先补炉后再冶炼。

从炉内检查，如发现炉衬侵蚀严重，已达到可见保护砖的程度，说明穿炉为期不远了，应该重点补炉；对于后期炉子，其炉衬本来已经较薄，如果发现凹坑（一般凹坑处发黑），则说明该处的炉衬更薄，极易发生穿炉事故。

c 穿炉安全防护

穿炉事故的发生有一个过程，而该过程又具有一定的特征。若平时加强观察和防范，认真而及时地做好补炉等工作，可以避免穿炉事故的发生。预防穿炉发生的措施一般有以下几个方面：

（1）提高炉衬耐火材料的质量。穿炉主要是由于炉衬抵抗不了化学侵蚀等各方面的作用而损坏所造成，所以炉衬砖的质量，特别是原料的纯度、砖的体积密度、气孔率以及砖中碳素含量等都会影响到砖的使用寿命，特别要防止使用在高温条件下会产生严重剥落的砖砌在炉衬内。

（2）提高炉衬的砌筑质量。应严格遵守"炉衬砌筑操作规程"砌筑和验收炉衬。目前大多数的转炉采用综合砌筑，由于转炉炉衬各部损坏的原因与程度不同，所以在砌筑不同部位时应砌入不同材质的耐火砖，这称为综合砌炉，使整个炉衬成为一个等强整体，使其侵蚀速度相等。综合砌炉既可提高炉衬的使用寿命，又能降低炉衬的砌筑成本。砌筑时特别要注意砖缝必须紧密，以防止在吹炼过程中因部分炉衬砖松动而掉落或缝内渗钢而造成穿炉事故。

（3）加强对炉衬的检查。了解炉衬被侵蚀情况，特别是容易侵蚀部位，发现预兆及时修补，加强维护；炉衬被侵蚀到可见保护砖后，必须炉炉观察炉炉维修；当出现不正常状况，例如炉温特别高或倒炉次数过多时，更要加强观察，及早发现薄弱环节，及时修补，预防穿炉事故发生。

B 发生穿炉事故的应急处理

穿炉事故一般发生的部位有：炉底、炉底与炉身接缝处、炉身。炉身又分前墙（倒渣侧）、后墙（出钢侧）、耳轴侧或出钢口周围，因此当遇到穿炉事故时首先不要惊慌，而是要立即判断出穿炉的部位，并尽快倾动炉子，使钢水液面离开穿漏区，如炉底与炉身接缝处穿漏且发生在出钢侧，应迅速将炉子向倒渣侧倾动；反之，则炉子应向出钢侧倾动；如耳轴处渣线在吹炼时发现渗漏现象时，由于渣线位置一般高于熔池，故应立即提枪，将炉内钢水倒出炉子后，再进行炉衬处理；对于炉底穿漏，一般较难处理，往往会造成整炉钢漏在炉下，除非在穿漏时炉下正好有钢包，且穿漏部位又在中心，则可迅速用钢包去盛漏出的钢水，减轻穿炉造成的后果。

C 发生穿炉事故后炉衬的安全防护

发生穿炉事故后，对炉衬情况必须进行全面的检查及分析，特别是高炉龄的炉子。如穿漏部位大片炉衬砖已侵蚀得较薄了，此时应进行调炉作业；对一些中期炉子或新炉子因个别部位砌炉质量问题，或个别砖的质量问题，而整个炉内的砖衬厚度仍较厚，仅是局部出现一个深坑或空洞引起的穿炉事故则可以采用补炉的方法来修补炉衬，但此后该穿漏的地方就应列入重点检查的护炉区域。补穿漏处的方法一般用干法补炉。

干法补炉是目前常规的补炉方法，首先用破碎的补炉砖填入穿钢的洞口，如果穿钢后造成炉壳处的熔洞较大，一般应先在炉壳外侧用钢板贴补后焊牢，然后再填充补炉料，并用喷补砂喷补。如穿炉部位在耳轴两侧，则可用半干喷补方法先将穿炉部位填满，然后吹 1~2 炉再用补侧墙的方法，用干法补炉将穿炉区域补好。

穿炉后采用换炉（重新砌炉）还是采用补炉法补救是一个重要的决策，应由有经验师傅商讨决定，特别是补炉后继续冶炼，更要认真对待，避免再次穿炉事故。

D 注意事项

冶炼过程中要注意炉壳外面和炉内的检查，发现有穿炉征兆应及时采取措施，以防造成穿炉。正确判断穿炉的部位，迅速使炉子向相反方向倾动，以免事故扩大。一旦有穿炉迹象或已穿炉切勿勉强冶炼，以免造成伤亡事故。

5.2.7.7 冻炉事故

冻炉事故的处理，要针对事故形成的原因及牵连发生的事故状况，以及冻炉的时间与严重程度的不同，采取不同的措施予以处理。

A 冻炉事故的原因

a 转炉冻炉

转炉炼钢过程中由于某种突发因素，造成转炉长时间的中断吹炼，造成大部分或全部钢水在转炉内凝固称为转炉冻炉。转炉冻炉事故在转炉炼钢厂是极少见的事故，因为转炉停止吹炼后 2~3h （大型转炉 4~5h 后），炉内的钢水经氧枪再吹炼一下后才能全部倒出。但是一旦发生冻炉事故，大量的钢水（或铁水）在炉内凝固成一个整体，处理极其困难，因此如何合理地处理好冻炉事故必须予以重视。

b 造成冻炉事故的原因

吹炼过程中由于某种原因造成转炉机械长时间不能转动，如外界突然停电且短时间无法恢复，或转炉机械故障需要较长时间的抢修，转炉无法转动，钢水留在转炉内亦无法倒出，最后形成冻炉。

转炉穿炉事故或出钢时出现穿包事故，流出钢水将钢包车和钢包车轨道粘钢并烧坏，钢包车本身也被烧坏无法行动，而转炉内尚剩余部分钢水没有出完，必须等待炉下钢包轨道抢修及调换烧坏的钢包车，致使炉内剩余钢水凝固，引起冻炉事故。

氧枪喷头熔穿，大量冷却水进入炉内，需长时间排水和蒸发后方能动炉和吹炼，结果在动炉前就已形成冻炉。

B 冻炉事故的安全防护

对于上述产生冻炉事故的主要原因，由外界原因造成的是无法预防的。而由设备造成的原因，重在加强点检及巡检，发现传动设备有异常现象，如传动声音不正常，或运行不平稳，或发现转炉与托圈的固定有松动现象，必须及时地安排检查及维修，绝不能带病作业，造成冻炉事故。

对于因穿炉或穿包造成的事故，在不影响抢修的情况下，如发生穿炉或穿出钢口事故时，已经将钢包车烧坏，钢包车不能运行，此时干脆将炉内的钢水全部倒入钢包内，然后空炉等待出钢线铁轨的修理和调换钢包车，以避免冻炉；在出钢时发现有穿包现象时，如能立即停止出钢并加紧将钢包车开出平台下，让吊车迅速吊走钢包。一般情况下出钢线的恢复较快，因此要求出钢时，钢包车的操作人员应密切注意出钢时钢包的变化，发现问题及时联系，可以避免事态扩大。否则，待钢包车已烧毁，再摇起炉子停止出钢，因是穿包事故，炉内的剩余钢水不能往下继续倒，就会被迫出现冻炉事故。

C 由外界条件引起的冻炉事故的处理

由于所有设备都是完好的，因此，关键在于炉内钢水的凝固状况，再决定如何处理。如停炉时间很长，炉内钢水已全部凝固，则只能先兑入部分铁水（约 $1/4 \sim 1/2$ 的原始装入量），主要考虑超装后的允许总量，并加入一定量的焦炭、铝块或硅铁，然后吹氧升温，待铁水碳收火，立即将钢水倒出。并观察炉内的冻炉量，可按炉子的公称容量许可的超装量（包括残余的冻炉余量在内）再次进铁水，重复上述操作。吹氧时也应适当造渣，以保护氧枪不粘枪和起到一定的保温作用。反复上述的处理方法直至凝固的钢水全部熔化掉，转炉可继续冶炼（化最后一次凝钢时，转炉就可正常冶炼）。

这种处理方法也可用于因设备故障造成的冻炉，只是处理冻炉前必须对设备的检修进行仔细的验收，确保设备完好，才能进行冻炉处理。绝不允许在处理时设备再次损坏，超装部分又冻在里面则就无法处理了。如果冻炉还没有全部凝固，但熔池面凝固壳已很厚，处理方法同上，但在兑铁水时必须十分小心，避免产生喷溅。

D 因穿漏事故造成的冻炉事故安全防护

特别是穿包造成的事故，一般讲炉内冻结的残余钢水量不会很多，应待炉下出钢线检修完毕，并放入备用钢包车，全线验收合格后，再按上述的方法，按正常的装入量扣除冻炉的钢水量兑入铁水，适当加一些焦炭、铝块或硅铁，并加入一定量的石灰造渣，吹炼过程中要重视温度的变化情况。由于炉底、炉壁有凝固的冷钢存在，钢水会出现虚假的温度现象，即使测温达标，但因冷钢的熔化吸热，其结果会造成温度偏低，故吹炼时要加强炉内的搅拌，倒炉时要观察凝固的冷钢是否全部熔化。在冻炉量不大的情况下，有可能一次吹炼就能将冷钢洗清，同时还能得到一炉合格的钢水，以减少经济损失。

对于因穿炉造成的冻炉，一方面修复出钢线钢包车及渣包车的轨道，另一方面应在钢水凝固后，在摇炉时保证无液体流动的情况下，将炉子穿漏部位修补好，保证不穿漏。然后用上述办法将冻炉的凝钢熔化后倒出炉子，并认真检查炉子，决定是否重新补炉后继续使用，还是换炉（对于炉龄后期的老炉子一般以换炉为主）。

E　注意事项

兑铁水要细流缓慢，需十分小心，避免产生喷溅。处理冻炉事故前，需对设备进行验收，确保设备完好，严禁超装，正确判断钢包的可用性。

5.2.8　转炉设备常见案例分析

不明情况瞎指挥致转炉喷爆事故。

事故经过：2002 年 11 月 11 日 10 时左右，某钢铁厂照生产计划安排对 3 号转炉停炉检修并更换炉衬。出完钢后，3 号转炉总炉长李某与责任工程师吕某商量决定先进行涮炉作业。两分钟后发现炉口溢渣，因怕烧坏炉口设备，遂将氧枪提出，发现氧枪漏水。李某让赵某上到 26.8m 平台处关闭水阀，并通知钳工更换氧枪，赵某上到氧气通廊时发现氧枪已发生喷漏，但未反映情况。两分钟后李某让高某去查看漏水情况，高某只上到 15.8m 平台处随便查看就认为氧枪漏水情况不严重，并向李某汇报。此时，吕某对李某说应当倒掉炉内钢渣再兑点铁水，涮炉效果会更好。15min 后，李某带领高某等人到转炉炉口处观察，确认没有蒸汽冒出（事实上冒出的是过热蒸汽，用肉眼观察不到），便安排高某准备倒渣。在高某摇炉时，炉内积水与钢渣混合，发生喷爆事故。事故造成 3 人死亡、5 人重伤，直接经济损失 174.65 万元。

事故原因：直接原因是 3 号转炉总炉长李某接收了高某提供的错误信息，对氧枪漏水的严重程度及炉内积水的情况作出了错误的判断，决定摇炉，使炉内积水与钢渣混合，水急剧汽化，发生喷爆。主要原因是该厂领导重生产、轻安全，对曾多次出现的氧枪、烟道漏水等事故隐患整改不力。事故发生前，氧枪头铜铁接合部位已有 2cm 宽的裂缝，致使炉内积水过多。该厂生产现场布局不合理，炉前场地狭窄，化验室距转炉的距离过近。

5.2.9　其他安全防护

5.2.9.1　炼钢厂房的安全要求

应考虑炼钢厂房的结构能够承受高温辐射；具有足够的强度和刚度，能承受钢水包、铁水包、钢锭和钢坯等载荷和碰撞而不会变形；有宽敞的作业环境，通风采光良好，有利于散热和排放烟气，要充分考虑人员作业时的安全要求。

5.2.9.2　氧枪系统安全防护

转炉通过氧枪向熔池供氧来强化冶炼。氧枪系统是钢厂用氧的安全工作重点。

A　弯头或变径管燃爆事故的预防

氧枪上部的氧管弯道或变径管由于流速大，局部阻力损失大，如管内有渣或脱脂不干净时，容易诱发高纯、高压、高速氧气燃爆。应通过改善设计、防止急弯、减慢流速、定期吹管、清扫过滤器、完善脱脂等手段来避免事故的发生。

B　回火燃爆事故的防治

低压用氧导致氧管负压、氧枪喷孔堵塞，都易由高温熔池产生的燃气倒罐回火，发生燃爆事故。因此，应严密监视氧压。多个炉子用氧时，不要抢着用氧，以免造成管道回火。

C　汽阻爆炸事故的预防

因操作失误造成氧枪回水不通，氧枪积水在熔池高温中汽化，阻止高压水进入。当氧枪内蒸汽压力高于枪壁强度极限时便发生爆炸。

5.2.9.3　废钢与拆炉爆破安全防护

爆破可能出现的危害:爆炸地震波;爆炸冲击波;碎片和飞块的危害;噪声。

安全防护:

（1）重型废钢爆破。废钢必须在地下爆破坑内进行，爆破坑强度要大，并有泄压孔，泄压孔周围要设立柱挡墙。

（2）拆炉爆破，限制装药量，控制爆破能量。

（3）采取必要的防治措施。

5.2.9.4　起重运输作业安全防护

炼钢过程中所需要的原材料、半成品、成品都需要起重设备和机车进行运输，运输过程中有很多危险因素。

存在的危险：起吊物坠落和铁水钢水倾翻伤人；起吊物相互碰撞；车辆

撞人。

安全防护：厂房设计时考虑足够的空间；更新设备，加强维护；提高工人的操作水平；严格遵守安全生产规程。

5.2.9.5　防爆安全防护

钢水、铁水、钢渣以及炼钢炉炉底的熔渣都是高温熔融物，与水接触就会发生爆炸。当1kg水完全变成蒸汽后，其体积要增大约1500倍，破坏力极大。

炼钢厂熔融物遇水爆炸的原因：转炉氧枪，转炉的烟罩，连铸机结晶器的高、中压冷却水大漏，穿透熔融物而爆炸；炼钢炉、精炼炉、连铸结晶器的水冷件因为回水堵塞，造成继续受热而引起爆炸；炼钢炉、钢水罐、铁水罐、中间罐、渣罐漏钢、漏渣及倾翻时发生爆炸；往潮湿的钢水罐、铁水罐、中间罐、渣罐中盛装钢水、铁水、液渣时发生爆炸；向有潮湿废物及积水的罐坑、渣坑中放热罐、放渣、翻渣时引起的爆炸；向炼钢炉内加入潮湿料时引起的爆炸；铸钢系统漏钢与潮湿地面接触发生爆炸。

防止熔融物遇水爆炸的安全防护：对冷却水系统要保证安全供水，水质要净化，不得泄漏；物料、容器、作业场所必须干燥。

氧气管网如有锈渣、脱脂不净，容易发生氧气爆炸事故，因此氧气管道应避免采用急弯，采取减慢流速、定期吹扫氧管、清扫过滤器脱脂等措施防止燃爆事故。如氧枪中氧气的压力过低，可造成氧枪喷孔堵塞，引起高温熔池产生的燃气倒灌回火而发生燃爆事故。因此要严密监视氧压，一旦氧压降低要采取紧急措施，并立即上报；氧枪喷孔发生堵塞要及时检查处理。因误操作造成氧枪冷却系统回水不畅，枪内积水汽化，阻止高压冷却水进入氧枪，可能引起氧枪爆炸，如冷却水不能及时停水，冷却水可能进入熔池而引发更严重的爆炸事故。因此氧枪的冷却水回水系统要装设流量表，吹氧作业时要严密监视回水情况，要加强人员技术培训，增强责任心，防止误操作。

5.2.9.6　烫伤事故安全防护

铁、钢、渣的温度达1250~1670℃时，热辐射很强，又易于喷溅，加上设备及环境温度高，起重吊运、倾倒作业频繁，作业人员极易发生烫伤事故。

安全防护：定期检查、检修炼钢炉、混铁炉、化铁炉、混铁车及钢水罐、铁水罐、中间罐、渣罐及其吊运设备、运输线路和车辆，并加强维护，避免穿孔、渗漏，以及起重机断绳、罐体断耳和倾翻；过热蒸汽管线、氧气管线等必须包扎保温，不允许裸露；法兰、阀门应定期检修，防止泄漏；制定完善安全技术操作规程，严格对作业人员进行安全技术培训，防止误操作；搞好个人防护，上岗必须穿戴工作服、工作鞋、防护手套、安全帽、防护眼镜和防护罩；尽可能提高技术装备水平，减少人员烫伤的机会。

5.2.10　其他事故案例分析

氧气泄漏致人烧伤死亡的事故。

事故经过：2006 年 4 月 11 日 23 时 20 分，辽宁省某钢铁公司转炉停炉检修结束后，该厂设备作业长指挥测试氧枪，不到 2min 时间，约 1685m³ 氧气从氧枪喷出后被吸入烟道排除，飘移近 300m 到达烟道风机处。23 时 30 分，检修烟道风机 1 名钳工衣服被溅上气焊火花，全身工作服迅速燃烧，配合该钳工作业的工人随即用灭火器向其身上喷洒干粉。火被扑灭后，将其拽出风机，但经抢救无效死亡。

事故原因：标准状况下空气和氧气的密度分别为 1.295g/L 和 1.429g/L。氧气密度略大于空气密度，因此氧气团在微风气象条件下，不易与大气均匀混合。当氧气沿地面飘移 300m 后，使该钳工处于氧气团包围之中。处于氧气团作业钳工的工作服属于可燃物质，遇到高温气焊火花点燃，即猛烈燃烧而将钳工严重烧伤致死。

5.3　电炉安全防护和事故案例分析

5.3.1　电炉安全防护

5.3.1.1　水安全防护

用水安全防护：若漏水要采取有力的弥补措施。在电炉炼钢过程中，如果发生总水管断水，炉前应立即停电，升高电极，打开炉门，提升炉盖快速降温，以免发生爆炸事故。在这种情况下，应关闭总阀门，来水后再逐步放入水箱，防止进水太快，箱内气体来不及排除而引起爆炸。等进出水正常后，再恢复生产。出钢坑和机械坑内如有积水，应及时排除，未经处理，不得冒险出钢。

5.3.1.2　电安全防护

电气设备安全防护：电气控制室是电炉的心脏，室内必须保持清洁干燥，不准堆入杂物，不得带入火种，室内应设置符合要求的消防器材。工作人员应经常检查设备情况，发现油温、水温过高时，须立即采取措施，防止发生事故。严禁带负荷进行调压操作。炉前需供电或停电时，必须和配电工交换红绿牌，不得用口头通知，以免发生误操作；不得带电上炉顶，不得带电做临时小修或接、松电极，不得带电摇炉，以免发生事故。

5.3.1.3 氧安全防护

用氧安全防护：氧气能加速炉料熔化脱碳升温，大大缩短熔炼时间，提高钢的质量，但应严防氧气泄漏。氧气开关应有专人操作，不能戴有油污的手套操纵氧气开关。设在密闭室内的氧、氮、氩、炉底搅拌站，应加强维护，发现泄漏及时处理；并应配备排风设施，人员进入前应排风，确认安全后方可进入，维修设备时应始终开启门窗与排风设施。

5.3.1.4 其他安全防护

炉后出钢操作室或操作台应设在较安全的位置，其正对出钢口的窗户应有防喷溅设施。操作室出入口应设在远离出钢口一侧。炉下钢水罐车运行控制应与电炉出钢倾动控制组合在一个操作台上，以便协调操作。电炉出入倾动应与炉下钢水罐车的停靠位置及电子秤联锁，出钢水量达到规定值，电炉回倾到适当位置后，钢水罐车方可从出钢工位开出，以保证出钢作业安全。主要要求如下：

(1) 送电前应检查所属机械电气水冷液压或气压除尘装置，使其符合安全规定。

(2) 炉料要有专人负责检查。严禁将易爆物密封容器及雪块或带水炉料装入，以防爆炸。电炉炉下区域、炉下出钢线与渣线地面应保持干燥，不应有水或潮湿物。

(3) 电炉加料包括铁水热装、吊铁水罐、吊运电极等应有专人指挥。吊物不应从人员和设备上方越过，人员应处于安全位置。

(4) 吹氧前应检查好阀门，压力表、氧管带，卡头要卡紧。吹氧时要有专人看管阀门和仪表，并互相配合好。操作时严禁手放在卡子上，以防回火伤人。

(5) 加矿石或吹氧时，不得过猛过急，以防大沸腾跑钢伤人。自动流渣时，严禁使用潮湿材料掩压，以防爆炸。

(6) 冶炼中要对变压器定期进行检查。如升温超过规定数值，要立即采取措施。冶炼中发现冷却水部位漏水，应及时查明漏水部位采取措施，严禁随意翻炉。

(7) 还原期加粉散状材料时，应侧身投料，以防喷火伤人。

(8) 打开出钢口时，要站在出钢槽两侧，不得站在槽子上。出钢口打开后，不得用铁管探渣。出钢时，先切断电源升起电极，并检查出钢口是否畅通。出钢坑潮湿时应缓慢翻炉，不要把钢水翻到外边。

(9) 维修炉底出钢口作业人员与电炉主控人员之间，应建立联系与确认制度。

5.3.2 电炉事故案例分析

5.3.2.1 钢水遇到冷却水发生爆炸事故

事故经过：2004年7月30日3时40分左右，位于江苏省江阴市青阳工业园区的无锡兆顺不锈钢有限公司1号电炉发生爆炸事故，造成6人死亡，多人受伤，如图5-7和图5-8所示。

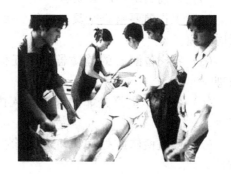

图5-7 钢水遇水爆炸事故现场　　　　图5-8 救治伤员现场

事故原因：炼钢分厂50t容量的1号电炉内钢水遇到冷却水后发生爆炸，爆炸同时引燃电炉周围的2t液压油，引发大火。

5.3.2.2 因不识安全色导致的触电伤亡事故

事故经过：2005年6月1日15时30分，某钢厂电炉工段一名工人不听旁人的劝告擅自攀登竹梯释放瓦斯。因该梯上面二档损毁，触不到瓦斯阀门，随机从另一边铁扶梯爬到变压器顶上。由于他不懂得涂有红、黄、绿颜色的扁形金属条均带有高压电流，当他跨越扁形金属条的瞬间，当即被高压电击倒身亡。

事故原因：事故直接原因是电炉工违章操作，未经过严格的安全培训，不识安全色所代表的意义，从而导致触电身亡。间接原因是工厂管理混乱（工厂明知该电炉工违规操作却没有进行及时的强制阻止），同时工厂没有相应的防护措施。

5.4 炼钢岗位安全规程和交接班制度

5.4.1 炼钢岗位安全规程

炼钢岗位安全规程主要包括转炉车间、连铸车间、准备车间、维检车间等岗位安全规程。以下仅对主要岗位进行讲述。

5.4.1.1　炼钢岗位安全通则

炼钢岗位安全通则的内容有：

（1）凡进入岗位的人员必须经过三级安全教育，考试合格后方能上岗。

（2）必须认真贯彻执行"安全第一、预防为主"的方针，坚持安全生产，以预防为主、以自防为主、以安全确认为主。

（3）班前、班中严禁饮酒。

（4）工作前要检查工具、机具、吊具，确保一切用具安全可靠，发现问题及时处理。

（5）各岗位配备的消防器材，任何人不得随意动用，统一由岗位消防员管理。

（6）各操作室严禁非操作人员入内，非本操作室人员不得随意开闭各种开关。

（7）停机检修或处理机坑时，除挂牌设有明显标志外，必须有专人负责监护。

（8）严禁乱动电气设备，电气设备或线路发生故障，要找电工处理。

（9）试车前必须检查是否有人检修或工作，安全确认后再送电。

（10）指挥天车吊运物品时注意周围环境，通知周围人员避开且手势明确清楚。

（11）各岗位操作人员，对本岗操作的按钮在确认正确后，方可操作。

（12）连铸车间应配备足够的照明，若有坏的要及时更换。

（13）在高氧气含量区域不得抽烟或携带火种，在煤气区域人员不得停留穿行。

（14）在高氧气含量区或煤气区工作时，必须有安全措施。

（15）氧气、煤气管道附近，严禁存放易燃、易爆物品。

（16）岗位生产使用的氧气、介质气、煤气、割把、烘烤器的胶带及接头必须完好，无破损、无漏气；严禁在非作业时间向大气排放氧气、介质气、煤气，并按规定装好安全阀门。

（17）严禁戴油污的手套接触氧气、煤气，严禁在燃气、氧气、高压容器及管道等危险源附近停留或休息。

（18）吊铁水包、废钢斗时，必须检查两侧耳轴，确认挂好后，方能指挥运行。在放铁水包时，地面一定要平坦。确认放好后，才能脱钩走车。

（19）严禁在废钢斗外部悬挂废钢等杂物。外挂物清理好后，方可起吊、运行。

（20）铁水包、钢水包的金属液面要低于包沿 300mm。转炉吹炼时炉前、炉后、炉下人员不得工作或停留。转炉在兑铁水及加废钢时，炉前严禁通行。转炉出钢时，炉后严禁通行。

（21）加造渣剂时应从炉嘴侧面加入，其他人员必须避开。增碳剂不得在出钢以前，提前加入钢包。

（22）连铸车间内使用的电风扇必须有安全可靠的防护罩。铸机的水温表、水压表、流量计及报警系统必须安全可靠。

（23）切割枪、烧氧管不得对着人，以防烧伤。

（24）进入二冷室必须二人以上，作业时必须站稳；上下同时作业时，须设专人看护，指挥协调。

（25）生产准备人员量零位时，首先把氧、氮气管道手动截止阀关闭，并从氧枪上摘掉输氧软管，确认底吹氮气管道总阀门已经关闭，最后人员才可以进入炉内。

（26）使用气焊割枪时，要按照气焊操作规程执行。

（27）打氧枪粘钢时，要看清楚底下是否有人，检查风镐无故障方可使用。

（28）在准备开炉试车时须上下检查好设备，无人检修再开始试氧。

（29）事故驱动系统每周必须检查一次，并试用一次。

5.4.1.2　LF 炉通用岗位安全规程

LF 炉通用岗位安全规程的内容有：

（1）LF 炉在生产过程中属带电作业，操作人员在操作时禁止接触和碰到带电部位，如电极、二次短网等，禁止随便进入变压器室等带电场所，注意有电标志牌。

（2）在更换电极时，要有专人指挥，协调一致，避免误操作，避免安全事故。

（3）还有 4 条岗位安全规程分别见 2.9.1.1 节中（1）、（9）项及 5.5.1.1 节中的（1）、（5）项。

5.4.1.3　结晶器修验工岗位安全规程

结晶器修验工岗位安全规程的内容有：

（1）吊运结晶器时，必须使用专用工具。

（2）结晶器的检查和验收，结晶器必须放在存放台架上。

（3）起吊结晶器时，必须两人以上操作，其中一人指挥，起吊要稳，放下要平，严禁乱吊乱放。

（4）使用电气焊时，严格遵守有关电气焊操作规程，开工前首先检查设备，设备正常后方可开工。

（5）用电瓶车倒运结晶器时，电瓶车上不准有其他杂物，结晶器必须放稳。

（6）见2.9.1.1节中（1）、（9）项及5.5.1.1节中的（3）、（5）项。

5.4.1.4　清渣岗位安全规程

清渣岗位安全规程的内容有：

（1）在人员多、场地复杂的地方作业，要有专人监护，保证安全。

（2）吊运渣斗要用两对小钩勾挂牢固，吊运废钢要挂好栓牢。

（3）清除红渣或稀渣时，严禁打水后立即用铲车清推。

（4）另3条岗位安全规程见2.9.1.1节中（1）、（9）项及5.5.1.1节中的（4）项。

5.4.1.5　抓渣器（大抓）岗位安全规程

抓渣器（大抓）岗位安全规程的内容有：

（1）使用前先检查钩、环、链、钢丝绳是否牢固无损，确认无问题后方准使用。

（2）挂抓前，先摘掉天车吊钩上的一切物件。

（3）摘、挂钩时，人必须站在大抓侧面，用铁钩摘挂，严禁站在斗上、抓上摘挂。

（4）抓物及运行时，要喊开周围和天车运行方向的人员，人不能站在大抓下面。

（5）抓废钢时，被抓物体不准超过大抓抓斗的尺寸。

（6）指挥大抓起落时，人要站在安全距离的位置。

（7）用大抓时严禁横拉斜拽。

（8）大抓不用时要张开平放、放稳，以防震倒、碰倒砸伤人。

5.4.1.6　生产组长岗位安全规程

生产组长岗位安全规程的内容有：

（1）向职工认真宣传、贯彻公司制定的安全方针。

（2）模范遵守安全生产的各项规章制度，发现违章冒险作业时，立即制止，并对其进行批评教育。

（3）认真执行安全生产负责制，发现问题及时解决，解决问题不拖拉。

（4）认真执行"五同时"制度，对事故要坚持"三不放过"原则。

（5）指挥天车吊运时，要提前通知平台上人员注意安全。严禁违章指挥天车，蛮干。

（6）见2.9.1.1节中（1）、（9）项及5.5.1.1节中的（3）项。

5.4.1.7 炉长岗位安全规程

炉长岗位安全规程的内容有：

（1）开炉前，必须检查炉衬是否有掉砖、断砖、因漏水炉衬受潮、有不明杂物等现象。并且倾动系统、炉下车辆、氧枪升降、散装料及合金料下料系统、炉前炉后等所有机械设备、电器设备和所有报警联锁设备等安全装置必须经过试运转，确认正常后方可兑铁生产。

（2）确认水冷却系统的流量、压力正确后，方可兑铁生产。

（3）倒炉时，炉长应到炉前指挥，发现炉内反应激烈、火焰大，要立即摇起转炉，防止钢渣涌出伤人。

（4）当钢水试样由炉内取出后，炼钢工必须用干燥的木板（或纸管）拨除样勺内的炉渣，炉渣黏稠时不要用力过大。不得对着人拨渣，避免烫伤其他人员。

（5）钢样模要保持干燥、无油、无杂物。

（6）当在钢包内加入大量增碳剂（100kg 以上）时，要在增碳剂反应完成后再靠近钢包。向钢包内加脱氧剂、增碳剂或出钢时，必须叫开钢包周围的人员。

（7）不得使用潮湿的脱氧剂，脱氧剂应在出钢过程中加入，不得在出钢前加入钢包底部。

（8）为避免吹炼过程中钢水升温过快而引起的大喷，造成浇坏设备、烧烫伤人等事故的发生，应严格遵守操作规程。

5.4.1.8 一助手岗位安全规程

一助手岗位安全规程的内容有：

（1）在雨雪天，加废钢后要先点吹 30s 再兑铁水，防止爆炸。

（2）氧枪粘冷钢严重，需要割枪时，首先要用钢丝把已割开的上端捆住或上端留有一段暂不割开。

（3）氧枪枪位测量的安全规范。首先检查枪身有无可能脱落的残渣，如果有必须在处理后方可作业。测量氧枪枪位必须是两人以上在氧枪口平台操作。氧枪头进入氧枪口后，应该在人离开氧枪口后，再降枪测量。补炉后第一炉严禁测量枪位。

（4）如发现氧枪升降系统有异常现象，应立即停止作业，并通知调度室及设备维修人员检查处理，确认正常后再动枪。

（5）在正常作业时，如发现倾动系统有异常现象，应立即停止操作，通知主控室及有关人员检查处理，确认正常后再操作。

（6）妥善保存工作牌，做到认真交接。

（7）出完钢时，钢水液面应距钢包上口留有300mm的安全高度。

（8）在吹炼期间，如果炉口火焰突然增大，需提枪检查，确认无误后方可生产。

（9）氧枪在吹炼过程中，如出现升降系统失灵，须立即将氧压改为0.2～0.3MPa，并及时通知调度室和维修人员（过吹时间小于2min，否则应及时关闭氧气），提枪后认真检查氧枪，确认无误后方可生产。

（10）在吹炼过程中，如果氧枪供水系统报警或炉内反应异常，应立即提枪关氧至等候点以上，停止供氧、供水、下料。经确认不是氧枪漏水后，立即找维修人员进行维修。如果是氧枪漏水，不得动炉，设好警戒线和安全哨，炉前、炉后不得有人和吊车停留或通过，经确认炉内无水后，在专人指挥下，将炉子缓慢摇出烟罩，确认一切正常后，方可生产。

5.4.1.9 二助手岗位安全规程

二助手岗位安全规程的内容有：

（1）兑铁水时，在确认铁水包离开炉口后，方可摇炉。

（2）倾动机械、电气方面有故障时，不得摇炉。

（3）炉下有人工作时，禁止摇炉。

（4）倒炉取样时禁止快速摇炉。

（5）熟练掌握炉子与氧枪的联锁装置情况，并经常检查各种联锁装置及事故报警装置状况，发现问题立即找有关人员处理，严禁解除联锁操作。

（6）摇炉工在离开摇炉岗位时，须切断所有操作设备的电源。

（7）摇炉工不得在炉子倾动时交接班，摇炉控制器未复零位，操作人员不得离开岗位。

（8）严禁将钢水倒入渣斗中。

（9）有人处理氧枪粘钢时，不得兑铁加废钢。

5.4.1.10 末助手岗位安全规程

末助手岗位安全规程的内容有：

（1）在取样时，时刻观察炉渣液面是否平稳，防止因炉内剧烈反应而发生钢渣喷溅伤人事故。

（2）在取样时，样勺、样模必须干燥，取样者身体应侧对取样孔；在每次取样后，样勺须放在干燥的地方。

（3）在测温时，测温者身体侧对取样孔，避免溅渣伤人。

（4）在向炉内加挡渣棒之前，必须确认挡渣棒干燥。

（5）用氧气烧出钢口时，不得用手握在烧氧管与氧气带接口处，手套不得有油污。当胶管发生回火时，不得将燃烧的胶管乱扔，应立即关闭氧气阀门，用水将燃烧的胶管浸灭，确认无残火后，切忌去已碳化的胶管。不得使用破损的胶管烧出钢口。

（6）开新炉或出钢口过长打不开时，要在外面把吹氧管点燃，不得过早将吹氧管放在出钢口内。

5.4.1.11 炉坑工岗位安全规程

炉坑工岗位安全规程的内容有：

（1）清渣前炉坑工要与炉前联系好，取得允许后方能进行。炉前须有专人监护。

（2）在动车前要确认过跨线内是否有人作业，防止挤伤他人，或造成触电事故。

（3）到转炉炉下作业时，要通知操作室，防止动炉时掉物伤人。在兑铁吹炼，倒炉及出钢过程中严禁到转炉炉下作业。

（4）在处理双车故障时，须停电并挂牌或在双车工操作室设监护人，防止动车；不得用手或非绝缘物接触滑线，防止触电。

（5）设备水冷件漏水造成炉坑潮湿或积水，倒炉倒渣要稳妥，防止爆炸伤人。

（6）在准备出钢开车前，应确认炉坑内是否有人，确认安全后方可开车。

（7）开双车时，要精力集中，避免翻罐、翻包伤人。

（8）在吹炼过程中，严禁炉下作业。必须在炉下作业时，应停止吹炼，并将粘渣、悬挂物打掉。

（9）严禁在炉下、道旁坐卧停留。

（10）渣罐潮湿、有积水及炉渣潮湿时须通知炉前并处理干净，否则不得使用。

5.4.1.12 钢包浇注工岗位安全规程

钢包浇注工岗位安全规程的内容有：

（1）禁止戴有油污的手套，禁止握胶管与烧氧管的接口处，氧气管长度不得小于 1500mm。

（2）在浇钢前，钢包回转台事故驱动系统压力必须正常，否则禁止开浇。

（3）在浇钢的过程中，钢包浇钢工应密切监视钢包壁，发现包壁透红、漏钢或滑动水口失控，须立即停止浇注，并通知平台及地面上的人员，按操作规程的要求，以最快的速度将钢包转到事故包上。

（4）拆装滑动水口快速接头时，必须站稳，脚下不得有油污和其他杂物，等待钢包停稳后进行操作。

（5）吊运烧氧管时，必须使用两根钢丝绳，捆绑牢固后，方可吊运，防止烧氧管滑脱伤人。待中间罐到达浇钢位置后，方能启动滑动水口。

（6）用氧管烧钢包水口处的冷钢或清除长水口托架上的冷钢时戴好防护眼镜，避免氧气管正对着其他操作人员，防止烫伤。

（7）另3条岗位安全规程分别见2.9.1.1节中（1）、（9）项及5.5.1.1节中的（19）项。

5.4.1.13 连铸大包回转台岗位安全规程

连铸大包回转台岗位安全规程的内容有：

（1）接班后要认真检查大包回转台运转情况。浇钢前，必须提前准备好事故包，否则不准开浇。

（2）钢包操作台上的液压缸、油管必须安全可靠，并备有足够的备件，液压泵要始终保持正常，操作平台上的物品做到定置管理，不准随意乱放。

（3）指挥天车摆放大包动作时应缓慢，不许剧烈冲撞。浇钢时，大包工须始终注意观察大包使用情况和中包液面。如遇漏包、关不住、滑板刺钢事故时，要处理正确，及时果断，防止发生损坏大包回转台及伤害人身的事故。

（4）启动回转台时，同时启动警报或指挥人员安全躲避。

（5）中包没有到位，钢水包不得转至浇钢位。

（6）钢包浇注工须在水口对准中包浇注孔后，方准开浇。大包开浇后，要选择适当时机试验滑动水口关闭，以防失灵。

5.4.1.14 钢坯精整工岗位安全规程

钢坯精整工岗位安全规程的内容有：

（1）钢坯必须码放整齐，避免倒垛伤人。

（2）使用割把要认真遵守使用安全规程，点火时要避开手脸，不得正对枪嘴点火，不得在脸部试验是否有气，不得骑带工作，戴好防护眼镜。

（3）切割时不得将脚和带放在被切割物下面，切割下来废钢不得接近爆炸物。

（4）工作完成，切割人员必须将介质和氧气阀门关闭，避免跑气伤人。

（5）在加工钢坯时，必须按指定地点加工；在吊运钢坯时，上、下确认无误再给动车手势，防止伤害他人和各种设备；在钢坯垛中间不得停留取暖。

（6）不论何种工序在吊运铸坯时，必须检查确认所用吊具是否安全可靠，严禁脚踏坯垛作业，避免绊倒伤人。

（7）在吊运废坯时，不得与改尺铸坯同时加工，待将所有废坯吊运完成后，方能进行切割。

（8）加工改尺铸坯时，必须有专人监护天车运行，避免电磁吊断电坠物伤人。

（9）见5.5.1.1节中的（10）项。

5.4.1.15　中间包烘烤工岗位安全规程

中间包烘烤工岗位安全规程的内容有：

（1）用煤气烤包，须专人操作，有人监护。无关人员不得乱动烤包设备，不得进入烤包区域。

（2）在点火前，认真检查所用的煤气系统，在确认设备正常、煤气合格、无泄漏后，方可工作。

（3）在点火前，必须与煤气防护员联系，得到对方同意后方可操作。

（4）在点火前，先开煤气，煤气点燃后，再开空气阀门，而后再逐步增加煤气量和鼓风量；停止烘烤，先关煤气，后停助燃风。

（5）必须执行先点火，再开煤气的原则。如点不着火要先关阀门，后查原因。

（6）烤包过程中认真观察煤气压力和燃烧情况，发现熄火后立即处理，若有异常现象及时与专业人员联系。烤包工不得擅自处理。

（7）严格执行煤气设备动火管理的规定。

（8）煤气使用区发现有人头晕、恶心、眼花等中毒现象，应将中毒者带出现场放到通风安全地带抢救，并立即通知煤防人员，现场测定煤气浓度及采取相应措施。

（9）不得用金属物及硬物敲击煤气设备。烤包平台严禁火种及易燃物。

（10）见5.5.1.1节中的（1）项。

5.4.1.16　中包翻包机岗位安全规程

中包翻包机岗位安全规程的内容有：

（1）翻包机在使用前，要检查设备、电气运转情况，发现异常不得使用，并找有关人员处理。

（2）放中包时，要对中后放平放稳。

（3）中包停用后，待剩余钢水、钢渣全部凝固后，再进行翻包操作，否则不得操作。

（4）翻包机场地严禁有积水，以免发生事故。

（5）其余见2.9.1.1节中（1）项。

5.4.1.17 装铁工（含混铁炉工）岗位安全规程

装铁工（含混铁炉工）岗位安全规程的内容有：

（1）不许用铁水包压炉嘴或烟罩。

（2）铁水包尾钩必须良好挂牢，要经常检查，更换尾钩轴销。

（3）不准用大钩子压包盖，冶炼后期严禁添铁。

（4）装铁前要掌握炉内状况，严禁留渣。补炉后第一炉在装铁时要喊开周围人员回避，装铁人员自己要站在安全位置，并指挥天车人员小流慢装，以防喷溅伤人。

（5）装铁前将活门开至两侧，注意不要撞坏烟罩。

（6）起吊铁水包时，应确认挂好后，方可起吊，并应领行。

（7）未出钢时，重铁水包不许开至炉前等装铁。

（8）铁水包铁水在2/3以上时，不许钩铁水包盖，以防包倒洒铁。

（9）发现铁水包有缺陷，威胁设备或人身安全时，禁止使用。

（10）严格按照混铁炉操作规程控制混铁炉倾动，注意与炉下人员的配合。

（11）见2.9.1.1节中（1）、（9）项，5.5.1.1节中（3）、（4）项。

5.4.1.18 拆炉车司机岗位安全规程

拆炉车司机岗位安全规程的内容有：

（1）拆炉作业平台安放在平台时，必须垫平稳，要与炉体中心线对称。

（2）吊运拆炉机必须用专用吊具，使用前要认真检查确认，卡环和螺栓要拧满扣，方可吊运拆炉机。操作司机必须熟记"拆炉机安全操作事项"。

（3）操作时必须两人，车下一人指挥，车上一人操作，车台上不许有人。

（4）操作前须鸣笛、亮警灯，指挥人员所站位置须让司机能看清手势方可作业。

（5）在平台作业时，履带不许超出作业平台。指挥人员要注意作业平台有无异常，注意过往天车不要碰撞拆炉车。

（6）拆炉车在炉坑作业时，转炉人员要插好干渣斗插板。转炉冶炼过程中，拆炉车禁止通过炉坑。

（7）另3条岗位安全规程分别见2.9.1.1节中（1）项和3.5.1.1节中（1）、（4）项。

5.4.1.19 散装料工岗位安全规程

散装料工岗位安全规程的内容有：

（1）在未上料前，要仔细检查微机各系统是否正常，皮带是否处于良好状态，否则严禁上料。

（2）随时检查拉线开关和跑偏仪是否处于良好状态，以便应付突发事故。

（3）在清扫、检查皮带或小车时，必须与调度室联系，在确保转炉停吹的情况下，再进行作业，防止煤气中毒。

（4）认真维护和使用现场照明及安全设施，发现隐患及时与检修人员联系。

（5）各转运站及走廊通道必须每班清扫，清理的散料和杂料不得向通道外倾倒，散料应清到皮带上或料仓内。

（6）在上下料仓内的梯子时，要注意滑跌。

（7）操作人员在进入煤气区域时，必须配备煤气检测设备。

（8）见2.9.1.1节中（1）、（8）项和2.9.1.1节中（19）项中相关的规定。

5.4.1.20　氧枪维修岗位安全规程

氧枪维修岗位安全规程的内容有：

（1）在修枪工作前，首先检查确认电焊机是否有可靠的接地，是否受潮，电线绝缘是否破损，电缆接头是否牢固可靠。

（2）在气焊作业前，检查确认割枪、氧带、介质带及各处接头是否安全、牢固、可靠，发现问题应及时处理。

（3）在做辅助工作时，如搬运工作，每次搬抬不得超过50kg/人，如使用起重设备，须配备专用吊具（绳、钩）。

（4）在使用铲具铲工作物时，不得向有人方向铲。

（5）在氧枪试压和处理氧枪渣皮时，必须戴好防护眼镜。

（6）工作中如遇停电或离开岗位时，应将电焊机电源切断。

（7）在检修氧气、介质、氮气、氩气管道阀门时，必须与生产有关人员取得联系，挂好"检修"标志或设专人看护，在确认总阀门关闭后方可作业。

5.4.1.21　电焊工岗位安全规程

电焊工岗位安全规程的内容有：

（1）在工作前，首先检查电焊机是否有可靠的接地线、电焊机是否受潮、电线绝缘是否破坏、电缆接头是否松动，如果有问题，须立即处理。焊机一次线应尽量短些，以2000~3000mm为宜。

（2）电焊机迁移、拆接电线均由电工处理。焊接作业场所10m内不得有易燃易爆物品。

（3）在进行辅助作业时（如搬运工件、刷、凿、铲、敲等），要求使用的工具必须确认安全可靠，防止压伤、挫伤或铁屑、焊渣飞溅伤人。

（4）在高空作业，必须系好安全带，将电线固定于牢固处。

（5）焊接作业场地必须干燥，如果在潮湿有水的地方作业，必须采取垫木板、铺橡皮毯等绝缘措施。

（6）在工作中如遇停电、休息或离开岗位时，应将电焊机电源切断，将焊钳放在适当位置，工作完毕及时清理工作现场。

（7）在电焊机通电前，焊钳应离开地面，不得放在金属表面，避免在给电时发生电弧爆炸或燃烧事故。

（8）电线接头必须拧紧包好，防止因电阻增大引起接头发红起火或漏电伤人，回路地线不可乱接乱搭。

（9）在金属容器内或潮湿处作业，照明必须用小于 12V 行灯；如需在道路或锅炉内坐、卧焊接，人和焊件必须隔离开，并扎好领口、衣袖，防止火花烫伤。

（10）见 1.4.4.3 节中相关内容。

5.4.2　炼钢交接班制度

5.4.2.1　转炉车间大组长交接班制度

A　转炉巡视

转炉作业长每天提前上岗（时间因公司规模、大小而定），巡视转炉车间所属范围内的各工序，按交接班内容检查各项，然后将检查内容真实地反映到交接班记录的接班项目栏内，每天交班前（提前时间因公司而异）再次巡视以上内容，发现问题及时解决，然后将检查内容真实地反映到交接班记录的交班项目栏内。转炉大组长巡视范围包括转炉、精炼等。

B　检查内容

（1）炉坑：督促检查各炉炉坑积渣情况，出钢车运行情况，是否清车身积渣、铁道情况、炉坑休息室内煤气报警仪是否正常、卫生情况、交班时要注意班中是否清炉坑，清到何种程度，如没清，说明原因。

（2）炉况：检查炉况，包括出钢口时间，将其详细地反映到交接班记录上。如班中补炉、喷补、投补注明补炉部位、补炉料用量、烧结时间、效果。如班中没补炉，在交接班项内注明原因。

（3）氧枪：检查氧枪情况、在线枪状况（粗、细）、冷却水流量（进水/出水）。备用枪状况（调好/没调）、冷却水流量（进水/出水），反映到记录上。

（4）挡火门：检查挡火门运行状况及冷却水流量（进水/出水），反映到记录上。

（5）炉体倾动：注意炉体倾动运行状况及炉体冷却水流量（进水/出水）。

（6）炉身积渣：检查炉身及炉嘴积渣，炉嘴积渣与烟罩距离小于 200mm

（目测）为不合格项，反映到记录上。

（7）烟罩：检查烟罩是否漏水，是否粘有假烟罩，反映到记录上。

（8）喷补：监督检查喷补机是否正常，喷补枪、胶管是否漏水、漏风，若有问题及时协助喷补工处理，交接班未处理好，说明原因。吊料小钩要交接班，不能用时及时换新。

5.4.2.2 炼钢工交接班制度

提前到岗，对单炉座交接班管理负全面责任，重点做好炉衬、炉坑、烟罩、氧枪的交接班工作。督促小组各岗位人员做好交接班工作，并负责向接班炼钢工交清本班生产情况，存在问题及时向当班作业长汇报。

5.4.2.3 一助手（二助手）交接班制度

主要内容有：

（1）氧枪粘渣不能过粗，以能提出氮封口为准，若提不出氮封口，执行厂部考核。

（2）换枪后，备用枪必须在冶炼3炉钢的时间内调好备用。

（3）交接班必须做好氧枪记录。

（4）散料料仓各种散料，交班必须满足1炉以上用量。

（5）如装铁后交班，交班者必须向接班者交清装入铁水量、废钢量、上炉是否剩钢水等情况。

（6）交班者交班时，炉嘴、炉身积渣不能过多（由两班作业长确认），出钢口胡子不能过长。

（7）主控室微机清理，操枪工负责操作台微机卫生，每班进行清理不得有积尘。

（8）主控室操作台上不得有杂物，文件记录摆放整齐，地面不得有烟头。

5.4.2.4 二助手（三助手）交接班制度

主要内容有：

（1）必须保证料仓内有两炉以上用料量。

（2）炉内有钢水交班，必须交清铁水装入量、称量料斗内各种合金料数量，交不清或不交班离岗所造成质量事故由交班者负责。

（3）当班必须完成本班冶炼钢种的核算，核算数据必须真实准确。

（4）合金料溜槽用完以后必须打回原位。

（5）负责合金料放料操作台及周围卫生清理。

（6）负责旋转溜槽周围卫生，旋转溜槽上面不得有杂物和散料。各种散料交班必须摆放整齐。

5.4.2.5 三助手（四助手）交接班制度

接班前检查摇炉设备是否良好，交班必须交清设备是否存在问题，接班发现问题，必须在一定时间内（因公司而异）通知车间领导或值班主任。每班对摇炉操作台进行清理，不得有油污、积尘。

5.4.2.6 炉前工交接班制度

接班负责领取样器、测温偶头、检查测温枪、定氧枪、检查及各种使用工器具的准备。每炉钢使用完，工器具除取样器杆外都必须上架，取样器杆摆放整齐，不得乱放。每炉出钢后必须对炉前场地进行清扫。负责炉前后挡火门积渣处理。

5.4.2.7 炉坑工交接班制度

接班检查氩气管是否完好，试出钢车。炉坑交班两侧不得有积渣，炉坑内积渣高度不得超过1/3。炉坑外部出钢车道心积渣必须班班清理干净。出钢车每班清理一次。每班对出钢车铁道进行检查，发现有问题及时通知车间领导或调度台。

5.4.2.8 连铸车间交接班制度

主要内容有：

（1）交接班中间包准备：

备中包：交班时平台中包烘烤位要求备好中包，但交班前半小时内停浇的由接班方准备。

看杆：交班前1h前停浇的，由交班方负责看杆；1h内停浇的由下班负责看杆。

（2）大包液压系统：大包回转台液压缸油管及大包浇钢平台液压泵、液压缸，必须保证完好可用，不漏油；大包回转台及滑动水口事故驱动装置动作正常。

（3）工器具及材料准备（单机）。

（4）交接班时间、地点、交接双方守则及班前班后制度等内容见2.9.2.1～2.9.2.7节。

5.4.2.9 机电维修点检、维检车间值班岗位交接班制度

交接班制度见2.9.2.1～2.9.2.7节。

5.4.2.10　混铁炉设备交接班制度

A　操作制度

接班后在进行操作前必须要进行安全确认。开机前要求对倾动、气动松闸、兑铁车、受铁车、鼓风机、炉门卷扬、各个控制器进行检查。各部位必须处于良好状态。如发现问题及时通知检修人员处理。要求对所有指示灯和仪表进行确认，以保证其完好、指示正确。

B　操作程序

送倾动电源，操作主令控制器。选择主令控制器倾动电机（M_1、M_2），回零调试气动松闸装置。铁水装入量执行工艺操作规程（800t、250t）。摇炉出铁时要求炉体转速均匀，不得突然打倒车。运转中设备出现异常情况，按事故处理预案进行操作。兑铁门粘渣不能过多，各班组要及时清理兑铁门铁渣。认真检查好铁水包运行情况，并做好铁水包周转情况及寿命记录。做好现场卫生。交接班时间、地点、交接双方守则及班前班后制度等内容见2.9.2.1~2.9.2.7节。

5.4.2.11　装铁工、上料系统（散装料、合金料）交接班制度

交接班制度见2.9.2.1~2.9.2.7节。

6 轧钢安全防护与规程

6.1 轧钢基本工艺、设备和安全生产的特点

6.1.1 轧钢基本工艺

轧制是金属压力加工中主要的方法，是钢铁冶金联合企业生产系统最优的一个环节。在钢生产总量中，除少部分采用铸造及锻造等方法直接制成器件以外，企业约占 90% 以上的钢都是经过轧制成材。

轧钢工艺，按轧制温度的不同可分为热轧与冷轧；按轧制时轧件与轧辊的相对运动关系可分为纵轧和横轧；按轧制产品的成型特点可分为一般轧制和特殊轧制。旋压轧制、弯曲成型都属于特殊轧制。轧制同其他加工一样，是使金属产生塑性变形制成产品。其中型材、线材、板带的轧制工艺流程基本相同，从钢坯加热到轧制，最后精整处理，称重打包入库。无缝钢管的轧制稍有不同，其原料是圆管坯，经过切割机的切割加工成坯料，送至加热炉加热，圆管坯出炉后要经过压力穿孔机进行穿孔，再进行轧制。

6.1.2 轧钢设备

轧钢机分为两大部分，轧机主要设备包括轧机主机列、辅机和辅助设备。凡用以使金属在旋转地轧辊中变形的设备，通常称为主要设备。主要设备排列成的作业线称为轧钢机主机列。主机列由主电动机、轧机和传动机械 3 部分组成。

轧机按用途分类有初轧机和开坯机、型钢轧机（大、中、小和线材）、板带机、钢管轧机和其他特殊用途的轧机。轧机的开坯机和型钢轧机是以轧辊的直径标称的（如 650 轧机、800 轧机等），板带轧机是以轧辊辊身长度标称的（如 1580 轧机、1780 轧机等），钢管轧机是以能轧制的钢管的最大外径标称的（如 $\phi76mm$ 连轧管机组、$\phi140mm$ 连轧管机组等）。轧机也可按轧辊的排列和数目分类（如二辊式、三辊式等），或按机架的排列方式分类（如单机架、横列式、多列式等）。

轧钢辅助设备包括轧制过程中一系列辅助工序的设备。如原料准备、加热、翻钢、剪切、卷取、矫直、冷却、探伤、热处理、酸洗等设备。

起重运输设备有吊车、运输车、辊道和移送机等。

附属设备有供、配电，轧辊车磨，润滑，供排水，供燃料，压缩空气，液

压，清除氧化铁皮，机修，电修，排酸，油、水、酸的回收以及环境保护等设备。

6.1.3 轧钢安全生产的特点

从轧钢基本工艺看，轧钢系统机械设备多，检修频繁，涉及高温加热设备、高温物流、高速运转的机械设备、电气和液压设施、能源和起重设备。在易燃易爆气体加热炉区域、煤气和氧气管道、液压站、稀油站，高压配电的主电室、电磁站，高温运动轧件和可能发生飞溅金属或氧化铁皮的轧机、运输辊道（链）、热锯机，辐射伤害危险的测厚仪、凸度仪，积存有毒或有窒息性气体或可燃气体的氧化铁皮沟、坑或下水道等工作环节，存在着诸多不安全因素。

6.2 坯库管理常见事故及安全防护

6.2.1 坯库管理中存在的常见事故

坯库管理中存在的常见事故主要有起重伤害、高处坠落、灼烫等。

6.2.2 相应的安全防护

主要包括以下内容：

（1）起重作业人员属特种作业须先培训取证后方可上岗工作，吊运时必须听从地面指挥人员的指令。在使用夹钳吊装时必须选择规格型号与钢坯匹配的夹钳，作业前应检查易损件（各类轴销、齿板、开闭器等）的磨损情况，若超过磨损极限则及时通知维修人员维修更换。

（2）使用磁盘吊时，要检查磁盘是否牢固，连接件是否超过磨损极限，电气线路是否完好，以防脱落伤人。

（3）使用单钩卸车前要检查钢坯在车上（或桩子上）的放置状况。钢丝绳和车上的安全柱是否齐全、牢固，使用是否正常，钢丝绳有断丝超过10%或断股等缺陷必须报废处理。卸车时要将钢丝绳穿在中间位置上，两根钢丝绳间的跨距应保持1m以上，使钢坯吊起后两端保持平衡，再上垛堆放。400℃以上的热钢坯不能用钢丝绳吊卸，以免烧断钢丝绳，造成钢坯掉落砸伤、烫伤。

（4）钢坯堆垛要放置平稳、整齐，垛与垛之间保持一定的距离，便于工作人员行走，避免吊放钢坯时相互碰撞。垛的高度以不影响吊车正常作业为标准，吊卸钢坯作业线附近的垛高应不影响司机的视线。工作人员不得在钢坯垛间休息或逗留。挂吊人员在上下垛时要仔细观察垛上钢坯是否处于平衡状态，防止在吊车起落时受到振动而滚动或登攀时踏翻，造成压伤或挤伤事故。检查中厚板等厚料时，垛要平整、牢固，垛高不超过4.5m。

（5）大型钢材的钢坯用火焰清除表面的缺陷，其优点是清理速度快。火焰清理主要用煤气和氧气的燃烧来进行工作，使用时注意火焰割炬的规范操作和安全使用，在工作前要仔细检查火焰割炬、煤气和氧气胶管、阀门、接头等有无漏气现象，氧气阀、煤气阀是否灵活好用，在工作中出现临时故障要及时排除。火焰割炬发生回火，要立即关闭煤气阀，同时迅速关闭氧气阀，以防回火爆炸伤人。火焰割炬操作严格按安全操作规程进行。

6.3 轧制常见事故及安全防护

6.3.1 热轧常见事故及安全防护

6.3.1.1 高压水除鳞机常见事故及安全防护

A 高压水除鳞机常见事故

高压水的压力可达到 18MPa 以上，所以其喷溅伤害是主要的事故。

B 安全防护

钢坯加热后表面形成一层氧化铁皮，轧制前需进行清理，否则影响钢材的轧制质量。高压水除鳞是由喷射到轧件表面的高压水产生打击、冷却、气化和冲刷作用，从而达到破碎和剥落氧化铁皮的目的。因高压水的压力可达到 18MPa 以上，所以其喷射力较强，飞溅的铁屑易伤害周围作业人员，因此，除安装好防护罩外，其附近还应划出警戒区域，人员禁止进入。

6.3.1.2 型钢和线材轧制常见事故及安全防护

A 型钢和线材规格

普通型钢按其断面形状可分为工字钢、槽钢、角钢、圆钢等。型钢的规格以反映其断面形状的主要轮廓尺寸来表示。如圆钢的规格以直径的毫米数表示，直径 30mm 的圆钢记 φ30。线材主要是指直径 5~9mm 热轧圆钢和 10mm 以下螺纹钢。

B 型钢和线材生产过程中常见事故

运行中设备的机械伤害、高速运行中轧件等的物体打击、高温轧件的灼烫、起重作业过程中的伤害等。

C 相应的安全防护

(1) 轧辊安装时主要控制吊运过程中的安全，轧辊的单重较大，预装后质量更大，故吊运必须平稳，选用吊绳必须在额载标准内，轧辊安装时要有专人指挥和监护。轧辊安装时轧辊预装放入翻转机要稳固，以免中途脱链，翻转作业时周围人员撤离至安全区域，作业人员不得在翻转机上攀爬。

(2) 轧制过程中轧钢工必须严格遵守安全操作规程，启动轧机主、辅助设备前必须先鸣笛，再通冷却水，地面人员不得站在轧机前后运输轨道上，轧机过钢时不得从事调整辊缝等调整、维护工作。各道轧制时在线手工测量必须示意操纵工停止输送钢坯和喂钢。打磨孔型时要等轧机停稳后方可实施，操作人员站在轧机出口方向，且要戴好防护眼镜。

（3）型钢轧制时由于钢坯加热过程中有阴阳面之分，钢坯经过轧制后因变形差异有不同程度的弯曲，从出口导卫装置出来后易发生外冲现象；若导卫装置安装不正也会产生轧件扭转现象，故轧钢工要严密注视钢坯运行轨迹，不得站在出口方向；同时因钢坯有弯曲和扭转现象，喂钢时需人工辅助扳钢，所以轧钢工要注意站位，与操纵工协调配合确认，及时脱出扳叉，确保人员安全。

（4）低温钢、黑头钢、劈头钢不得喂入轧机，以免造成卡钢或设备故障。

（5）更换进出口导卫装置时要注意与行车工的配合，要采用专用吊具，落实专人指吊。进出口导卫装置安装要牢固，以免轧件飞出造成伤害。

（6）因轧件的运行速度较快，正常生产时人员要与轧线保持一定的安全距离，禁止跨越轧线。

（7）液压站、稀油站等易燃易爆区域禁止动火，检修动火须办理危险作业审批，落实相应的防火措施。

6.3.1.3 板（带）轧制常见事故及安全防护

板（带）轧制常见事故及安全防护的主要内容有：

（1）板（带）主要分厚板、中板、卷板等。

（2）板（带）生产过程中常见事故有：运行中设备机械伤害、高速运行中轧件等物体打击、高温轧件灼烫、起重作业过程中伤害、放射源的辐射伤害等。

（3）相应的安全防护：

1）板（带）生产线目前大多采用先进的全线自动化控制技术，轧钢工接班后对所用设备、仪表进行详细检查和确认；启动轧机主、辅助设备前先鸣笛，再给水。设备运行时机旁不得站人，开轧第一块钢要鸣笛示警，轧机出口处不得站人。

2）抢修、处理事故及更换毛毡时，除做好停电手续外，有安全销的部位必须插上安全销。使用 C 形钩更换立辊时，必须插好安全销轴。

3）轧辊拆装、行车吊运要有专人指挥。临时停机需进入机架内作业时，如有必要时抽出工作辊，当支撑辊平衡缸将上支撑辊升起后，为确保作业人员安全，在上、下支撑辊轴承座间放防落垫块，以防平衡缸泄压伤人。

4）测量侧导板时，所在工作区域对应轨道必须封锁，关闭有关射线源和高压水，测量人员必须在指定位置作业。立辊轧机调整作业时所在区域有关设备系统必须封锁。测量时至少有两人同时工作，指挥人员手势正确明了。台上人员严格按台下人员的指令动作操作有关设备。对出口采用放射源工作的测厚仪、测宽仪等在"发射源工作"状态下，任何人不准到测量区域工作或行走。临时停车、工作辊换辊、检查或到测量区工作时，必须联系停掉发射源，并确认处于"关掉"状态，方可允许通过危险区。

5）正常生产时禁止跨越轧线，尤其是精轧机后的辊道。

6）地下室、液压站、稀油站等易燃易爆区域禁止动火，检修动火须办理危险作业审批，落实相应的防火措施。

6.3.1.4　钢管轧制常见事故及安全防护

钢管轧制常见事故及安全防护的内容有：

（1）钢管轧机设备有：穿孔机、轧管机、定径机、均整机和减径机等。

（2）热轧无缝钢管生产过程中常见事故有：运动中设备的机械伤害、运动中轧件等的物体打击、高温轧件的灼烫、起重作业过程中的伤害等。

（3）相应的安全防护：

1）更换顶头、顶杆和芯棒，应采用手直接操作。

2）作业前要检查确认穿孔机、轧管机、定径机、均整机和减径机等主要设备与相应的辅助设备之间电气安全联锁是否完全可靠，各传动部件处各类防护措施是否完全可靠。

3）开动穿孔机前要检查穿孔机顶头是否完好（有无塌鼻、压堆、裂纹等），如有损坏应及时更换。

4）热装轧辊要戴上棉手套，以免烫伤。

5）更换轧辊时应停机断电；调试过程中调整轧辊、导板、顶杆及受料槽等要与操纵工做好安全确认工作，不应在设备运行时实施调整作业。

6）穿孔、轧管、定径（减径）、均整时不得靠近轧件，防止钢管断裂和管尾飞甩及钢管冲出事故伤害。

7）质检钢管时为手工挑选，故要防止手指的挤压伤害。

6.3.1.5　在线监测的技术常见事故及安全防护

在线监测设备主要有：测厚仪、凸度仪、测宽仪、测径仪。主要原理是利用电离辐射进行测量和检测，故常见事故是电离辐射等。相应的安全防护如下：

（1）无关人员一律不得进入工作区，非岗位人员和工作人员未经同意免入。

（2）测厚仪工作、停止与关闭状态有醒目的标志，在"发射源工作"状态下，不准到测量区域工作或行走。

（3）临时停车、工作辊换辊、轧机在检查或到测量区工作时，必须联系停掉发射源，并确认处于"关掉"状态方可允许通过危险区。

（4）较长时间的停车，如检修等，发射源由测量部门人员在测量房关闭安全开关，关闭的期限（日、时起止时间）应通知有关人员。

（5）测量仪检修，需要发射源打开时，自行封闭危险区。

6.3.2 热轧常见事故案例

6.3.2.1 带钢切断手指事故

事故经过：2010 年 1 月 3 日凌晨 3 点 40 分，某钢铁公司轧钢厂一车间 480 轧机精轧调整工田某放卷时，发现带钢芯南侧有弯，就通知卷曲维护工孙某对卷取机进行调整。孙某独身上到机上对压簧调整，用扳手松开压簧备母螺丝时，螺丝掉落在卷取机进嘴处，孙某当时用左手去捡时，被轧制的带钢将左手大拇指切掉。

事故原因：孙某盲目进行卷曲机调整作业，当发现螺丝掉到卷取机进口时，没有对轧机生产情况进行确认，用手去捡掉落螺丝，违章作业是造成此次事故的主要原因。安全联保人安全意识薄弱，在孙某作业时没有起到安全监护作用。班长未履行安全职责，对职工日常安全教育不到位。

6.3.2.2 钢尾跑出打飞护板致死事故

事故经过：2007 年 1 月 28 日，某钢厂公司二钢轧厂二高线丙班接班后停车进行检查，换精轧机导卫。停车约 15min 后启车过钢。过钢后刘某在精轧工具箱台面上导卫检修操作台修理换下来的 17 号、19 号、21 号和 23 号进口滚动导卫。2 时 20 分刘某到冷风辊道切尾平台的成品质量检验处与张某换小班，继续监督检查成品质量。2 时 40 分，二线加热炉停煤气，接调度通知换精轧机 21 号、22 号成品辊，换辊过程大约 20min 左右。开车过钢后废品箱堆钢，处理完废品箱堆钢后再过钢，连续发生废品箱堆钢 3 次，随后对水冷段、废品箱检查未发现异常。大约 3 时 44 分，在第 5 次过钢时，张某站在精轧机地面站前观察 2 号卡断剪运行情况，刘某站在距精轧机北侧 6m 处工具箱东数第一个门处，轧机过钢后从吐丝机吐出若干圈后废品箱堆钢，张某按下地面站面板上的 2 号卡断剪按钮卡钢，看到大约 3000mm × 8mm 螺纹钢从 25 号精轧机北侧的挡板处撞开飞出，同时飞出两个红色的钢头而导致刘某死亡。

事故原因：在轧钢过程中，由于废品箱堆钢造成钢尾从导卫和导管间隙处跑出，将护板打飞，钢尾断头打在刘某颈部右侧主动脉处，是造成该起事故的直接原因。主要原因有：在安装护板时焊点少，焊接不牢固，抗冲击力不够，同时无相关安全防护装置；设备使用过程中，检查、维护工作不到位，对护板大的隐患没有及时发现和排除；车间安全管理中，监督检查不力，规章制度落实不够，安全管理不严格；职工安全教育不够，安全意识差，技术素质低等。

6.3.2.3　违规使用自制吊索具挂钩脱落致人员伤亡事故

事故经过：2006 年 4 月 3 日上午 10 时左右，某市铁轧二制钢有限公司连轧分厂精整工段旋转臂 A 区，维修钳工高某、米某，遵照班组长的安排，抢修精整工段旋转臂 A 区北头第一块盖板下方传动链条。高某与米某用自制的丁字形挂钩，分别拴在盖板东南角和西北角两处，将盖板吊起并平移至靠北头第二块盖板上方，然后高某和米某分别下至链条故障部位检修链条，此时吊装旋转臂盖板的东南角丁字形挂钩突然意外脱落，导致盖板飞快斜向撞击到高某头部而导致死亡。

事故原因：直接原因是当班操作人员未经领导同意，违规使用设计不当、结构不合安全规范的自制丁字形挂钩，挂钩脱落导致。主要原因是公司对检修作业、吊装作业的安全管理制度不健全，职工无章可循和作业场地狭窄等。间接原因是吊装作业劳动组织不合理，作业现场指挥、索具检查人员职责不明确，致使吊装旋转臂改版的丁字形挂钩突然脱落和特殊工种作业人员无证上岗等。

6.3.3　冷轧常见事故及安全防护

6.3.3.1　冷轧生产涉及的工艺燃料、辅料和动力能源介质

冷轧生产涉及的工艺燃料、辅料和动力能源介质与热轧相比较，主要是辅料和动力能源介质的种类有所增加，这也是影响冷轧安全生产的一个重要方面。

工艺燃料：除电加热外，冷轧生产原料、半成品和成品冶金炉窑使用的燃料多数是煤气，有的是天然气或石油液化气，用煤加热的尚还存在于一些小型工厂中。

辅料：一是酸洗、盐浴、热处理等用的硫酸、盐酸、硝酸、氢氟酸以及工业盐酸等化工物料；二是冷轧、修磨、液压、润滑、脱脂等专用的轧制油、乳化液、修磨液、液压油、润滑脂以及脱脂液等油脂物料；三是镀层、涂层、彩板生产等使用的锌、锡等金属材料和聚酯、塑料等化学溶胶；四是机械除鳞、修磨、抛光、卷取、堆积、防锈、包装等使用的钢砂、修磨带、抛光轮、工艺纸、包装箱、打包带等精整或深加工用辅助物料。

动力能源介质：一些加热、退火工艺（如光亮炉）使用的氢、氮等保护气体；一些特种钢材在连续生产线上焊接用的氩气、二氧化碳等气体。

6.3.3.2　冷轧生产中常见事故及安全防护

基于冷轧生产的工艺、设备特点和动力能源介质与原料、辅料、燃料类型，冷轧生产几乎囊括冶金工厂常见的各类危险、有害因素和伤害事故。相对于冶炼、热轧等前部工序，冷轧还有其独特之处。冷轧生产中，如高柱坠落、触电、

灼伤、电磁、高低温伤害、振动及噪声等类同冶金工厂常见的各类危险、有害因素和伤害事故，前面各章节已有叙述，此处不再赘述，除此之外还有：

A 火灾

（1）炉窑炉压突高炉口喷火，煤气、油气储存、输送设施泄漏失火。

（2）用氢气做保护气体的炉窑进出口密封失效，氢气溢出失火。

（3）盐浴炉、油淬火炉装入料潮湿产生高温炉液、炉油等喷溅引燃。

（4）轧制油、修磨油、液压油、润滑油等油库、管沟区域用火失控。

（5）变、配、用电设施使用不当、失修老化等产生放炮起火。

（6）涂层、彩板使用的聚酯、塑料等化学溶胶的存储、使用不当失火。

（7）积坑、地沟、下水管道等位置的废纸、纱絮，火星失控引发火灾。

B 爆炸

（1）煤气炉窑的点火、配气、燃烧、停炉等操作不当产生的回火爆炸。

（2）用氢炉窑的氧含量、露点过限，或炉压失控而应急不当产生的爆炸。

（3）水冷件缺水、堵塞，或配风配气的泄爆装置不动作产生的炉件爆炸。

（4）煤气、煤尘、油雾等在半封闭空间达到爆炸极限，遇明火发生爆炸。

（5）各类压力容器和管道的安全阀失效导致容器超压爆炸。

（6）高压气瓶、液化气瓶及附件在运输、使用中破损产生的气瓶爆炸。

（7）热镀设备周围有水、工具及物料带水，或液面过高，漏锌发生爆炸。

（8）变压器、开关盘柜、高压电缆或高压电气故障产生的燃爆及"放炮"。

C 中毒

（1）使用、输送煤气的设施泄漏发生煤气中毒。

（2）排放、泄漏处理酸、碱等不当，产生化学反应的毒害气体中毒。

（3）封闭或半封闭的水池、地沟、水井等场所产生的硫化氢气体中毒。

（4）氰、砷、汞化合物等检验用有毒试剂存取、使用不当引起的中毒。

D 窒息

（1）进入含氮气、氢气的设施未进行彻底吹扫、置换，缺氧产生窒息事故。

（2）使用的二氧化碳气体泄漏，进入其积聚的相对封闭空间产生的窒息事故。

（3）进入球罐、炉窑等空间，吹扫、置换、通风不良等缺氧产生的窒息事故。

E 机械伤害

（1）在轧机、送料辊等入口侧作业不当造成肢体被成对的辊子咬入碾轧。

（2）在卷取机、托辊等入口侧作业不当造成肢体被带钢、线材卷进缠绕。

（3）在链运机、活套等运动部件上作业，肢体被链条、牵引绳绞入撕拉。

(4) 在横切剪、废料剪等运动部件下处理故障不当造成肢体被剪切离断。

(5) 在狭小空间作业不当被突然推进或升降的运动物体造成肢体挤伤。

(6) 钢卷或成捆成垛钢材塌落、滚动、散包或"抹牌"造成肢体受碾压。

(7) 作业中冲头、压下、导板等装置失控，造成接触人员肢体受砸击。

(8) 某些钢种带钢、型钢等生产中产生的飞边、裂片等造成肢体受击打。

(9) 高速过钢的钢管头、钢筋头失控和人员站位不当造成肢体被刺戳。

(10) 在钢丝生产中接触钢丝不用工具或手套，手指不慎被毛刺划破。

(11) 打包机穿带或拉紧操作人员配合失误，造成手指被夹挤划伤。

(12) 作业场地有水有油、光线缺失、坑洼不平等造成人员砸伤或摔伤。

F 起重伤害

(1) 钢卷或现盘 C 形钩、立卷吊具等使用、维护不当，造成吊运中坠物。

(2) 捆带强度不够突然断裂，或打捆不当造成吊物在吊运中"散包"。

(3) 穿带或断带处理中使用行车辅助作业不当，造成料头或绳索头甩出。

(4) 罩式炉内外罩、轧机辊组等大型工具吊落太猛、移动晃动造成的挤撞。

(5) 在吊出单件时成排、成垛的钢卷、盘条等失稳产生的混动、塌落。

G 化学性危害

(1) 酸洗工艺中的酸雾收集、处理不良，易造成接触人员的吸入伤害。

(2) 某些除磷液、脱脂液、清洗液逸散气体易造成接触人员的吸入伤害。

(3) 某些磷化、钝化、涂胶溶剂等逸散气体易造成接触人员吸入伤害。

(4) 铅浴炉盖、覆盖剂，通风和个体防护不良，易造成人员的吸入伤害。

(5) 装卸、加注酸、碱操作防护不当，溅出液体易造成人员的接触伤害。

(6) 酸洗设备、管道维修不良，跑冒滴漏的酸液易造成人员的接触伤害。

(7) 酸槽、盐浴炉上物料装卸失误，溅起液体易造成人员的接触伤害。

(8) 液氨瓶嘴阀或氨分解装置泄漏，氨液易造成人员的接触伤害。

(9) 进入酸碱装置未采取排空、冲洗等防护措施，易造成人员吸入伤害。

H 粉尘危害

(1) 直接用煤粉炉窑压控制，烟尘和炉渣处理不当，易造成粉尘危害。

(2) 喷丸、喷砂设施密封耗损，回收和除尘装置不良等，易造成粉尘危害。

(3) 机械除鳞设施密封和除尘装置不良，铁鳞处理不当，易造成粉尘危害。

I 放射性危害

(1) 测厚仪、板型仪等隔离和屏蔽措施失控，易造成人员放射性伤害。

(2) 射线型料位、液位计隔离和屏蔽措施失控，易造成人员放射性伤害。

6.3.3.3 冷轧生产安全防护

冷轧安全生产技术除了与机电安全通用技术、冶炼及热轧等其他工艺有相同之处外，还有自己独特的要求，主要包括以下几个方面：

A 防火

对油库、主电室、电缆隧道等重点部位要规范操作管理和定置管理，严格巡检及动火管理；大型机组要有火灾探测、报警及自动灭火装置。

强化煤、煤气、液化石油气等储存、传输和使用管理。大型煤储槽、储油罐、储气柜要有火灾探测、报警和安全连锁装置。

用氢气做保护气体的退火炉要保证炉体和炉口密封，严格炉压控制，特殊的部位要设置火灾监测、报警、连锁和自动灭火装置。

冷弯型钢、冷轧（拔）钢丝等用油淬火、回火工艺的熔融炉窑有温度、火焰监控及安全连锁。冷却部位要有防止冷却水倒流措施。

轧机、修磨机等抽油雾装置，地下油库、液压站等通风换气装置的控制应与火灾自动报警、灭火装置有安全连锁装置。

涂镀、彩板等生产车间必须独立设置，应保证防火间距、消防通道和应急器材。必须有良好的接地保护、强制通风和消防措施。

涂镀、彩板等生产工艺中使用的溶剂、树脂液、黏合剂等应集中统一配置，要采取相应的安全防范措施和消防应急手段。

供排油系统要有压力显示、泄压保护和安全连锁设施，重要的地下油库、管廊设置火灾监测、报警和自动灭火装置。

保证变压器用油、开关灭弧、变配电柜和电缆、用电装置等的电器防护措施。重要部位设置火灾监测、报警、连锁和自动灭火装置。

对冷轧工厂的现场和地下积坑、管廊、地沟、下水管道等处的废纸、废布和油脂等易燃物及时清理。动火与焊割前要确认无隐患，加强监护。

保持消防安全通道畅通，保持现场油脂、化工稀料、垫纸及垃圾等易燃物料定量定置管理有效，实施严格的现场禁烟制度。

B 防爆

煤气、燃气及易燃易爆溶剂存在区域要有明确的划分和告知标志。厂房建筑要符合防火防爆等级，使用防爆电气和照明设施必须符合规范。

炉窑要规范点火、升温、降温、停炉及事故应急操作，严格控制炉温与炉压，防止炉温过高塌炉和炉压失控回火炸炉。

加热炉用供气、供油主管网要有低压监测、报警和安全连锁；加热设备、引风机、鼓风机之间应设置风压监测、安全连锁和泄爆装置。

炉窑烧嘴中途断火的处理、煤气燃气设备设施及附件等的故障处理，要严格按规范确认、关气等安全措施。

有水冷壁、水梁等水冷件的炉窑应配置安全水源并保证水质、水温、水压等测量及报警装置。

氢气做保护气体的退火炉要严格控制炉压及炉气含氧量和露点，要设置自动在线监测、报警和安全连锁及泄爆装置，保证有应急充氮设施。

压力容器和压力管道要严格按规范使用，压力表、安全阀要定期校验。气瓶要固定，安全附件要齐全。

热镀设备和接触镀液的工具以及投入镀液中的物料，应预热干燥。锌锅内的液面要严格控制与上沿的距离。热镀设备周围不得有积水。

高压电动机、变压器、开关盘柜和功补装置等要按额定要求使用和定期整理调校；严防超载使用和违章操作造成电气"燃爆"。

C　防中毒

规范酸、碱、盐等化学物料的装卸、储存和使用，方式处理不当发生化学反应产生毒害气体。严禁乱用不同酸、碱种类的储槽、储罐。

进入水处理池、地沟、下水井等要保证通风换气和现场监护，要对硫化氢等有毒有害气体检测合格后方可入内作业。

严格执行检验中氰、砷、汞化合物等有毒试剂存取、使用等管理，严防丢失、扩散引发中毒事件。

D　防窒息

进入氮气、氢气、二氧化碳的设施要对气源进行可靠切断，要用空气吹扫置换，检测含氧量合格方可进入作业。

进入球罐、炉窑等密封或半密封空间，要保证吹扫、置换、通风手段，在检测含氧量合格情况下方可进入作业。

E　防机械伤害

在轧机、矫直机、送料辊、刷洗辊、挤干辊等入口侧作业，禁止手脚等接触转动的辊子的咬入部位。

禁止不停车在卷取机、收线架、废边卷、转向辊、张力辊、托辊等入口侧作业处理带钢、线材、钢丝、废边角料等跑偏、粘料、缠丝等作业。

不得在链式运料机、活套塔、打包机等运动部位跨越、停留或作业；作业、巡检等过程中肢体不得靠近链条、牵引绳、钢带边。

在横切剪、纵切剪、碎边剪、废料剪等机械上处理的故障必须停车，并且采用可靠的定位装置固定住剪切部位后方可进行。

在不能停机的情况下要到狭小空间工作必须事先三确认：一确认运动件方向；二确认自己不会被挤；三确认与操作联系事项。

钢卷或成捆、成垛钢材的移动、装卸、堆放时，要保证捆绑牢靠、环境无障碍及人员安全，放置位置平整或有卷架、挡铁。

对未退火的冷轧钢卷打捆带或开捆带中必须使用压辊压住带头，要选用强度有保证的钢捆带、卡具。人员站位要回避钢卷头甩出方向。

在型钢冷弯、冲压、矫平及冷轧钢管、钢筋绞直等作业中，站位要保持安全距离。禁止不停机接触冲头、压下、导板等装置。

要对某些钢种在冷轧、冷冲压等工艺过程中易产生的飞边、裂片有事先认识，避免接近设备周边；有条件的可设置挡板或护网。

在过钢速度较高的冷轧钢管、冷轧直钢筋生产中，作业人员不得站立于管头、钢筋头运行路线的前方。

钢丝在拉模、牵引机、导轮等各运行部位中，禁止作业人员徒手接触钢丝。处理异常必须停机。

在自动打包机穿钢捆带或拉紧过程中，作业人员不得接近设备，禁止用手脚或工具接触钢捆带。

作业场地要平整，光照适度，及时清理积水和油污；在油库、液压站、润滑站等用油脂的设备设施上下梯、台时，人员要注意行走安全。

F　防化学伤害

保持酸洗设备的酸雾处理或废气排放装置处于有效状态，环境通风换气正常，作业人员做好个人防护。

使用某些除鳞液、脱脂液、清洗液等化工物料的装置要保持密封有效，环境通风换气正常，作业人员做好个人防护。

涂层、镀层、彩板工艺用的磷化、钝化、涂胶、涂色溶剂等在工艺装置中要保证密封有效，环境通风换气正常，作业人员做好个人防护。

使用铅浴炉热处理钢丝的工艺，要保证炉盖密封有效，覆盖剂充足，环境通风换气正常，作业人员做好个人防护。

装卸、加注、加热工艺用酸、碱、盐的作业人员要使用戴面具的头盔、防酸碱的手套和工作服，要保持与加注管头的安全距离。

加强酸罐、酸管道阀门、酸加热装置等的检查维修，及时处理跑冒滴漏，作业人员做好个人防护。

冷轧钢管、冷弯型材或拉拔钢丝等在酸液槽、盐浴炉等中进行处理时，要严格捆绑、吊运、装卸操作，保证物件轻入慢出，防止飞溅。

装卸液氨瓶要防止碰撞瓶口阀。使用氨分解制氢、氮保护气体的装置，要保证设备的严密性，要规范氨分解汽化的操作。

酸、碱化工装置在入内检查、清理废渣、动火修理等作业时，必须按规范进行排空、冲洗，并采取防护及专人监护措施。

G　防粉尘伤害

直接使用煤粉做燃料的加热炉要控制炉压为微正压，保证抽尘和炉渣装置有效，通风换气正常，人员要做好个人防护。

喷丸、喷砂方式除鳞设施，要保证密封、丸粒回收和除尘装置有效，通风换气正常，人员要做好个人防护。

用机械方式除铁鳞设施，要保证密封、除尘和铁鳞处理装置有效，通风换气正常，人员要做好个人防护。

H　防放射性危害

测厚仪、板型仪等装置的隔离和屏蔽措施必须牢固有效，周边有安全警示牌和禁止靠近的措施。非专业人员严禁接触设备。

射线型的料位、液位控制装置的隔离和屏蔽措施必须牢固有效，周边有安全警示牌和禁止靠近的措施。非专业人员严禁接触设备。

6.3.4　冷轧常见事故案例

6.3.4.1　不停机处理设备故障导致的伤害事故

事故经过：1992 年 2 月 21 日，某冷轧厂原料酸洗工段混线机组甲班上夜班按时开班前会，对各岗位人员进行了分工。吴某负责开卷，接班后按照生产计划酸洗厚度为 3.5mm 的不锈钢板卷。约 4 时 30 分许，当准备第 17 个钢卷时，吴某发现链运机链条不能正常运转，随即报告班长。班长在检查中发现卷筒弧形垫块卡在链条和开卷机架之间，便找到一个长约 1.6m 的切条，自制成钩子，站在开卷机甲东南侧钩垫块。这时吴某随后也到开卷机东北侧趴在开卷机架上，将头伸入开卷机甲东侧挡板内观察，头部不慎被挤在卷筒涨缩缸和挡板之间而导致死亡。

事故原因：直接原因是陈某不停开卷机处理故障，违章作业，而吴某将头部直接伸入正在运转卷筒和机架挡板间观察导致挤伤。间接原因是开卷机卷筒垫块固定不牢，时有脱落问题，故障处理不安全因素。管理原因是安全培训教育不够，现场动态管理有漏洞，作业人员安全意识不强，自我防范能力较差，盲目冒险作业等。

6.3.4.2　横剪机挤伤手事故

事故经过：2008 年 2 月 22 日冷轧厂重卷机组丁班接班后重卷机组生产第一卷时，由杨某和杜某配合进行取样，待取完两块样板后，准备正常过钢时带钢卡在 2 号横剪机入口，此时卷取工杨某在未使用工具没有明确的语言联络和手势的情况下，背对操作台用左手去搬动带钢进行穿带。这时另一名卷取工杜某，试图抬高横剪机剪刀，使带钢头抬起通过剪刀区域，但在启动剪刀前，没有通知杨某启动设备，私自按下横剪机按钮，造成杨某左手食指、中指、无名指被挤伤。

事故原因：直接原因是杨某在处理卡钢时没有使用专用工具，违反冷轧厂卷取工"严禁徒手触摸运行中的带钢和设备"。主要原因是杜某在启动设备前，没有对横剪机入口工作杨某进行严格的安全确认，违反冷轧厂卷取工岗位安全操作规程。

6.3.4.3 违规用手调整运转设备致人身伤害事故

事故经过：2002 年 8 月 26 日 10 时 40 分，某钢铁公司轧钢厂精整车间副主任陈某在经过清洗机列时，发现挤水辊前面从清洗箱出来一块（2mm×820mm×2080mm）板片倾斜卡住。陈某在没有通知主操纵手停机情况下，将戴手套左手伸入挤水辊与清洗箱间空隙（约 350mm）调整倾斜板片。由于挤水辊在高速旋转，将陈某左手带入旋转挤水辊内，造成陈某手部重伤。

事故原因：这是一起典型的由于违反安全操作规程而造成的事故。事故的原因是陈某在不停机状态下处理故障，戴手套操作旋转设备；主操纵手工作不负责，未及时发现设备故障；同时，车间安全管理混乱，管理制度不完善，监督管理不严。

6.4 其他的常见事故及安全防护

6.4.1 加热炉作业常见事故及安全防护

加热炉发生事故，大部分是由于维护、检查不彻底和操作上的失误造成的。

安全防护时首先要检查各系统是否完好，各种传动装置是否设有安全电源，氮气、煤气、空气和排水系统的管网、阀门、各种计量仪表系统，以及各种取样分析仪器和防火、防爆、防毒器材，是否齐全完好。因此，应该加强维护保养工作，及时发现隐患部位，立即整改，防止事故发生，并严格遵守以下原则：

（1）煤气操作人员必须经过相应操作技能的培训方可上岗操作，无关人员不得进入煤气区域。

（2）点火的安全防护措施。开炉前先检查炉子烧嘴是否堵塞或破坏，各种阀门是否灵活可靠，重点检查煤气阀、法兰盘、接头及烧嘴等是否有泄漏。

先开启鼓风机。检查煤气压力，若压力不足时要找出原因及时处理，压力过低不得点火。

点火前用氮气吹扫煤气支管，打开各支管放散阀，用氮气置换煤气管道中的空气；然后再打开煤气总阀，在取样口做爆发试验，待爆发试验合格后方可点火，并关闭所有放散阀。

点火时先用点燃的火把靠近烧嘴后再打开烧嘴前阀门，点着后再调整煤气、空气量。烧嘴要一个一个点，不得向炉内投火把点火。若通入煤气后并未点着火，则应立即将煤气阀门关闭，同时要分析原因并消除后，重新点火。

（3）停炉（熄火）的安全要求。逐个关闭烧嘴的煤气阀，停止输送煤气，关小空气阀，以保护烧嘴。停炉时间较长时，则打开放散阀用氮气进行吹扫，若停炉较短（不超过 24h）可以不用吹扫。

（4）日常检查、维护安全要求。在有煤气危险的区域作业，必须两人以上进行，并携带便携式一氧化碳报警仪。第一类区域，带煤气抽堵盲板、换流量孔板、处理开闭器，煤气设备漏煤气处理，煤气管道排水口、放水口，烟道内部作业，应戴上呼吸器方可工作；第二类区域烟道、渣道检修，煤气阀等设备的修理，停送煤气处理，加热炉煤气开闭口，开关叶型插板，煤气仪表附近作业，应有监护人员在场，并备好呼吸器方可工作；第三类区域，加热炉顶及其周围，加热炉的烧嘴、煤气阀，煤气爆发实验等作业，应有人定期检查。

6.4.2 精整作业常见事故及安全防护

6.4.2.1 锯切常见事故及安全防护

A 锯切常见事故

型钢轧制后需按定尺进行锯切，锯切生产过程中常见事故有：高速运行设备机械伤害、高温型材灼烫、锯切过程中飞溅锯花伤害、锯片爆裂飞溅伤害等。

B 相应的安全防护

（1）热锯机启动前先检查确认各类旋转部件安装防护罩是否完好，检查锯片有无裂缝，尤其是锯片须安装强度可靠地钢板防护罩，以防锯片爆裂时发生飞溅伤害。

（2）正常生产时地面操作人员不得站立于锯片的正前方，以防锯花飞溅和锯片爆裂伤害。锯切不能超过额定的钢材支数。

（3）锯切时必须待型钢停稳后方可进锯。锯切时不得送钢，以免撞击锯片发生碎裂事故。

（4）更换锯片必须待锯片完全停稳后方可进行，高速运行的锯片不得用刚性物件止停，只能用木材等摩擦止停。

（5）锯片有锋利刃口，故搬运时必须戴好手套，吊运锯片必须使用专用吊索具。

6.4.2.2 剪切常见事故及安全防护

A 剪切常见事故

棒材轧制后需进行剪切工序，目前大多采用液压剪切机，生产过程中常见事故有：高速运行设备机械伤害、高温型材灼烫、物体打击及油类燃烧爆炸等。

B 相应的安全防护

（1）操作前先熟悉剪切机安全使用说明和操作规程，操作时与地面人员落实安全确认。

（2）启动前检查确认各类安全防护措施是否安全可靠。

（3）对剪切机进行检修、调整和在安装、调整、拆卸及更换刀片时，应在机床断开能源（电、气、液），液压系统卸压、机床停止运转的情况下进行，并应在刀架下放上垫块或插上安全销。

（4）擦拭设备、清理垃圾必须停机断电。

（5）液压系统检修、动火，必须停泵并卸压、办理审批手续，落实清洗、隔离等防火措施。

6.4.2.3 矫直常见事故及安全防护

A 矫直常见事故

型材冷却后有不同程度变形，故需进行矫直工序。矫直机分型钢矫直机、棒材矫直机等，生产过程中常见事故有：高速运行设备机械伤害、物体打击等。

B 相应的安全防护

（1）操作前先熟悉矫直机安全使用说明和操作规程，操作时要与地面人员落实安全确认。

（2）启动前检查确认各类安全防护措施是否安全可靠。

（3）更换矫直辊要选用合适的吊索具，捆绑牢固，吊放平稳。

（4）送钢时要保持一定的安全距离，要用钩子去拉钢，不得用手直接接触钢材，以免弯钢摇摆造成伤害。

（5）液压系统检修处理必须停泵并卸压，动火作业须办理动火作业审批手续并落实相应的防火措施。

6.4.2.4 钢轨钻铣常见事故及安全防护

A 钢轨钻铣常见事故

钢轨因工艺要求需进行头部钻铣工序。钻铣生产过程中常见事故有：高速运行机床机械伤害、物体打击、液压系统燃烧爆炸等。

B 相应的安全防护

（1）操作前先熟悉钻铣床安全使用说明和操作规程，操作时要与其他人员落实安全确认。

（2）使用砂轮机磨钻头和刀片时必须戴好防护眼镜，以免砂屑伤眼。

（3）拆装刀片和钻头及处理故障时必须停机断电，送钢时要做好相互间的确认。

（4）操作钻铣床时不得戴手套。

（5）清理钻屑要停机，并用专用工具操作，不得用手直接清理铁屑，以免割伤或被机械卷入伤害。

（6）液压系统检修处理必须停泵并卸压，动火作业须办理动火作业审批手续并落实相应的防火措施。

6.4.2.5　卷取/运输作业常见事故及安全防护

A　卷取/运输作业常见事故

板卷轧制后需进行卷取工序，卷取/运输作业过程中常见事故有：高速运行机床机械伤害、物体打击、液压系统燃烧爆炸等。

B　相应的安全防护

（1）操作前先熟悉卷取机安全使用说明和操作规程，操作时要与地面人员落实安全确认。检查设备运转情况，必须通知台上操作人员，说明去向情况。

（2）处理废品时，现场必须有专人指挥，专人监护。在堆钢辊道上穿钢绳或切割废品时，必须先切断相应辊道组的驱动电源。

（3）处理和吊运卷取机内的废板时，卷取机周围所有人员必须撤离至安全区。

（4）启动运输链及步进梁系统设备，应先确认运输链及步进梁系统区域无人工作。启动后，运输链及步进梁附近不准有人停留，以免翻卷伤人。

（5）运输链及步进梁运转时不准跨越。

（6）进入卷取机内作业时必须将所有卷取机的上张力辊落下，活门关闭，上导板辊台上升，成形辊打到最大限位，插上安全销。

（7）液压系统检修处理必须停泵并卸压，动火作业须办理动火作业审批手续并落实相应的防火措施。

6.4.2.6　平整分卷常见事故及安全防护

主要内容有：

（1）设备启动前，要确认设备周围、沟坑无人，方可启动。

（2）在步进梁上做捆带切除时，必须注意站位，防止卷尾弹开伤人，上料步进梁启动前，必须确认天车夹具已离开钢卷。不得跨越带钢、辊道、步进梁。

（3）不得用手直接触摸钢卷，避免烫伤。处理异常卷时注意自身站位，避免钢卷外圈伤人。

（4）测量原料参数时，要注意自身站位，待步进梁静止时才能进行测量。

（5）处理检查矫直辊、张力辊时、必须在上、下辊间垫木头，需要更换相关件时，也必须停止本设备液压系统并卸压。

（6）进入地沟作业必须两人以上，加强联系确认，设立警示标志或派专人监护。处理作业线上的异常情况或进行带钢分离作业时,必须全线停机,专人监护。

6.4.3 精整作业事故案例分析

带钢打卷机伤人事故。

事故经过:2004 年 3 月 20 日上午 7 时,某紧固件厂带钢打卷机操作工谭某与杨某、秦某一起操作带钢打卷机。谭某在打卷机北端操作卷带,秦某在南端操作发料,杨某在该机中间负责带钢加热。7 时 20 分左右杨某去拉煤,回来后谭某已被打卷机的传动轴卷进。秦某听到有人说出事后立即去拉断总闸,看见谭某的衣服被传动轴缠住而导致死亡。

事故原因:直接原因是谭某忽视安全生产,操作时没有扣好工作服的扣子,衣角被传动轴卷进导致。间接原因是职工安全教育仅口头提醒,但没有制定岗位操作规程,职工在操作时无规可循和该厂设备传动部位没有设置防护装置。现场管理混乱,地面积水,杂物随地堆放是造成事故的又一原因。

6.4.4 检修及清理作业常见事故及安全防护

A 检修及清理作业常见事故

检修及清理作业常见事故有:机械伤害、触电、中毒窒息等。

B 相应的安全防护

(1)检修及清理作业之前必先按停送电"三方确认制"要求断电挂牌,加热炉及煤气设备检修前,还需要按规定用氮气或蒸汽吹扫,并经检测合格后方准进行,液压系统检修停机后还必须泄压。

(2)检修电源必须有接零或接地措施,移动电器外壳必须接地。临时照明行灯必须使用安全电压(手持 36V 或 42V,金属容器和潮湿环境用 12V)。

(3)高压配电系统停电、送电操作必须严格执行"二票三制度"(工作票、操作票,停送电制度、危险作业审批制度、临时线敷设审批制度)。

(4)危险作业(高空作业、煤气作业、动火作业等)必须按规定办理相应级别的审批手续,编制施工方案并落实相应的安全防护措施。

(5)氧化铁皮沟、坑或下水道等清理要落实通风措施,以免发生中毒或窒息事故;上、下同时作业要进行交叉作业,若无法避免时必须落实相应的安全措施,并指定专人监护,确保人员安全。

6.4.5 劳动保护常见事故及安全防护

A 劳动保护常见事故

坯库和成品库管理中常见事故有:高温物质、起重设备等。地面作业人员必须穿戴防高温辐射的工作服和面罩等，穿防砸的劳保鞋。加热炉区域的主要危险有害因素有：高温加热设备、高温物流、煤气等易燃易爆和有毒有害气体等。作业人员必须穿防高温辐射的工作服，进入炉区必须佩戴便携式煤气报警器，进行带气作业时必须戴好空气呼吸器。轧钢操作点测得的辐射热达 4180kJ/m，产生的红外线辐射可以使上呼吸道发生慢性疾病。

暑天为补偿出汗而提供的饮料，有可能被冷却到远低于允许的低温，若仓促饮用，会引起胃肠失调。不要正对高温工作场所风扇和鼓风机的位置，以免着凉。解渴的饮料温度不能低于 10℃，此外，应该养成每次饮用量不超过 0.3L 的习惯。

整个轧制区会产生很大噪声。轧机和矫直机的齿轮箱、高压水泵、剪切机和锯床、成品抛入坑内或金属挡板拦住正在移动的材料，都会发出噪声。这种噪声的强度不仅会损害人的神经系统，甚至会使人耳半聋。操作时发出的噪声，其强度一般约为 90dB，峰值往往达 115dB，甚至更高，即使是现代化的轧机，其噪声平均强度也接近 85dB。如果技术措施还不足以限制噪声的干扰，操作人员就需要戴护耳器。

振动用高速冲击工具清理成品，可导致肘、肩和锁骨关节及尺骨远侧骨和桡关节变形，或使肘骨和月骨受到损伤。材料送入轧辊辊隙时发生的反冲击和弹跳，可能使轧钢工手臂系统的关节受损伤。

轧制铅合金钢和使用火焰清理机及气割装置时会产生有害气体，可能吸进有毒的颗粒。焊接会产生臭氧，吸入臭氧造成的刺激与 NO_x 的刺激相同。均热炉和加热炉的值班人员可能暴露在有害气体中，有害气体的成分与所用材料（高炉煤气、焦炉煤气、油）有关，通常含有一氧化碳和二氧化碳。经常暴露在这种环境中的工人应定期进行体检。

用油雾润滑轧钢设备的工人，其健康可能受到油和油中所含添加剂的危害。用油乳化液作为冷却剂和润滑剂时，要保证油和添加剂的比例正确，这样不但能排除它们对黏膜的刺激，而且还能防止与之接触的工人患急性皮炎。

精整工序用的脱脂剂会大量挥发，并被工人吸入体内。脱脂剂不仅能引起中毒，而且在溶剂处理不当时会使皮肤因脱脂剂而受到损害。

B　劳动保护安全防护

个体安全防护用品对防止轧钢事故极为重要，作业人员必须穿戴好安全帽、眼罩、眼镜、护臂手套、安全靴、鞋罩等，以防止可能发生的危险。

6.5　轧钢岗位安全规程和交接班制度

6.5.1　轧钢岗位安全规程

轧钢岗位安全规程主要包括岗位安全规程总则、棒线加热炉区、棒线轧机区、棒材精整区等其他岗位安全规程。以下仅对主要岗位进行讲述。

6.5.1.1 轧钢岗位安全通则

轧钢岗位安全通则的内容有：

（1）全体职工必须认真执行国家有关安全生产方针和国家劳动保护法令、政策及公司的安全规程。

（2）女工在戴安全帽时，头发需扣在帽子内。从事高温作业人员，在岗位操作时，不许脱工作服、赤胳臂和卷起裤腿进行操作。

（3）机械设备明露、转动、防触电部分都要有牢固的安全防护罩及醒目的安全标志，要有检查维修制度，对擅自拆卸掉或损坏安全防护装置的要追查责任。

（4）在从事由领导指派进行非本工种的工作时，要安排专人负责安全工作，其他人员要服从指挥、防止发生设备和人身事故。

（5）车间内外生产场地要保持清洁，每班进行认真接班，道路要畅通，要留出消防通道，各种坑、沟、井池要设有盖板或栏杆。

（6）一切高低压电设备都必须有良好性能的防雷和接地线防护设施，机械设备要有可靠的接地防护，要按时检查和试验，接地电阻不大于 4Ω。

（7）在铁路轨道两旁堆放的原料，各种物品，距离铁路轨道要求 1.5m 以外，龙门吊轨道要求距离是 1m 以外，厂内公路两旁堆放物品要求离路边 0.8m 以外。要保证公路清洁、畅通，凡在铁路、龙门吊轨道、厂内公路两旁堆放物品、原料时，必须码放和堆放平稳、坚固，防止散堆。

（8）职工及其他人员对挂有"严禁牌"标志的机电设备及开关部位，都不许动用和操作，需要操作时，要找直接的有关人员联系确保安全方可操作。

（9）安全电压有 36V、24V、12V、6V，从事临时工作需要活动照明时，宜采用安全电压照明灯，其电压不大于 36V。如采用低压照明时，要在电工的安装指导下工作，在使用时要做到细检查防漏电，在金属容器内，潮湿处其电压不能大于 12V。

（10）到生产岗位参加劳动的非岗位职工，工作前都要学习好本岗位的安全规程，按规程要求从事工作。

（11）出了人身轻伤事故，要在下班 4h 内，报告给安全人员和相关部室及部领导，24h 内写出事故报告并上报。对死亡事故、重大人身或设备事故、险肇事故，要在保护好现场的同时，用最快的速度和方法，将情况上报上级有关管理机构、公司领导和有关部门、处、室，对事故要坚持"四不放过"原则。

（12）职工在工作时间内，不得随意进入配电箱、变电室、主电室、主控台闲谈和休息。更不得靠近电磁站、电阻箱、变压器。

（13）生产职工在班中清扫场地，禁止向电气设备、电源线管路等喷洒水，不得向设备基础边扫脏土杂物，脏土杂物一律运到指定地点。

（14）对使用电扇类轻型电动运转设备，需要挪动时要停止运转。在运转的部位近处不得搭衣服和其他物件，人身不能靠近。

（15）每个职工对厂内，车间内外明露的电源线头，不得动用和处理，要及时找电工维修，尤其发现有电的断线头，要有人看守并快速通知电工处理。

（16）乙炔瓶和氧气瓶的安全距离是 5m，10m 以内不得有明火，非电气焊、气割工不得随意动用，任何人不得用氧气带管当做打气工具，给各种车的内胎打气。

（17）对手持电动工具进行工作时必须安装漏电保护器。

（18）2m 以上的作业为高空作业，要遵守高空作业规定，使用安全带、安全绳、安全网。要将防护用品穿戴整齐合体，防护鞋要适合作业要求，不准穿防滑不好的鞋，监护好现场、避免物体掉下来伤人，需要扔物体时上下人员要联系好，保证安全，遇到 6 级以上大风、雨天等严禁从事高空作业。

（19）职工都要遵章作业，遵守技术操作规程，不懂规程不准操作，不得蛮干。

（20）职工通过铁道口、公路口时，不得抢道。横过铁路时，不得从火车皮下面钻过，要做到一站、二看、三通过。

（21）还有 6 条岗位安全规程见 2.9.1.1 节中（1）项、3.5.1.1 节中(1)～(4)项、5.5.1.1 节中（1）项。

6.5.1.2　起重工岗位安全规程

起重工岗位安全规程的内容有：

（1）使用天车人员指挥手势必须明确，指挥手势如下：天车吊钩上起时，手掌向上摆动，下落时手掌向下摆动，天车向左行走时手掌向左摆动，向右行走时手掌向右摆动，移动天车上小车时随行走方向摆动手势，停止时双手高举伸掌表示。

（2）必须熟悉每件起重工具安全负荷，不准超过起重负荷工具，必须执行起重钢丝绳的选用、维护和检查规程。

（3）熟悉钢丝绳安全负荷规定和栓绳吊运的角度负荷量，并严格遵守执行。

（4）使用滑轮吊拉物体时，吊钩上必须设有防脱钩环，以防吊物脱钩造成事故。

（5）在吊起重大工作物件时，必须使之稳定妥当后，或与其他物体连接紧固，方可将吊钩卸下，以保安全。

（6）天车不能超负荷使用，吊物行走时，不能从人身、设备和建筑物上方通过，要警铃长鸣，严禁用皮带、铁丝当钢丝绳使用，严格执行"十吊"、"十不吊"。

（7）起重所用的钢丝绳接近电线时，特别是高压线等，必须将该线路电源切断。

（8）当发现吊起的物体有的损坏或不良现象时，绝对不准在悬吊中进行核准或修理，以防骤然下落造成重大事故。

（9）安装和拆除重大物体时，应随着安装或拆除情况，在下边放枕木垫上，使其充分牢固，吊运中工具折断时，能够支持物体重量，不致发生重大事故。

（10）吊重大物品时要根据物体重量来使用钢丝绳扣，不准用麻绳及其他棕绳。

（11）在其他车间工作时，事先要与该车间负责人取得联系，然后再进行工作。

（12）还有3条岗位安全规程分别见2.9.1.1节中（1）项、3.5.1.1节中（15）项、5.5.1.1节中（4）项。

6.5.1.3 高空作业岗位安全规程

高空作业岗位安全规程的内容有：

（1）高处作业时，下边不准作业、行人，必要时上、下联系好，上、下之间设防护板（网）。作业人员禁止穿高跟鞋、鞋底带有油污的工作鞋从事高空作业。

（2）高处作业时，使用的工具和材料要用线索传递，不准上、下随便乱扔。

（3）高空作业上面不准存料过多，暂不用的材料用绳子拴好放妥当，以免振动或风吹落下伤人，下班时剩余材料、工具必须拿下来。

（4）高空作业者要身体强壮，遇有下列情况禁止登高作业：大病初愈、精神疲倦、高血压、心脏病、头晕等。

（5）上高前，必须检查一下脚手架，登高梯子是否符合安全要求，禁止使用钉子的梯子及缺层的梯子，梯子下角必须有防滑装置或用人扶着，一个梯子禁止两人同时上下。

（6）高空作业时必须注意高压明线及其他电线、电气设备，如有不当，找电工处理后再工作。

（7）露天高空作业时，超过6级大风应停止工作。

（8）高空作业人员必须系好安全带，携带工具袋，使用前必须严格检查，确认安全无误方可使用。

6.5.1.4 装钢工岗位安全规程

装钢工岗位安全规程的内容有：

（1）热装辊道区域内非检修人员禁止在辊道沟内停留行走，禁止跨越热装辊道。

（2）提升链及下钢辊道以及旋转辊道在正常运行时，距设备 2m 处以内不得停留、跨越。

（3）操作人员、岗位工在操作室、作业现场作业时，要站在设备护栏外侧，不得进入禁止区域。

（4）检修时，严格按安全规程实施，检修后要恢复设备的安全护栏、轮子护罩和防护盖。

（5）保持夜间区域内的照明正常，出现照明故障要及时处理恢复正常。

（6）配电室、操作室严禁吸烟和外人随便进入，必须执行门禁登记制度。

（7）指挥天车将钢坯落放在台架上，严禁天车碰砸拨爪。台架上钢坯要摆放整齐，禁止叠放。上料工必须等天车走了之后才能检查钢坯质量。

（8）由上料台架往辊道上拨钢和由剔出装置剔钢时，辊道对面不允许站人。

（9）在天车吊运剔出收集框里的钢坯时，不许启动剔出装置。

（10）上料辊道启动前，辊道旁必须无人，行人一律走过桥。

（11）操作设备出故障时必须通知有关部门，由专业人员修理，严禁擅自拆修。

6.5.1.5　汽化冷却工岗位安全规程

汽化冷却工岗位安全规程的内容有：

（1）汽化属于要害部门，除值班人员外其他非工作人员不得入内，如有事联系，需按要害部位进行登记。

（2）汽化室内不得存放自行车及私人物品，不得洗衣服、晒烤衣服。

（3）汽化设备的安全附件如压力表、安全阀、水位计等，要经常检查维护，保持灵敏有效。

（4）发现炉体水管及汽包严重缺水时，不得马上补水，以防引起爆炸。

（5）梯子及扶手必须齐全牢固，任何人员不得在梯子上打闹。

（6）汽化场地及室内照明必须齐全有足够的亮度。

6.5.1.6　棒线轧机区岗位安全规程

棒线轧机区岗位安全规程的内容有：

（1）轧线操作侧 5m 内，不得堆放任何设备，不得有任何杂物和油污，场地必须保持清洁，防止磕拌和滑倒。

（2）开车前要认真检查本岗位导卫、导管、辊环安装是否牢固完好。如有问题，必须固定、更换或修复后方可开车。

（3）在开车前必须将安全挡板等其他安全设施就位，同时确认所有安全设施有效，方能启动轧机。开车时各岗位人员，必须离开轧机两米以外。

（4）在生产和设备运转过程中，严禁任何人蹬蹭、横跨（穿越）轧钢设备。严禁手摸轧机及导卫、导槽、水管、剪胎、剪刀等部件。

（5）轧机启动、停车要有固定信号。即启车单臂转动，停车是双手交叉。主控台操作人员必须清楚地观察到并确认后才能执行。发信号的人必须是本岗位操作工或是本班的组长、班长。其他人员无权发启停车信号。

（6）主控台操作人员在接班后，必须认真检查核实与各地面站的联系系统是否良好。开车前，发出开车信号并鸣笛15s，清楚确认各岗位人员已离开轧机，并具有安全开车条件，方可启动设备。

（7）在班中需处理事故或更换导卫等零件时，必须由岗位工通知主控台先停机，停机得到确认后，方可进行处理和操作。并且主控台要有专人监控。处理事故时间在1h以上的事故，必须停机、停电、挂牌。

（8）处理事故和维护修理期间，主控台操作人员不得离开操作岗位，不得随意拨动与地面相关联的按钮，时刻保持与人员的联系与配合。轧机试钢时，轧机出口严禁站人，打磨孔槽，必须反向点动。轧机未停止转动时，不准移开安全设施。所有轧线故障（转动部分及导卫）必须在停车后方可处理，严禁在轧机运行中处理。

（9）用手检查导卫和轧槽时，严禁戴手套。

（10）吐丝机、精轧机在检查和换辊、导卫时，必须用铁棒做安全销，防止大盖突然扣下。

（11）轧线操作点的采光必须良好。

（12）利用液压小车更换辊环时，操作人员必须站在防护板后面方可加压操作，以防工具部件在压力作用下破碎伤人。

（13）轧机岗位在进行吊运机件操作时和从事气割操作时，必须严格遵守《起重工安全操作规程》和《气焊工安全操作规程》以及《总则》要求。

（14）冬季注意结冰滑倒。雾汽大时，要做好安全确认。

（15）还有5条岗位安全规程分别见2.9.1.1节中（1）项，3.5.1.1节中（1）、（4）项，5.1.1.1节中（1）项和6.5.1.1节中（18）项。

6.5.1.7 棒线打包工岗位安全规程

棒线打包工岗位安全规程的主要内容有：

（1）手动操作时，操作人员要和处理事故人员互相确认、配合方可操作打包机。

（2）要随时注意检查各操作钮的电源线是否漏电，一旦发现问题要及时找有关维修人员处理，以防电击伤人。

（3）另 3 条岗位安全规程分别见 2.9.1.1 节中（1）项，3.5.1.1 节中（1）、（4）项。

6.5.1.8 砂轮机岗位安全规程

砂轮机岗位安全规程的内容有：

（1）使用砂轮机前必须检查主轴螺丝母与压板是否松动，砂轮片是否有裂纹，如发现异常停止使用。

（2）使用前必须检查托架与托板是否适当，砂轮与托板最大间隙不得超过 3mm，防止工件在研磨时夹入托架与砂轮之间引起砂轮爆炸。

（3）使用砂轮机时不得用力过猛，还应站在砂轮机侧面。当砂轮片直径磨损到 1/3 时报废更换。不允许磨铝、锡、紫铜等软金属以及胶皮木料等非金属。

（4）砂轮罩标准的直径与新砂轮片的直径间隙不小于 10cm，罩的开口直径不小于 90°，不大于 120°。

（5）使用电动手砂轮时必须安装触电保安器。

（6）另一条岗位安全规程见 2.9.1.1 节中（1）项。

6.5.1.9 铣工岗位安全规程

铣工岗位安全规程的内容有：

（1）所有电气设备发生故障，必须找电工修理，操作时须站在木质绝缘板上。

（2）上落工作物时，要停止铣、滚刀运转，以防发生事故。

（3）机床运转时，不准擦拭加工面。禁止用手直接清理切屑，必须用适当工具。

（4）冷却水管不可太靠近刀具，机床运转时，不可隔着机床传递工具，不准在床面上存放工具和其他物品。

（5）不准开着车离开工作岗位，必须离开时应停止。

（6）必须熟悉棕绳、钢丝绳负荷规定和砂轮规程，并严格遵守。

（7）必须爱护使用量具工具，不能开车量活。

（8）熟悉并掌握本机床说明书，并遵守其规定。

（9）另 3 条岗位安全规程见 2.9.1.1 节中（1）、（3）项和 6.5.1.1 节中（2）项。

6.5.1.10 气焊工（气割）岗位安全规程

气焊工（气割）岗位安全规程的内容有：

（1）工作前要检查乙炔瓶、氧气瓶气压表、风带，并检查割把的螺丝扣有无损坏，不合格者，不得使用。

（2）氧气带与乙炔带不要通过横道，必须通过时，要加盖保护。

（3）空油桶切断，必须用苏打水（碱水）洗净除油，不准在带有压力的容器上进行焊割作业。

（4）两个单位同时进行焊割工作时，必须互相联系，保证安全。

（5）氧气、乙炔系统冻结时，严禁用明火烘烤应用40℃以下的热水解冻。

（6）氧气瓶、乙炔瓶使用时，应直立，严禁卧放。开关时，操作者应站在阀门的侧后方，动作要轻缓。

（7）严禁乙炔气瓶与氧气瓶及易燃易爆物品同车运输。氧气瓶、乙炔瓶应轻装轻卸、严禁抛、敲、滑、滚、碰。

（8）严禁铜、银、汞等及其制品与乙炔接触，必须使用铜合金器具时，合金含铜量应小于70%。

（9）乙炔气瓶必须安装乙炔回火器，使用压力不得超过$1.47 \times 10^5 \text{Pa}$，同时乙炔气瓶内不得用尽，必须留有不低于规定的剩余压力。

（10）氧气瓶内气体不得用尽，必须留有$0.49 \times 10^5 \sim 1.47 \times 10^5 \text{Pa}$。

（11）氧气瓶嘴处严禁粘油，安装压力表前应先开氧气瓶开关，将接口吹净。

（12）氧气瓶、乙炔瓶与电焊一起使用时，如地面是铁板，瓶子下面要垫木板绝缘，严禁放在橡胶等绝缘体上。

（13）点火（闭火）时，先开（关）乙炔门，再开（关）氧气门，不可用力过猛，开关时不准用手锤敲打。

（14）点火时发生响声接着熄灭，这表示回火，应关闭慢风。如失效时，要迅速拔掉乙炔管，以防引起爆炸事故。

（15）要防止火星和热金属掉落在乙炔气瓶和氧气瓶附近。

（16）点火时严禁割焊嘴对人，不准对嘴点火，以免烧伤，不准向脸部试验是否有气体，不准双腿骑在两条带上进行作业。

（17）不准将燃烧的割把放在地上进行其他工作，割把过热时，必须先关闭乙炔阀门，待冷却后再用。

（18）需要动火审批的作业，须先履行动火审批手续，作业点下方或10m以内不得存放易燃易爆品。

（19）氧气气瓶、乙炔气瓶严禁暴晒。工作完毕，要把各阀门关闭，熄灭余火，确认后方可离开。

（20）另一条岗位安全规程见6.5.1.1节中（16）项。

6.5.1.11 线切割机岗位安全规程

线切割机岗位安全规程的内容有：

(1) 开机前应检查油泵、高频、风扇、步丝、运丝机床是否关闭，开机后稳压电源指针在220V再开运丝机床。

(2) 检查走丝、撞块是否适当，以防螺丝走出，接通走丝检查是否运转正常，如撞块失灵，电机不能反转，立即松动撞块，关闭走丝。

(3) 丝杠的摇动不能用力过猛，如不滑块，应拆下冲洗后再装。

(4) 在加工过程中，不得离开机床，如有事需关闭机床后方可离开。

(5) 如中途断电，要查看丝筒位置，松动撞块。

(6) 维修机床时应停车断电，如带电维修必须请电工且两人以上，并备有良好的绝缘设备和工具。

(7) 另一条岗位安全规程见2.9.1.1节中（1）项。

6.5.1.12 电动葫芦岗位安全规程

电动葫芦岗位安全规程的内容有：

(1) 电动葫芦升降机必须经常检查和调整，发生意外故障后，可做到立即制动。

(2) 电动葫芦工作时，禁止有人在吊梁上停留，检修人员处理故障时，应与操作人员直接联系。必须在垂直位置起吊重物，禁止斜拉歪吊，不吊重量不明的重物。

(3) 禁止超负荷使用电动葫芦，操作人员做到"十不吊"。

(4) 电动葫芦所吊重物尽量不在设备上部运行，非通过不可时也要保证最高障碍物与重物之间应有1m以上的距离。

(5) 严禁电动葫芦所吊重物从人的头顶上越过，并时刻响铃对环境进行警示。

(6) 在检修电动葫芦时，应先切断电源，挂上禁止合闸的标志牌，或设专人看护，以防误送电。

(7) 禁止利用限位开关作为正常停车手段，必须保持限位开关处于良好的状态。

(8) 电机等电气部分必须有可靠的外壳接地。

(9) 由于电动葫芦电源突然故障停电，操作人员在离开电动葫芦前，应设法将所吊重物放落到地面上。

(10) 电气部分、机械部分要进行定期的安全检查，发现吊具及主要零部件有严重磨损，电动葫芦应立即停止使用，并及时进行修理，修复后方可使用。

（11）电动葫芦操作人员在操作时应时刻处于安全位置，周围无障碍物，以防自身夹挤、受伤。

（12）电动葫芦启车前，要鸣铃警告，提醒现场人员注意安全。

（13）另一条岗位安全规程见5.5.1.1节中（1）项。

6.5.1.13 库管工岗位安全规程

库管工岗位安全规程的内容有：

（1）器材入库后必须严格检查有危险性材料，并有专人妥善保管，存放适当地点。

（2）收发高处材料要蹬用坚固的木梯或木凳，禁止脚蹬货架。

（3）收发仪表、玻璃仪器、灯泡、灯管等易破碎材料要轻拿轻放。

（4）对怕碰、怕压易破碎器材，不准码垛存放。

（5）收发电缆线时严禁轴轮轧地，避免绝缘受损。

（6）收发整理电动机，严禁吊挂机轴。

（7）库房为重点防火部位，库管工要认真执行消防管理规定。

6.5.2 轧钢交接班制度

6.5.2.1 发货组交接班制度

发货组人员负责对产品的入库验收、组垛、保管、防护、发货工作。同时监管提货车辆及人员安全管理。

（1）工作岗位在各自的场地，每天穿戴好劳保提前15min上岗，与上班做好交接不得脱岗交接。

（2）产品下线即称重卸下后，交由发货组人员负责，由组垛人员指挥天车将钢材吊运到指定货位，按码放要求码放整齐，每件货物重量在58～60t之间。

（3）组垛人员在产品下线前，必须认真核对钢材的规格、定尺、材质、质量、件数及包装是否符合要求，标牌是否规范准确，否则不得入库组垛。

（4）接班和班中必须各校成品磅一次，确保计量准确（贸易磅每小时校1次）。

（5）发货组人员必须认真保管好货物磅单，准确填写组垛记录，成品发货记录做好交接班并保存备查。

（6）成品发货时须有经营部销售科托单或成品发货通知单，否则不得装车发货。

（7）发货前必须认真核对所要发货的规格、定尺、材质、质量、件数及包装质量和标牌是否与托单一致，否则不得装车发货。

（8）整个发货过程发货人员不得离开发货现场，控制监督整个发货过程。

发货时轻放、放正，以防砸车和偏载，每件货物应在 30min 内发出。

(9) 不得擅自拆垛发货，遇特殊情况要向领导汇报，酌情处理。

(10) 发货组人员在具备发货条件时，必须以方便用户为原则，积极主动组织好成品的发货，不得人为地将工作转给下班，更不能发货不及时影响生产。

(11) 发货组人员要看护好库内钢材，要保证成品库内的钢材不丢失、不被调换，要保证垛位整齐，不同钢质区别码放。

(12) 对于废品和压钢，要单独码放，严格保管，交接班核对数量，每月底要清库核算，不经领导批准，不得移作他用。

(13) 发货人员要对外来人员严加管理，无关人员严禁进入成品场地，监督提货车辆良好有序地进入成品场地。

(14) 对进入车间的司乘人员、外来人员进行安全监督，进入车间必须戴好安全帽，将车开到指定装车位置，同时离开驾驶室站到安全距离以外，否则不予装车。

(15) 不定期抽查车皮质量、核实班产磅差，请汽运公司、技术部、保卫部、销售部门相关人员配合。

(16) 每班须及时核算当班发货、组垛账目发现问题及时解决，不得跨班解决。

(17) 每班必须清理货位和成品场地卫生。

6.5.2.2　生产班交接班制度

A　轧机部分交接班管理细则

交接班内容：加油小车的使用状况；粗中轧机浇槽水管情况；导卫水管情况（是否焊接，水管是否烫坏）；粗中轧机导卫更换情况；钢料尺寸是否超差；粗中轧机周围铁皮清理；精轧机活套使用情况；活套起套辊、压辊冷却水情况；轧槽冷却水情况；导卫润滑管及润滑情况；机架油管、液压管情况；卫生情况；精轧机休息室卫生；所有轧机场地卫生（包括不能有废钢、废导卫、废手套或其他杂物）；主控台相关的各项生产参数。

B　班中盯岗细则

(1) 中夜班使用各种导卫、备件，必须使用自己小屋内的东西，从线上下来的旧导卫、导板等必须放回小屋。导卫、油管等不能焊接。

(2) 防尘水套的日常维护、修理由轧钢车间负责。

(3) 粗轧机操作工接班和班中必须认真盯好出钢口的冲渣泵，及时与水泵工联系，不能无水或缺水，辊道北侧和出钢炉门四周不能有铁皮、废物等。

(4) 轧辊不能出现炸纹、掉块、气焊割坏等。轧机岗位工应随时掌握轧槽的磨损情况，严禁磨辊轧钢。

（5）接班发现轧槽缺水应及时找上班确认，严重时必须更换轧槽，如不更换，崩、断辊归本班，更换后由于老槽出现事故，责任归上班，班中发现缺水，必须马上采取措施。

（6）粗、中轧机导卫上的水嘴、水管，不许焊接，如水嘴被磕坏或与水管的扣不符，要找导卫组或自己及时更换，水管被烫坏也要找导卫组及时换。

（7）高线加压小车要使用看护好，不许任何人推离粗中轧场地以作他用；班中小车和油要保持干净，加油要用备品备好的专用油，大桶油少时要及时找备品换油。

（8）精轧机活套进出口压辊的冷却水要保证充足，如堆钢把水管堆坏，要及时恢复，更不允许任何人把水管拆下作别的用途。

（9）两条线粗中轧钢料要保持标准，车间技术组每天要抽查两次。

C 关于换辊换槽

棒材、高线粗、中、精轧机组由生产班更换，高线预精轧机组归辊组更换。

（1）换辊换槽标准：以试出一根合格成品或合格钢料视换辊、换槽的最后完成。

（2）换辊按三个阶段划分：即拆辊/机架，装辊/机架，试出合格品或合格钢料，每段时间均按 1/3 时间结算。

（3）换辊规定：中轧机辊和槽到吨位后，一般安排早班接班或检修时间进行，特殊情况按轧钢车间安排。粗中轧机组换辊规定换不同规格辊会酌情得到不同奖励。

（4）换辊的其他规定：换品种/规格时，精整组必须安排同时更换以下相关部件：3 号剪前夹送辊、3 号剪前后导管、更换拔钢器位置。

（5）精轧机轧辊按轧槽轧制吨位正常换槽。精轧机组换槽分以下几种情况：原则上到吨位后更换轧辊或轧槽，但是影响到质量可提前更换，但必须有当班检验人员签认。在生产过程中，轧槽出现问题（掉块、缺水、裂纹、磨损严重等）需要换轧槽时，必须按顺序换槽，不得更换老槽或跳槽，交接班也必须按顺序换槽，否则按不换槽处理。

（6）成品辊跳过边槽不用者要酌情奖罚款。

（7）同一成品辊，大部分轧槽的轧制吨位较高，只有个别轧槽轧制吨位明显偏低，没有特殊原因，即可判断为提前换槽。

（8）备用机架由生产准备车间吊运至指定地点。

换辊换槽的特殊规定：除执行以上换辊换槽规定外，对影响直供者将给予考核。原则上二棒粗中轧换导卫，精轧机换槽（即将影响质量的成品槽和导卫除外），应安排在空步待坯时间，不应影响直供，否则酌情奖罚。

D 打包机的使用和管理办法

（1）为防止事故发生，每天必须对打包机进行耐心细致的检查，其项目有：扭转头螺栓；剪刃螺栓；复位顶杆螺栓；喂线轮螺栓；出口导块及护板缸地脚螺栓。

（2）禁止在打捆程序还没有结束也就是机头还在高位时就开动辊道输送钢捆。如果这样会造成导槽变形位移、地脚螺栓松动或断裂。

（3）维修打包机时禁止强打乱凿，生拧硬拽等野蛮操作。拆卸零部件时使用合理工具，遵守安装前后顺序，每个零部件要仔细安装到位，保证零件尺寸和装配尺寸并安装牢固。

（4）对护板缸进行检查，如发现护板压轮动作不灵活应对其进行拆除清理。

（5）对夹头钳下的线头及时进行清理。

（6）检查扭转头及剪刃固定螺栓如有松动及时进行紧固。

（7）对轧钢造成液压胶管的松动破裂必须及时进行紧固及更换。

（8）更换损坏的液压胶管接头时必须安装 O 型圈及防护垫圈。

（9）打包机所有液压控制阀不得随意调整。

（10）电工检查电磁铁插头连线后必须恢复安装保持原始状态。

（11）安装接线开关必须紧固，连线长度要适当，不能随意垂挂在箱体外部。

（12）严禁在压线轮和喂线轮线槽上使用电焊。

交接班时打包机必须保持设备完好。当班中打包机发生事故时，小班应及时处理好。如经打包机组确认须由白班处理的除外。交接班时打包机导线系统的轴承必须齐全，固定轴承的螺丝不能用盘条替代。打包机发生卡线，当班必须及时处理，不得交下班。接班方处理好交班方应处理的事故，扣交班方，奖接班方。交接班时要认真检查打包机，发现问题要经双方确认，写在交接班记录本上，并及时通知调度记入调度记录，处理时以交接班记录本和调度记录为依据。每天白班接班后必须用高压风吹扫打包机喂线轮、导槽内的氧化铁皮，做打包机卫生。换品种或检修时用煤油吹扫打包机喂线、导线系统。

如果不按上述规定执行者，就会给国家生产和人体本身带来安全事故，因此不同钢铁公司会酌情设立员工奖罚款制度。

交接班时间、地点、交接双方守则及班前班后制度等内容见 2.9.2.1 ~ 2.9.2.7 节。

7 动能部安全防护与规程

7.1 动能部安全生产的特点

动能部是保证各种压力蒸汽、压缩空气、氮气、仪表风、循环水、电力等维持工厂运行的公用动力生产、供应及调配，包括给水、供电、制氧、供气、除尘和维检等车间。

动能部是公司特种设备和特种作业人员最多的一个部门，设备多而杂，分布面广，且工作在高温、高粉尘、高噪声的环境等，诸多客观因素给安全管理工作带来极大的不便，安全是车间工作的重中之重，车间始终要坚持"安全第一，预防为主"的思想，扎实做好安全管理工作。

7.2 动能部常见事故

7.2.1 锅炉常见事故

锅炉运行中可能发生各种事故。根据事故严重程度将锅炉事故分为 3 类。

7.2.1.1 爆炸事故

锅炉主要受压元件——锅筒（锅壳）、炉胆、管板、下脚圈及集箱等发生较大尺寸的破裂，瞬时释放大量介质和能量，造成爆炸。锅炉爆炸通常有以下 3 种情况：

（1）超压引起的爆炸锅炉主要受压元件的介质压力超过了其允许计算压力 $[P]$，并达到爆破压力 P_b，造成爆炸。引起超压爆炸的原因有：安全阀、压力表等安全装置失灵；操作人员脱岗睡岗，放弃对设备的监控；关闭或关小出汽阀门造成锅炉"憋烧"；无承压能力的生活锅炉改作承压蒸汽锅炉。

（2）缺陷引起的爆炸。在未超压超载情况下，锅炉主要受压元件产生裂纹、严重变形、腐蚀、组织变化等缺陷而导致爆炸。

（3）严重缺水导致的爆炸。直接受火的锅炉筒体、封头、管板、炉胆等，如严重缺水并突然加水，常会导致锅炉爆炸。

7.2.1.2 重大事故

锅炉部件或元件严重损坏，被迫停止运行进行修理的事故，即强制停炉事故。这类事故有多种，不仅影响生产和生活，也会造成人员伤亡。

其中缺水事故、满水事故、汽水共腾、过热器管损坏等属于蒸汽锅炉事故。其余事故在蒸汽锅炉、热水锅炉中均可能发生。由于缺水事故、炉膛爆炸事故发生率高，后果更严重。

A   缺水事故

水位表水位低于最低安全水位、虚假水位或看不到水位，过热蒸汽温度及排烟温度异常升高。引起缺水的原因是水位表管路及阀门堵塞；给水设备及管路故障；排污阀及放水阀泄漏；炉管爆破；运行人员放弃监视。

B   满水事故

水位表水位高于最高安全水位，虚假水位或看不到水位；过热蒸汽温度降低，过热器内水击。引起满水的原因是水位表失灵；给水自动调节失灵；运行人员放弃监视。

C   汽水共腾

水位表内水位剧烈波动上升，过热汽温下降，过热器内水击。引起汽水共腾的原因是锅炉水水质恶化，含盐量及碱度过高；用汽负荷增加过快。

D   炉管（水冷壁、对流管束、烟管）爆破

有爆破声及喷汽声，水位、气压显著下降，炉膛负压变为正压，排烟温度降低。引起炉管爆破的原因是管壁结垢；严重缺水；水循环故障；热膨胀受阻；腐蚀减薄；管材或焊接缺陷；吹灰不当；管内异物堵塞。

E   过热器管损坏

过热器部位喷汽，给水流量明显大于蒸汽流量，烟气负压变为正压，排烟温度降低。引起过热器管损坏的原因是过热器内结垢；蒸汽超温；热偏差过大；管内积水腐蚀；管材或焊接缺陷；管内异物；吹灰不当。

F   省煤器管损坏

水位下降，给水流量大于蒸汽流量，省煤器部位有喷泻声，烟温降低。引起省煤器管损坏的原因是启动保护不当；外部低温硫腐蚀；内部氧腐蚀；烟气及飞灰磨损；管材及焊接缺陷。

7.2.1.3   一般事故

锅炉运行中发生了故障或损坏，但情况不严重，不需要立即停止运行。

7.2.2   制氧常见事故

氧气车间制氧总量大，除生产氧气外还同时生产氮、氩、氖、氙、氪、氦、氢和压缩空气等九大系列很多种不同规格的工业气体和百余种特种气体产品。在

氧气生产中，燃烧、爆炸、低温冻伤、氮气窒息以及机械、电气方面的事故常见发生。

氧气与可燃气体（如氢气、一氧化碳、乙炔等）能形成爆炸危险的爆鸣性气体，一旦达到了引燃引爆所需的能量，就会发生激烈的、威力巨大的爆炸。表7-1是几种工业生产中最常见的可燃气体在空气和氧气中形成爆炸性气体的上、下限的体积百分比。

表7-1 常见可燃气体的着火温度、爆炸范围

可燃气体名称	分子式	着火温度 /℃	爆炸范围（体积分数）/%			
			在空气中		在氧气中	
			下限	上限	下限	上限
氢气	H_2	585	4.0	75.0	4.65	93.9
乙炔	C_2H_2	299	2.5	100	2.5	100
一氧化碳	CO	651	12.5	74	15.50	93.9
甲烷	CH_4	537	5.0	15.0	5.40	59.2
乙烷	C_2H_6	515	3.0	12.5	4.10	50.5
丙烷	C_3H_8	466	2.2	9.5	2.3	55
乙烯	C_2H_4	450	3.1	32	2.3	79.9
丙烯	C_3H_6	927	2.4	10.3	3.10	52.8
城市煤气	混合物		3.8	24.8	10.0	73.6
氨气（无水）	NH_3	651	16	25	13.5	79.0

7.2.2.1 氧气瓶的燃烧、爆炸

A 物理爆炸

发生物理爆炸前，气瓶一般都有明显的变形过程，可以在超过设计的工作压力的条件下发生，也可以在不超压的情况下爆炸。

B 化学爆炸

由于瓶内发生激烈的化学反应，产生高温，使气体急剧膨胀形成高压。爆炸前，气瓶发生变形的过程极短，一般都在瞬间发生爆炸，实际分析其过程仅2~3s。在充氧过程中，爆炸一般都发生在打开或关闭瓶阀和充氧总闸的瞬间；在焊接、切割时，氧气瓶的爆炸一般都发生在工作结束、关闭焊枪的瞬间。但从爆炸可能发生的时机分析，使用开关瓶阀时的瞬间也可能发生爆炸，其几率小。由于氧气瓶爆炸的威力大，且具有突然性，所以，氧气瓶一旦发生爆炸，对操作者和现场人员的安全威胁很大。

7.2.2.2　其他燃烧、爆炸事故

A　液氧泵迷宫密封爆炸

液氧泵爆炸均发生在迷宫密封结构的液氧泵。多数是在启动前，进行人工盘车时发生。

产生燃烧或爆炸需要有三个必要和充分条件：即有可燃物质、助燃物质和明火源（引爆源）。可燃物质是轴承润滑脂，微量的油脂或油蒸汽可能进入靠近轴承处的密封室。助燃物质氧气来自液氧泵本身，泄漏到密封室。虽然在操作中规定，密封室的密封气压力要略高于密封前的压力，但是当精馏塔内压力波动时难以绝对保证。此外，如果迷宫间隙过大，则在停车时由于迷宫内处于静止状态，泄漏量会更大。氧气不但会充满迷宫密封室，还可能进入电机机壳。明火的产生有两种可能：一是迷宫密封间隙过小，尤其在低温状态下发生变形，加之如果密封的动静环均采用黑色金属，在盘车时用力过猛，发生金属相碰，就会产生火花；另一种是电机受潮漏电，也会产生火花。

B　粗氩爆炸

工业上一般采用加氢除氧的生产氩气工艺，这种工业要用氢气燃烧来除去粗氩中的氧气。氧气和氢气的同时存在，在操作工艺指标控制不好或管理不当时，就可能发生爆炸事故。如：（1）氢气瓶阀、加氢减压阀或加氢阀泄漏在局部空间形成爆鸣性气体。（2）粗氩工艺指标控制不好，使其中的氧含量高，超过3%。（3）加氢指标控制不好，工艺氩中氢气量超过太多，在工艺氩与粗氩气柜有循环阀的系统中，有可能使氢气进入粗氩气柜，与其中的氧气形成爆炸性气体。特别是在加氢用的减压阀和加氢阀关不严或停车时以上阀门未关闭等情况下，更易发生上述情况。

C　电缆、电机等烧毁事故

制氧车间内，因为氧气的泄漏，甚至将液氧排入地沟，从而地沟、电缆沟中的氧气纯度往往比较高，有的甚至达到70% ~ 80%，加上设备维护检修不够，润滑油流入地沟，电缆沟的事故也常常发生，电缆的绝缘层本身就是可燃物。这些都使电缆、电机的燃烧具备了必要的条件，如果烟火管制及动火制度不严及电缆使用年限长，外包的绝缘层损坏而引起电火花等，都能造成电缆燃烧、电机烧毁等事故。另外，电缆、电机烧毁还与其自身的安装、接头、超载等原因有关。

7.2.2.3　其他事故

燃烧、爆炸意外的事故类型比较多，如活塞式压缩机事故、氮气窒息伤亡事故等。另外，电气、仪表等非制氧行业所特有的事故。

A 活塞式压缩机撞缸等事故

除燃烧、爆炸外，活塞式压缩机经常发生撞缸、液压等重大事故。

a 撞缸

压缩机运行中，由于活塞、活塞杆的热胀伸长或十字头、曲轴等连接部件松动等原因，使活塞和汽缸间的相对位置发生变化，当变化量大于预先所留的空隙时，就会发生活塞与缸盖的直接撞击。

异物进入汽缸。检修中由于工作疏忽常有螺栓、螺母、工具或其他金属异物放在汽缸内，盖缸时又忘记取出，试车时发生撞缸。运行中落入汽缸的异物主要有阀片、弹簧的断裂碎片、阀门紧固螺母、螺栓及阀座断裂碎片。

曲轴、连杆、活塞杆等部件断裂。

b 液击

液击是由于液体的不可压缩性而引起设备破坏的事故。根本原因是汽缸中存在较大量的液体。

汽缸冷却水套与缸套间的 O 型胶圈密封不严，停车时大量冷却水漏入汽缸内。或中间冷却器泄漏，停车时大量冷却水漏入吸气管道中，设备启动后水被吸入汽缸而发生液击。用水润滑的氧气机，停车后未及时关闭润滑水阀门，使大量润滑水在汽缸内积聚。用碱液洗涤二氧化碳的制氧工艺流程，由于操作失误和空气管道上的止逆阀失灵，使碱液倒入空压机汽缸中。运行中油水分离器长期不排放油水，使油水分离器中的液体满缸，停车后重新启动时即可能造成大量油水进入汽缸。

B 氮气窒息

在氮气含量较高的地方，氧含量低于18%时，人就有发生缺氧窒息的危险。

7.2.3 供电常见事故

7.2.3.1 触电

当人体接触带电体时，电流会对人体造成程度不同的伤害，即发生触电事故。触电事故可分为电击和电伤两种类型。

A 电击

电击是指电流通过人体时所造成的身体内部伤害，严重时会危及生命导致死亡。电击可分为直接电击和间接电击。直接电击是指人体直接触及正常运行的带电体所发生的电击；间接电击则是指电气设备发生故障后，人体触及意外带电部位所发生的电击。

B 电伤

电伤是指由电流的热效应、化学效应、机械效应对人体造成的伤害。电伤可伤及人体内部，但多见于人体表面，而且常会在人体留下伤害。电伤可分为：电弧烧伤，又称为电灼伤，是电伤中最常见也最严重的一种；电烙印，是指电流通过人体后，在接触部位留下的斑痕；皮肤金属化，是指由于电流或电弧作用产生的金属微粒渗入了人体皮肤造成的，受伤部位变得粗糙坚硬，并呈特殊的青黑色或红褐色等；电光眼，主要表现为角膜炎或结膜炎。

7.2.3.2　电气防火防爆

在火灾或爆炸事故中，所发生的电气火灾爆炸事故占很大的比例。据统计，由于电气原因而引起的火灾，仅次于明火所引起的火灾，在整个火灾事故中居第二位。在具有爆炸性气体、粉尘、可燃物质的环境中一定要加强电气的防火防爆。

危险场所电气防火防爆主要任务是不形成电气设备的着火源，引起电气设备火灾的着火源有电气设备本身原因，也有危险温度、电气火花和电弧等外部原因，所以在冶金动力车间要根据火灾或爆炸危险场所和爆炸性物体性质，对车间内的各电气设备、仪器仪表、照明装置和电气线路等，分别采用防爆、封闭、隔离等措施。

7.2.3.3　静电

静电危险主要有 3 个方面，即引起火灾或爆炸，静电电击和妨碍生产。

A　火灾或爆炸

静电放电可引起可燃、易燃液体蒸汽、可燃气体以及可燃性粉尘着火、爆炸。

B　静电电击

橡胶和塑料制品等高分子材料与金属摩擦时，产生的静电荷往往不易泄漏。当人体接近这些带电体时，就会受到意外的电击。这种电击是由于从带电体向人体发生放电，电流流向人体而产生的。同样，当人体带有较多静电电荷时，电流流向接地体，也会发生电击现象。

静电电击是由静电放电造成瞬间冲击性电击，这种瞬间冲击性电击不至于直接使人死亡，大多数只是产生痛感和震颤。但是在生产现场可造成人指尖负伤，或因为屡遭静电电击后产生恐惧心理，从而使工作效率下降。此外还能引起其他事故。

C　静电妨碍生产

随着科学技术的现代化，动力车间生产普遍采用电子计算机控制，由于静电的存在可能会影响到电子计算机的正常运行，致使系统发生误动作而影响生产。

7.2.4 供气常见事故

7.2.4.1 煤气输配

煤气的生产、净化、贮存和输配均需使用管道，管道的安全问题不仅是其本身能否正常运行的问题，而且是关系到其通过区域的人身和设备的安全问题。由于煤气管道所输送的是有毒和易燃易爆的气体，易发生泄漏中毒事故。

7.2.4.2 煤气柜

煤气炉由于某些原因向气柜送气量大减，或者煤气使用量过多没与造气车间联系，而引起气柜猛降或抽负。

煤气炉向气柜送气量过大或者使用量减量过多而引起气柜猛升或跑气。

7.2.5 动能部事故案例分析

7.2.5.1 锅炉烧坏事故

事故经过：1990 年 2 月 16 日，鞍钢矿山公司某选矿厂动力车间 2 号锅炉 - SZZ10 - 1.25 蒸汽采暖锅炉发生重大缺水事故，造成炉膛内 71 根水冷壁管变形，其中严重变形 21 根，锅筒部分脱碳，直接经济损失 39000 元。

2 月 15 日 14 时 30 分，司炉工在清理锅炉房时，2 号锅炉处停炉压火状态，甲班司炉长发现双色水位计失灵，找仪表工检修。仪表工检查认定双色水位计 12 孔插头进水，暂时不起作用，便将双色水位计电源开关拉开断电，并告诉司炉班长。22 时 40 分交接班时，甲班司炉班长未交代给乙班上述情况，乙班启动 2 号锅炉时发现水位计全绿色指示，就认为锅炉满水，当即开启两组排污阀放水，排污 20min 后见水位绿色指示还不下来就开启总排污阀。直到 23 时 45 分，才发现炉膛正压，到炉顶看水位时，发现水冷壁已经烧红，等到关闭排污阀、停炉已是 16 日 0 点 10 分。

事故原因：交接班不清，甲班已知道双色水位计失灵，不能再用，但没有将此情况交代给乙班，交接班记录也未填写；司炉工未认真执行操作规程，锅炉启动前未认真检查水位；乙班司炉发现水位连续长时间报警却不作认真检查，长时间排污却不去核查实际水位；领导管理不力，规章制度不落实。

7.2.5.2 煤气站爆炸事故

事故经过：2007 年 4 月 14 日，煤气站对 C 炉间冷器检修完毕后，在送气前没有对检修的管路和设备进行吹扫，就打开了底部阀门，使存入其他管路的煤气进入本管道，成为混合气发生爆炸，如图 7 - 1 所示。这次事故，使控制室从一

图 7-1 煤气爆炸事故现场

楼到三楼的玻璃全部震坏。风冷器通往冷气的大横管炸裂，风冷器顶盖板和底箱被炸开，所幸无人员伤亡。直接经济损失 10 多万元，停产抢修 3 天，抢修费两万元。

事故原因：操作人员违章操作，送气前没有对管路吹扫；安全意识薄弱；操作人员对煤气炉的操作规程不了解，培训不到位；管理不到位。

7.2.5.3 安全防范不彻底造成的意外触电事故

事故经过：在进行一年一次的高压电容器卫生清扫工作时，动力厂配电维护班的班组成员工作热情很高，都想通过自己的努力让电容器早日投入到供电系统中去，老胡是班组中的老师傅，平日工作一向积极主动，他一到高压配电室就抓紧做好相关的安全技术措施，进行停电、验电，挂牌三相短路接替等工作，并对每一组电压器进行放电，可就是在胡师傅第一个往电容器柜上爬时，一个意想不到的事故发生了，如图 7-2 所示。只见胡师傅的手刚接触到电容器的接线端，就被 6000V 的高压电容器内储存的强大电流击倒，从高处重重地摔下，现场其

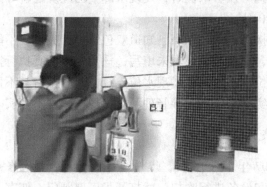

图 7-2 意外触电事故现场

他人员见此情况立即对他进行人工呼吸和胸外心脏挤压法的紧急抢救，终于使胡师傅保住了生命。

事故原因：尽管胡师傅采取了相关的安全技术措施和组织措施，但终因为了抢时间在 ABC 三相电容器主回路进行放电的时候，工作出现了漏洞，发生了检查不细、不周全、不彻底的问题。因为每个电容器中的电容都安装了保险管，胡师傅用手接触到的那个电容器由于电容器保险管熔断导致电容器内储存的电流在对地的时候没有被放掉，造成了本次触电事故的发生。

7.2.5.4 氧气泄漏致人烧伤死亡的事故

事故经过：2006 年 4 月 11 日 23 时 20 分，某钢铁公司转炉停炉检修结束后，该厂设备作业长指挥进行氧枪测试作业，不到 2min 的时间，约 $1685m^3$ 氧气从氧枪喷出后被吸入烟道排除，漂移近 300m 到达烟道风机处。23 时 30 分，检修烟道风机的 1 名钳工衣服上被溅上气焊火花，全身工作服迅速燃烧，配合该钳工作业的工作人员随即用灭火器向其身上喷洒干粉。火被扑灭后，将其拽出风机并送往医院。因大面积烧伤，该钳工经抢救无效，于 12 日 2 时 50 分死亡。

事故原因：由于在标准状况下空气及氧气的密度分别为 1.295g/L、1.429g/L，氧气的密度略大于空气的密度，所以氧气团在微风气象条件下，不易与大气均匀混合，沿地面漂移 300m 后，使该钳工处于氧气包围之中。同时处于氧气团中作业钳工衣服属于可燃材质，遇到高温气焊火花被点燃猛烈燃烧，将钳工严重烧伤致死。

7.2.5.5 氢气瓶充装氧气引起的爆炸事故

事故经过：1992 年 2 月 26 日，某钢铁公司的氧气站进行氧气瓶充装作业，当充氧压力达到 13MPa 切换高压总阀时，突然一声巨响，1 只氧气瓶爆炸，10 只氧气瓶瓶阀飞出，当场炸死一人，重伤一人，设施全部被摧毁。

事故原因：事后据调查分析，发生爆炸的原因是充氧的气瓶原来充装过氢气，氧气站管理不到位，检查不严，未能查出该气瓶属于违章气瓶，以致气瓶在充氧中形成氢氧爆炸混合气，在高压状态切换阀门使其引爆，事故的发生反映了作业人员安全意识不够，氧气站管理混乱，规章制度不完善。

7.2.5.6 报警器缺电未能检测出煤气超标导致人员中毒事故

事故经过：1997 年 1 月 31 日，某钢铁公司的炼钢厂炼钢车间 40m 平台煤气回收巡检值班室 3 名值班人员正在值班。6 点 5 分，3 名值班人员中的冯某，说肚子饿了，想吃点东西，于是站起身准备到食堂买饭，另一位值班人员汪某感觉憋闷的难受，想到食堂买点东西，站起身也准备走，2 人站起身后感觉头重脚轻，迈不开步，到了此时值班的 2 人还没意识到有什么异常。因为新购进的德国德尔格一氧化碳报警仪没有发出警报，一点动静也没有，另一位 40 多岁的巡检工章某敏感些，他意识到可能有煤气泄漏，出现煤气中毒，于是抓起桌上的对讲机大声呼喊求救，炼钢厂调度室听到呼救，立刻通知驻厂煤气防护站人员迅速组织救险。事故造成 3 名值班的煤气巡检工和前来抢救的 3 名人员煤气中毒，但由于发现和救治及时，没有酿成重大人员伤亡事故。

事故原因：事后据调查分析，值夜班的 3 名工人的主要任务是每两小时巡检一次工艺设备，发现异常情况随时报告厂调度室并联系处理。冯某等 3 名值班工人接班后，打着手电巡检了一遍设备，便再没有走出值班室，没有按照规章制度按时巡检，放弃了巡检责任。煤气泄漏后，竟丝毫没有察觉。调查组勘察事故现场后，对煤气报警器进行测试，任凭烟气喷吹，报警器竟无反应；取出电池测定，电池没电了。从电池状况判定，已经不止一个班次没电了，但是无人报告，也无人发现。按该厂交接班制度规定：接班人员接班时必须首先查看煤气报警仪器灵敏度，如果报警器没电，早就应该发现，由于值班人员的麻痹大意，一直未能发现，规章制度和报警器都形同虚设。报警器没电未能及时发现，应执行的巡检制度不落实，是导致事故的主要原因。

7.3 动能部安全防护

7.3.1 锅炉安全防护

7.3.1.1 爆炸安全防护

爆炸安全防护的内容有：

(1) 超压引起的爆炸锅炉的主要安全防护是加强教育和管理。

(2) 缺陷引起的爆炸涉及锅炉的设计、制造、安装、运行等各个环节，要防范这类爆炸，除确保上述环节无损于锅炉的性能与质量外，还应加强检验，及时发现并妥善处理各种缺陷。

(3) 严重缺水导致的爆炸的主要安全防护是加强运行管理，避免缺水事故。万一发现锅炉严重缺水，必须立即停炉，不得加水。

7.3.1.2 重大事故

重大事故包括的内容有：

(1) 缺水事故安全防护主要是完善供水设备及相关管路附件加强运行管理。

(2) 满水事故安全防护主要是加强运行管理。

(3) 汽水共腾安全防护主要是严格进行水质化验、水质处理及锅炉排污操作。

（4）炉管（水冷壁、对流管束、烟管）爆破和过热器管损坏安全防护主要是从设计、制造、安装、运行、维护、检验各环节严格控制。

（5）省煤器管损坏安全防护主要是做好对省煤器的启动保护，防止内外部腐蚀及磨损。

7.3.2 制氧安全防护

7.3.2.1 氧气瓶的燃烧、爆炸安全防护

A 物理爆炸安全防护

（1）充灌时，要严密注意气瓶钢印标志中的充灌压力，并按其数值充灌，有降压标志的气瓶不可按制造厂钢印压力充灌。

（2）修理瓶阀时，要注意检查爆炸片是否符合要求，爆炸片不准装两片或自行加厚，缩小或改变材质。

（3）充瓶间和氧压间应装设完好准确联系信号，安装电接点压力表，超压报警。

（4）进口气瓶第一次充气前必须先进行全面的技术检验。

（5）气瓶不可接近热源、火源。离明火距离应不小于10m，对放热量大的热源、火源的距离应保证氧气瓶瓶壁温度不超过60℃为准。

（6）为了预防气瓶腐蚀，超过检验期限的，或对质量有怀疑的，未进行全面技术检查确认能保证安全使用的气瓶，不得继续充灌氧气。瓶本身有裂纹、腐蚀或其他缺陷时，一律不准继续充灌氧气。

B 化学爆炸安全防护

（1）氧气瓶一定要标志清晰。

（2）瓶内无余压气瓶，应拆瓶阀检查瓶内、阀内有无油脂及橡皮塑料等可燃物。

（3）充氧过程中，要经常检查气瓶的温升情况。

（4）氧气阀门、垫片、连接螺母，操作人员使用的手套、工作服与气瓶接触的工具等，均严禁沾染油脂。

（5）开关阀门要缓慢进行，不可太快，但阀门应一次开到全开位置，以防产生较大的摩擦热量和静电而发生燃烧，操作现场还应该严禁烟火等。

7.3.2.2 其他燃烧、爆炸安全防护

A 液氧泵迷宫密封爆炸安全防护

液氧泵爆炸事故并不是不可预防和避免的。除了在结构上改进，使电机与泵轴分开、远离，密封件（首先是静止零件）采用有色金属，以防产生火花外，

在操作上要严格遵守操作规程。在液氧泵冷却启动前，应将吹除阀打开，先对迷宫密封通以常温干燥氮气吹除 10~20min，一方面将其中的氧气驱走，同时使密封恢复到常温间隙。然后再打开泵的出口阀、进口阀，让液氧进入泵冷却。这时的密封气压力必须高于泵进口压力 0.05MPa 左右。待泵启动、压力趋于稳定后，再控制密封气压力比密封前的压力高 0.005~0.01MPa。

在停泵时，必须先关闭泵进口阀，打开吹除阀。当泵内已无液氧时才能关闭泵出口阀。最后等泵的温度回升后，才能撤除密封气。

B   粗氩爆炸安全防护

(1) 加强对氢气瓶阀、加氢减压阀和加氢阀的检查，维护检修，保证能做到关死，不泄漏。

(2) 严格控制粗氩工艺指标，使氧含量在 2% 左右，氩中的过氢量在 3% 以内。

(3) 加氢室照明要防爆，严禁明火，粗氩吸入阀、加氢阀等阀门开关要缓慢，防止激烈摩擦产生高温和静电。

(4) 首次使用或检修后开车前，要严格检查整个系统的气密性，并用氮气或粗氩进行吹除，置换系统中的空气。

(5) 除氧炉内温度有超过趋势时，应将工艺氩打回流，稀释氩中的氧含量。

(6) 停车后，水分离器应保持一定水位高度，防止大气窜入。严格控制冷却器的粗氩温度，使其在 3~5℃ 范围内，防止水分冻结引起通道堵塞。

C   电缆、电机等烧毁安全防护

(1) 加强设备维护检修，消除气、油的跑、冒、滴、漏，其中尤其要防止氧气系统和油系统的泄漏；液氧应排入专门的容器中，不得直接排入与电缆及其他管线相通的地沟内。

(2) 车间内的电缆，尤其是氧压系统内的电缆，如条件许可，宜可架空敷设。对电缆、电机等绝缘性能应定期检查，发现问题及时处理。

(3) 润滑油的过滤工作，不应在现场进行，以免生产现场及地沟内聚集油脂。

(4) 生产现场严禁烟火，严格动火制度。

7.3.2.3   其他事故安全防护

A   活塞式压缩机撞缸等安全防护

a   撞缸

(1) 设备安装和检修时，活塞与缸盖间的余隙应调节在正常的技术要求范围内。

(2) 组装进、排气阀门时，对阀座、阀片及弹簧等零部件质量要严格地检查。

（3）建立设备的定期检查制度，对阀片、弹簧等易损件要按时检查和更换，杜绝设备不坏不修。

（4）设备安装或检修完毕后，试车前或正常停车后重新启动前，必须用手动或电动盘车装置盘车，使飞轮缓慢地转动两转以上。

（5）运行中要严密监视各级压力的变化，一旦发生压力变化和汽缸中发生异响时，应及时分析、检查，或更换有关可能产生碎片落入汽缸中的零部件。运行时，汽缸中一旦发出撞击声，应立即停车。

b 液击

设备安装或检修更换缸套、缸体前，应对缸体、缸套进行超压和保压试验，只有它们不泄漏，不渗漏时，才能使用。用润滑液润滑的氧压机，停车后应及时关闭润滑液阀门，防止汽缸中积存液体。每 15～20s，排放一次油水分离器中的积水。采用鼓泡式碱洗清除空气中二氧化碳工艺的空气压缩系统操作中，特别在停车时，要谨防洗涤塔与空气进口管或出口管之间产生大于 19600Pa 以上的压差。设备启动前必须盘车。

B 氮气窒息

（1）使用氮气和惰性气体时须注意管道、法兰、附件、气柜密封，保证不泄漏。

（2）需在可能含有高浓度氮或惰性气体的场所工作时，在进入该场所前必须化验其氧含量，对氧含量低于19%的场所，在未采取措施前，不得进行工作。到盛氮及惰性气体的容器内及管道旁进行工作前，必须用空气置换氮气及惰性气体，并化验气体的氧含量，只有在氧含量为19%～20%且对其进、出管道用盲板堵死后，工作人员方可进入其间工作。

（3）不得将氮气及惰性气体排至室内。氮压机房要有良好的通风设施，生产时必须进行强制换气。在多台空分设备的氮气管道连通的情况下，在对某段氮气管道或贮氮容器进行检修时，必须用盲板隔离。进行隔离的工作人员必须戴氧气呼吸器。

（4）应用符合技术要求的杜瓦瓶等容器盛装液氮、液氧零液体产品，不符合盛装液氮等产品技术要求的容器，原则上不得给予盛装液氮。

（5）工作人员一旦发生氮气或惰性气体窒息，应首先撤离氧含量低的区域，并立即作人工呼吸和呼吸氧气。

7.3.3 供电安全防护

7.3.3.1 触电安全防护

A 绝缘

用绝缘物把带电体封闭起来。电气设备的绝缘只有在遭到破坏时才能除去，电工绝缘材料是指体积电阻率在 $10^7 \Omega \cdot m$ 以上的材料。要求设备的电气控制箱和配电盘前后的地板，应铺设绝缘板。变、配电室，应备有绝缘手套、绝缘鞋和绝缘杆等。

B 屏护和间距

屏护是借助屏障物防止触及带电体，一般可采用遮拦、护罩、护盖、箱（匣）等将带电体同外界隔绝开来的技术措施，屏护装置既有永久性装置，如电气开关罩盖等，也有临时性装置，如检修时使用的临时屏护。间距是将带电体置于人和设备所及范围之外的安全措施，安全距离的大小决定于电压的高低、设备的类型、安装方式等因素。

C 保护接地或接零

D 漏电保护

漏电保护器主要用于防止单相触电事故，也可用于防止有漏电引起的火灾，有的漏电保护器还具有过载保护、过电保护和欠电压保护等，漏电保护装置可应用于低压线路和移动电具方面，也可用于高压系统的漏电检测。

E 正确使用防护用具

不论是在正常情况下工作还是在特殊情况下工作，都必须按规定正确使用相应的防护用具，这样可以避免操作人员发生触电事故。

7.3.3.2 电气防火防爆安全防护

电气防火防爆安全防护的内容有：

（1）防爆电气设备的选型原则是安全可靠，经济合理。选用防爆电气设备的级别和组别不应低于该爆炸危险场所内爆炸性混合物的级别和组别。当存在两种或两种以上的爆炸性混合物时，应按危险程度较高的级别和组别选用。无法得到规定的防火防爆等级设备而采用代用设备时，应采取有效的防火、防爆措施。

（2）架空电线严禁跨越爆炸和火灾危险场所，爆炸和火灾危险场所不宜采用电缆沟配线；若需设电缆沟，则应采取防止可燃气体，易燃、可燃液体，酸或碱等物质漏入电缆沟的措施，进入变、配电室的电缆沟入口处，应予填实密封。

7.3.3.3 静电安全防护

静电安全防护的内容有：

（1）场所危险程度的控制：可以采取减轻或消除场所周围环境火灾、爆炸危险性的间接措施。如通风、惰性气体保护、负压操作等。

（2）接地：消除静电危害最常见的措施。静电接地的连接线应保证足够的机械强度和化学稳定性，连接应当可靠，操作人员在巡回检查中，应经常检查接地系统是否良好。

（3）存在静电危险的场所，在工艺条件允许时，宜采用安装空调设备、喷雾器等办法，以提高场所环境相对湿度，消除静电危害。

（4）加抗静电剂和静电消除剂。

（5）人体防静电措施：采用金属网或金属板等导电材料遮蔽带电体，防止带电体向人体放电。操作人员在接触静电带电体时，宜戴用金属线和导电性纤维混纺的手套、穿防静电工作服和防静电工作鞋。采用导电性地面是一种接地措施，不但能导走设备上的静电，而且有利于导除积累在人体上的静电。在易燃场所入口处，安装硬铝或铜等导电金属的接地走道，操作人员从走道经过后，可以导除人体静电。

7.3.4 供气安全防护

7.3.4.1 煤气输配安全防护

煤气管道所输送的是有毒和易燃易爆的气体，所以不仅要求煤气管道有足够的机械强度，而且要有不透气性、耐腐蚀性和焊接加工性能等。煤气管道中压力越高，虽然可以减少管径，节省管材，但增加了泄漏的危险性。所以煤气的压力增高时，相应提高了对管道材料、安装质量的要求。目前使用的煤气管道主要由钢管、铸铁管和非金属管 3 种，需要根据使用地点和压力来选择。

由于地下工业管道复杂，所以常采用架空煤气管道。严禁发生煤气管道埋地敷设。因为煤气一氧化碳含量比较高，若管道埋地敷设，一旦泄漏煤气会沿地缝窜至值班室、操作室而不宜被察觉，容易引起中毒事件。

煤气管道可采用空气或氮气做强度试验和严密性试验，并做生产性模拟试验。

7.3.4.2 煤气柜安全防护

气柜猛降或抽负时，应加强联系，保证气柜进气量和用气量平衡。

气柜猛升或跑气时，应加强调度联系，发现气柜猛长，立即联系煤气柜岗位停煤气炉，控制气柜上涨速度。

7.4 动能部岗位安全规程和交接班制度

7.4.1 动能部岗位安全规程

动能部岗位安全规程主要包括给水车间、供电车间、制氧车间、供气车间、除尘车间、维检车间、部机关等岗位安全规程。以下仅对主要岗位进行讲述。

7.4.1.1 动能部岗位安全通则

动能部岗位安全通则的内容有：

(1) 熟悉本岗位设备的性能，严格执行操作维护规程。

(2) 所使用的绝缘工具要符合要求。

(3) 新人员及调到新岗位的工作人员要经过安全教育学好安全规程再进行工作，并由老工人带领。

(4) 上岗操作人员必须有安全操作许可证，否则严禁上岗操作。

7.4.1.2 燃气锅炉岗位安全规程

燃气锅炉岗位安全规程的内容有：

(1) 凡操作锅炉人员须熟知所操作锅炉的性能和有关安全知识，持证上岗。

(2) 锅炉运行前检查煤气压力是否正常，煤气过滤是否正常通气，燃烧时油泵及过滤器应能正常过油；打开煤气供气阀门燃油时，应打开供油阀门，各机构是否完好、灵活好用。

(3) 锅炉运行前检查水泵是否正常，并打开给水系统各部位阀门、风门，手动位置时烟道应在打开的位置，应将电控柜上泵选择开关选择在适当的位置。

(4) 锅炉运行前检查安全附件应处在正常的位置上，水位表、压力表应处在开的位置上，各操作部位应有良好的照明设施，除氧器和软化水设备能正常运行。

(5) 备品备件堆放整齐，不得存放与锅炉设备无关的物品。严禁存放易燃易爆物品及其他危险品。

(6) 锅炉房内严禁吸烟、使用打火机等产生明火的行为。运行期间要严格执行动用明火报告制度，经批准后方可施工。

(7) 锅炉房门前应注明"锅炉房重地，闲人免进"的字样。除主管部门人员外，其他部门联系工作时，须经当班负责人允许方可入内。运行期间，不准锁住或封住通往室外的门。

(8) 负责管、修、烧相关人员之间的配合协调工作，保证安全运行。

(9) 锅炉运行过程中，及时排出冷凝水并严密监视锅炉压力的变化，以免压力不正常导致锅炉损坏，引起爆炸危险。如锅炉及燃烧组各系统发生任何不正常情况，须立即关闭煤气总阀。

(10) 正常停炉或紧急停炉时，注意燃气锅炉关闭操作顺序。燃烧组停止运行后，不要立刻接触靠近火焰处的零部件，以免烫伤。停炉关闭煤气总阀后，风机至少再运行5min，然后再关闭相关系统。

(11) 另4条岗位安全规程见2.9.1.1节中的(1)~(3)、(9)项。

7.4.1.3　制氧工岗位安全规程

制氧工岗位安全规程的内容有：

（1）开车前应检查防护装置、仪器、仪表，并确认阀门开、关的状态。

（2）开关阀门要站在侧面，用力不要过猛。

（3）制氧厂房内严禁吸烟和非工作性明火，棉丝、破布及易燃物不得随地乱扔，更不准存放易燃易爆物品。

（4）室内通风要良好，含氧量应在 20% ~ 22%，厂房内需动火时，必须按动火安全技术规程执行。

（5）随时注意并严格控制液氧中爆炸物的含量，乙炔含量不超过 0.1%，超过极限应按更排放部分液氧，排放无效时，应请示调度停车加热。

（6）手动氧气阀门时，必须先将阀门两端的压力调制平衡，只有在前后压差小于 0.3MPa 时，才允许操作，开关要缓慢，用力不得过猛。

（7）低空排放液氧时，应通知厂有关部门，周围严禁动火，并设专人监护。

（8）发现设备工作有严重的失调现象、异响，必须将系统停车，并立即将情况通知有关领导并消除失调现象。

（9）空分用氮气加热前，必须提前通知有关部门，以免其他部分人员窒息。

（10）压缩机开车启动由班长指挥，谁盘车谁启动开车，禁止他人按启动电键。

（11）压缩机出现润滑油或冷却水不足报警信号时，应立即采取措施以保证机器正常工作，在没有可能恢复正常工作的情况下应立即停机。

（12）液体泵在启动前应充分预冷，同时应盘车防止泵体冻结。

（13）液体泵运转中严禁随意旋动各阀，严禁超压运转，不准有液氧泄漏。

（14）另两条岗位安全规程见 2.9.1.1 节中（1）项和 7.4.1.1 节中（1）项。

7.4.1.4　电工岗位安全规程

电工岗位安全规程的内容有：

（1）在检修设备时，一般不准带电工作，低压电需带电工作时，应先定好安全措施由有经验的电工担任，由二人进行检修操作，一人监护。

（2）低压带电工作时，监护人应注意：1）露天带电作业时必须天气良好，6 级风以上和雨天都不准带电工作。2）绝缘鞋、绝缘手套、绝缘钳子符合安全标准要求，并且必须使用两种以上的绝缘工具方能工作。

（3）在检修 6kV 以上的电路时，开工前要到变电站领取停电牌，停电后要验电，电缆要放电、接地，然后进行工作。

（4）不允许带负荷接线和带电截断导线以免产生火花或发生触电事故。

（5）禁止身体不适、衣鞋潮湿的工作人员工作。

（6）进行需要停电的工作时，在电源外挂好"禁止合闸"停电牌。要明白停电部分及操作顺序，开工前要用试电笔验电，一人操作，一个监护，然后现场负责人发布命令进行工作。

（7）在部分进行停电的地方工作时，要对有电的区域进行明显标志，以防误入造成触电事故。

（8）电气设备检修时，停电以后首先用电笔验电确认无电后再逐相接地，地线截面要符合规定，施工完毕后接地线要注意拆除，在多处接地时，要检查地线组数，最后用摇表测量确认无接地后，方能通电。

（9）在工作时不准手拿长金属杆接近有电的设备，以免造成触电。

（10）两米以上的高空作业一定要戴安全带，否则不准作业，安全带使用前要检查好再用。

（11）电气设备外壳应有接地线，绝缘电阻要符合标准，电阻值大要进行处理。

（12）牌号不清的电气设备不准投入使用，要进行技术鉴定，不能任意加电压试验，以免造成烧毁。

（13）在进行变压器的工作时，应拉开次级、初级开关，并加锁防止意外事故发生，如变压器不能停电要有措施，有负责人监护。

（14）300A 以上的电流互感器，次级线路禁止带电工作。

（15）禁止使用电源短路的方法取火（电焊机打火除外）。

（16）在检修天车时，禁止在天车轨道上行走，应在指定地点上、下车。

（17）电气检修人员应经常监督检查电气设备，有权制止他人从事电气作业。

（18）变、配电室要有灭火设备、绝缘工具，并摆放整齐定期检查。

（19）另 3 条岗位安全规程见 2.9.1.1 节中（1）项和 7.4.1.1 节中（3）、（4）项。

7.4.1.5　仪表检修岗位安全规程

仪表检修岗位安全规程的内容有：

（1）进入双层作业区时，必须戴好安全帽。在两米以上高空作业时，要佩戴好安全带，并设专人监护。

（2）一般不允许带电作业，必须带电作业时，要有防护设备安全措施，并有人监护，经有关部门批准后方可作业。

（3）检修人员进入有害气体、高压危险场所作业区时，必须两人以上进行，并要有防护措施。

（4）检修人员在拆装带有弹簧或有压力的设备时，要做好防护措施。

（5）检修人员在液空、液氧等低温条件下作业时，要有相应的防冻措施。

（6）在需要拉闸停电作业时，必须挂上"严禁合闸"标志牌。工作结束后由作业人收回标志牌。

（7）检修结束设备送电前，必须确认仪器内、外部接线正确，无人接触仪器设备，方可送电。

（8）检修人员进入空分冷箱作业时，必须确认氧含量符合要求后方可进入冷箱，并设监护人。

（9）在检修运转设备时，要与各职能部门及操作人员做好协调工作，确保设备正常运转。

（10）检修时凡与氧气接触的仪表及零部件，严禁沾染油脂。

7.4.1.6 供气车间岗位安全规程

A 煤气柜岗位安全规程

主要内容有：

（1）气柜区动火，必须事先办理动火证，经有关部门批准，并采取可靠措施后，方能动火。

（2）当进入气柜内部检查时，必须携带氧气呼吸器，操作室内必须有人值班，气柜柜顶平台有人监护，并有防护人员监护，才允许到活塞平台。

（3）气柜工作人员必须学会熟练使用包括氧气呼吸器及 CO 测试仪在内的各种防护用具。

（4）操作者不得擅自脱岗，每小时对设备、仪表进行一次巡检，并做好值班记录，发现问题及时处理。

（5）电梯、吊笼由专人操作，作业前必须进行各种限位限速检查，吊笼载人必须空载一次，电梯、吊笼运行时严禁超载。

（6）操作电梯、吊笼及检修设备，实现工作票，挂牌制。

（7）非工作人员禁止乱动气柜区域内的开关及阀门。

（8）作业时必须首先进行 CO 浓度测定，并辨明风向，当柜顶上有人作业时，严禁放散煤气。

（9）进行柜底煤气放散时，柜上不许站人，并放好警戒线，40m 区域内严禁火源。

（10）进入煤气设备内部工作时，所用照明电压不得超过 12V。

（11）严禁在煤气设施上拴拉临时线。

（12）还有两条岗位安全规程见 2.9.1.1 节中（1）、（7）项。

B TRT 岗位安全规程

主要内容有：

（1）启动设备前，要先检查该设备是否有人工作，确认无误后方可启动，以免发生人身设备事故。

（2）设备运转时，禁止接触转动部分，听机器声音时要扶好听针，并躲开转动部分。

（3）设备附近不得存放易燃易爆物品，消防器材齐全，并放在规定地点，每班检查一次。

（4）发生人身设备事故时应立即汇报，积极进行处理和抢救，并做好记录和保护现场工作。

（5）进入检修现场时必须戴好安全帽。

（6）CO 浓度大于 5×10^{-5} 时，向煤防站汇报进行处理。发现煤气泄漏量较大时，立即紧急停机，值班人员应迅速离开煤气危险区。

（7）防护仪器、设备要有专人负责检查、保管，保持良好状态。

（8）发生煤气中毒或氮气窒息时，抢救人员首先佩戴好氧气呼吸器，迅速将中毒者抬到上风侧空气新鲜处，注意保暖，立即通知防护站和医院进行抢救。

C 煤气防护员岗位安全规程

主要内容有：

（1）接班前检查所用防护救护器具是否灵活有效。

（2）严格遵守抢救纪律和各项操作制度，正确使用防护用具。

（3）还有 8 条岗位安全规程见 2.9.1.1 节中（1）项和 2.9.1.28 节中（1）~（7）项。

D 鼓风机岗位安全规程

主要内容有：

（1）禁止在栏杆靠背轮安全罩上及运转设备的轴承上站立行走。

（2）电器开关如有破损，必须找电气值班人员处理后方可使用。

（3）风、电等系统操作时，必须发放操作票，要按操作票的规定进行操作，发现操作票与实际操作有误，应立即纠正，予以汇报，并设有专人指挥、专人监护、专人操作。

（4）清扫油箱时，严禁用高标号汽油，进入油箱时必须有良好的通风，使用照明灯时一律用 12V 行灯。

（5）一切运行人员必须熟悉本规程的规定，并在工作中认真贯彻执行。

（6）还有两条岗位安全规程见 2.9.1.1 节中（1）、（8）项。

E　加压机岗位安全规程

主要内容有：

（1）巡视及操作设备，必须携带 CO 报警仪，行走时相距 3～5m。

（2）启动加压机前，检查电机接地线和安全防护装置，必须齐全牢固，机械传动灵活，确认无误后方可启动。

（3）报警设备灵活可靠，如有异常应立即通知检修人员修理，并通知防护员监护。

（4）每班都要检测煤气设施附近的排水沟、排水井、阀门井等不通风部位的煤气浓度，作业环境的浓度不得超过 $30mg/m^3$，如超过要及时上报或采取措施。

（5）如发生煤气事故，应迅速上报煤防站，同时应佩戴好呼吸器，及时抢救中毒人员。

（6）操作人员必须及时观察煤气系统压力变化情况，防止系统压力剧烈波动发生压窜事故。

（7）进煤气柜作业时必须有煤防员现场监护，应佩戴呼吸器作业。

（8）还有4条岗位安全规程见 2.9.1.1 节中（1）、（6）、（8）项和 2.9.1.28 节中（2）项。

F　空压机岗位安全规程

主要内容有：

（1）电气设备要保持干燥，操作设备时要穿戴好绝缘物品。

（2）电气或机械部分发生故障时，要找维修人员，不得私自处理。

（3）运行中禁止清扫旋转部位，人员不得从电气设备上越过。

（4）电气设备暴露的附近不得进行清扫。

（5）还有两条岗位安全规程见 2.9.1.1 节中（1）～（2）项。

G　盲板工岗位安全规程

主要内容有：

（1）上岗前班长必须检查上岗人员的精神状态和劳保用品穿戴情况及布置安全工作。

（2）坚持工作票制度，操作人员接调度指令后，开工作票，经确认无误后方可操作，工作完毕交回工作票。

（3）必须对抽堵盲板的操作人员进行安全技术交底，交底的内容包括：作业的现场环境、煤气的压力、梯子平台的强度，盲板、垫圈的质量等是否符合标准。

（4）盲板作业人员操作过程中严禁携带手机、呼机、打火机等物品，严禁穿戴钉的工作鞋，要穿防静电工作服，作业过程要戴好呼吸器面具进行操作。抽堵盲板必须使用防爆工具，钢质的工、器具应涂抹黄油。

（5）千斤顶固定好、捆牢，操作人员应站到两侧。带压抽堵盲板时，40m范围内应无火源及高温物体，如高温物体及火源不能拆除，则应采取其他行之有效的安全措施。

（6）根据抽堵盲板的大小、作业时间的长短、煤气泄漏量及现场环境的复杂程度等因素，作业现场应配置消防车和救护车。

（7）作业现场为直立爬梯且带煤气作业时，须有斜跑道或升降车等措施。

（8）雷电及暴雨天气不应进行盲板作业。带煤气作业时，防护人员须到现场监护。

H　呼吸器充填安全操作规程

主要内容有：

（1）严禁任何油脂或浸油物与充填泵接触，充填前应洗手，工作服不应有油污。

（2）充填室内严禁烟火，不准存放油类物品。

（3）经常检查充填泵接地线是否良好。

（4）充填时如发现漏气、漏油须立即停泵，检修时须放空泵内气体。

（5）注油后将机体外部擦拭干净。

（6）充填氧气时大瓶压力不低于 $50kg/cm^2$，小瓶压力不高于 $180kg/cm^2$；充填空气时气瓶内的压力不得高于 300Pa。

（7）所有氧气开关必须缓慢操作，室内氧气瓶应竖直放置于固定的位置。要穿戴好劳保用品，确认所有防护救护器具安全有效。

I　煤气防护安全规程

主要内容有：

（1）严格左手抢救纪律和各项操作制度。

（2）还有 8 条岗位安全规程见 2.9.1.1 节中（1）项和 2.9.1.28 节中（1）~（7）项。

J　35t 锅炉岗位安全规程

主要内容有：

（1）检查煤气水封排水器是否完好，阀门开关位置是否正确，仪表指示是否准确，安全设施是否有效。

（2）煤气在投入运行前，需进行 15min 放散，如果是引气操作，必须由厂调度通知燃气人员取样化验，合格后方可进行操作。

（3）每次引煤气点火前，必须接到厂调度命令后方可进行操作。

(4) 点火操作时应缓慢开启煤气燃嘴，待煤气着火后即可逐渐打开垫风阀门进行燃烧火焰调节。如果煤气烧嘴在开启过程中，未能点燃，应立即关闭阀门，待查清原因后再按运行规程重新点火。

(5) 在运行中要随时观察锅炉燃烧状况，如发现烧嘴灭火，应立即关闭进口阀门。查清原因后，再按运行规程重新点火。

(6) 点火操作时严禁在炉门，防爆门及其他孔洞处站立，以免发生人为事故。

(7) 锅炉在运行中停烧煤气时，应先关闭煤气烧嘴控制阀，然后关闭垫风阀门，停切时应先停煤气系统，再按锅炉操作规程作业。

(8) 煤气设施停气检修或锅炉停炉时，应做到可靠切断煤气来源。煤气系统吹扫完毕后，应将氮气或蒸汽软管与煤气系统断开，严禁煤气串入氮气或蒸汽系统。

(9) 经常检查煤气系统，特别是室内密封连接部位是否有煤气泄漏，作业环境 CO 浓度为 $30mg/m^3$ 以下，发现有机物泄漏时，应立即按煤气事故处理规定处理，并报告值班长。

(10) 煤气压力剧烈波动或煤气压力低于 1500Pa 时不得使用煤气。

(11) 投入煤气燃烧前，应检查锅炉燃烧状况。若锅炉燃烧正常，炉膛温度在 800℃ 以上，保持炉膛内负压在 30～40Pa，即可准备点火，烧嘴点火应从管道末端开始，逐个操作，严禁同时点火。

(12) 还有 3 条岗位安全规程见 2.9.1.1 节中(1)、(7)项和 2.9.1.28 节中(2)项。

7.4.2 动能部交接班制度

(1) 供电车间变电站交接班工作内容：

1) 主系统（发电机、变压器）运行方式、负荷、设备变化情况。

2) 直流系统、继电保护、自动装置、远动装置，通信设备的运行、动作情况。

3) 设备缺陷、异常、事故处理过程及注意事项。

4) 设备检修、工作票、操作票、口头命令。

5) 站内地线组数、装设地点和安全措施布置情况。

6) 上级通知、指示、命令执行情况及本班维护完成情况。

(2) 供电车间交接时间、地点、交接双方守则、班前班后制度等内容见 2.9.2.1～2.9.2.7 节。

除供电车间外的动能部交接班制度见 2.9.2.1～2.9.2.7 节。

8 质检工作安全防护与规程

8.1 化学实验室的安全防护

每一个化学实验室工作人员，都应熟悉所有的安全防护规则，并严格遵守，这样才能保护工作人员在完成各项任务时不会受到意外的损伤。

8.1.1 化学药品的使用

化学药品的使用应注意以下几点：

（1）化验室内不得存放大量易燃药品，如苯、汽油、乙醚、酚、醇类、过氧化钠、丙酮、二硫化碳等易燃试剂，须密闭瓶塞，放置冷暗处。少量保存要远离热源。使用易燃药品时附近不得有明火、电炉和电源开关，更不可用明火或电炉直接加热。

（2）爆炸性药品，如苦味酸、氯酸盐、硝酸盐或高氯酸盐，应当包装严密，用后封闭严密，并与其他药品隔离，放置暗处。为了引起注意避免意外，须将常见危险性混合物列于下：

过氯酸与乙醇；钠、钾与水；铝粉、过硫酸铵与水；氯酸盐与硫化锑；氯酸盐与磷或氰化物；在高温时高氯酸与有机物或滤纸；三氧化铬或高锰酸钾与硫酸、硫磺、甘油或有机物；有机物及铝（合金）在硝酸－亚硝酸盐中加热处理；硝酸铵与锌粉加上一滴水；硫氰化钡与硝酸钠；硝酸钾与醋酸钠；硝酸盐与酯类；亚硝酸盐与氰化钾；过氧化物与镁、锌或铝；氯酸盐及过氯酸盐与硫酸；硝酸与锌、镁或其他金属；高铁氰化钾、高汞氰化钾、卤素与氨；磷与硝酸、硝酸盐、氯酸盐；氧化汞与硫磺；镁及铝与氯酸盐或硝酸盐；硝酸盐与氯化亚锡；镁与磷酸盐、硫酸盐、碳酸盐及许多氧化物；重金属的草酸盐；液态空气或氧气与有机物；浓蚁酸极不稳定；碳化物特别是铜及银的碳化物非常容易爆炸；液体氨与汞可能构成爆炸性化合物。

（3）剧毒性药品如氰化钾、三氧化砷、二氯化汞、汞、白磷、氟化钠等。

剧毒性药品安全规范：剧毒药品要建立台账，领用要由科长签字；剧毒药品要放入保险柜存放，要由专人管理，或指定专人管理；使用剧毒药品要由两人以上同时监督称重，切勿洒在天平台上，用时不可沾在手上，撒在桌上或其他器皿中，应及时洗掉；使用完的牛角勺等工具立即用流水冲洗，操作人员要洗手，药品稀释后使用；剧毒药品每季度检查一次，由两人以上称重（毛重）与登记本核实；有毒性的药品绝对要利用虹吸管或滴定管，没有消过毒的，不准倒在池水盆里，如氰化物溶液用过后，则应先用硫酸铁溶液中和后再冲洗。

开启能产生毒气的药品如溴、发烟硫酸、发烟硝酸和氨气等器皿时，应当戴橡皮手套，风镜和口罩，开启时使瓶口向外；一切有毒物质在使用时能放出毒性气体或其他腐蚀性气体的物质如（氯、溴及氮的氧化物等）应在通风橱内进行操作；对有毒性气态物质，应特别注意是否存在于空气中，以免中毒。例如一氧化碳和硫化氢，一氧化碳没有气味很难感觉。金属汞的蒸汽特别危险，因此使用这些有挥发性毒气的药品，应当随时注意戴防毒面具，以防中毒。用汞进行大量工作的房屋或储存地，应当通风良好，保持低的温度。

（4）两种强氧化剂，不可混合在瓷钵中研磨，或在钢钵中捣碎。

（5）易燃烧、易爆炸和有剧毒的药品只准少量的存放在化验室内，并应与一般药品分别存放，尤其是易燃易爆炸的药品，应当贮存在离建筑较远的地方。使用易燃药品一定要远离火源，绝对禁止使用喷灯时在有火焰的情况下添加酒精。

（6）储存药品的实验室内温度应保持适宜，夏季应备有排风设备或放置冰块，以免室温过高，使易挥发、易燃烧的药品发生危险。冬季室内应有暖气或火炉，以免室温过低使液体药品或溶液产生冻裂现象。

（7）一切药品和溶液都不应当受到污染。不准将试剂装在没有塞子的容器内。不准弄错盛各种试剂的塞子。不准将洒出的试剂收回到原瓶中，使用后马上盖好，以防杂质落到里面，影响药品纯度。易感光的溶液，如高锰酸钾、硝酸银、碘液等必须装在棕色瓶中，并避免在阳光下照晒。碱液应当用橡皮塞塞好。

（8）一切盛试剂的瓶子都必须贴上标签，标签上必须标明品名、浓度、配制日期。药品和溶液如果没有标签或标签模糊，在没有鉴定前不准使用这种成分不明或可疑的药品和溶液。

（9）取药品应当用纯净的塑料勺、不锈钢勺、牛角勺去取，决不允许用手去取。不准用鼻子直接在试剂瓶口上嗅其气味，以防中毒或刺激。如欲测知试剂的气味，必须打开塞子，用手在瓶口扇动，使空气吹向自己面前。一切药品绝对不准用舌头尝试药品的滋味。

（10）浓硫酸与水混合时，必须边搅拌边将浓硫酸徐徐注入有冷水的耐热玻璃器皿中，不得将水倒入浓硫酸中，否则引起爆炸烧伤事故，凡在稀释时能放出大量热能，酸、碱稀释时都应按此规定操作，绝对不允许在试剂瓶内配制。

（11）在实验室内禁止用化验器皿作茶杯或餐具，不准用嘴尝味道的方法鉴别未知物。食物和餐具要放在规定地点，不准乱放，吃饭前要洗手。

（12）开启易挥发的试剂瓶（乙醚、丙酮、浓盐酸、浓氢氧化铵）时，尤其在夏季或室温较高的情况下，应先经流水冷却后盖上温布再打开，瓶口不准对着自己或他人，以防气液冲出伤人。

（13）取下正在加热至近沸的水或溶液时，应先用烧杯夹将其轻轻摇动后才能取下，防止其爆沸，飞溅伤人。

（14）从橡皮塞上装拆玻璃管和折断玻璃管时，必须包以毛巾，并着力于靠近橡皮塞或需折断处。

（15）搬运大瓶酸碱或腐蚀性液体时应特别小心，注意容器有无裂纹，从大容器中分装时应用虹吸管移取，不要将 10kg 以上的玻璃容器用手来倾倒。

8.1.2 电力加热及其他形式加热设备的安全使用

（1）电力线路发生故障或着火应当立即把总电闸拉下，然后用灭火器喷射，不可用水浇。遇有人发生触电现象，须先拉电闸，然后用木棍将电路挑开，不可用手去拉触电人。

（2）一切电气加热设备只可以连接在仪器上所规定的电压（以伏特计）的电源上。使用电热仪器时，必须注意导线的绝缘是否良好，一切电热器的外壳必须接有地线。对仪器、设备不能掌握性能和使用方法的，一律不准使用。

（3）每一个加热仪器上的软线应当有插销，绝缘禁止使用已坏了的插销。软线和接头上的绝缘应当完整无缺。

（4）不得用湿手开关电闸，不得用湿布擦刀形开关。接线、换插销、安保险丝等工作，不懂不得擅自修理，应当由电工进行修理。

（5）不得使用煤油或汽油燃烧加热仪器（煤油灯、喷灯等），这是由于过分灼热，含有爆炸危险。在一切加热仪器的下面都应当垫石棉板作为热绝缘用。

（6）使用喷灯或酒精时，其附近不能有易燃和易爆炸药品，添加酒精时一定要将火熄灭后再添加。酒精灯加热不可火力太强。绝对禁止用带有过氯酸的酒精混合物燃烧喷灯，以防爆炸。

（7）应当节约用电，无用的电热仪器不要接通电流，在工作完毕后，应把一切加热仪器关闭。绝对禁止开着电热仪器无人管理。电源电热仪器应经常进行检查和检修，即使有微小毛病，也应修理后再使用。

（8）在加热或煅烧能够飞溅的物质时，一定要戴防护眼镜来保护眼睛。在用玻璃器皿进行某些可能发生爆炸的工作时，为了防止被炸碎的玻璃击伤，应当用网子把安装好的仪器或机械围上或挡上，有时甚至戴金属网做的防护面具，应当戴不碎玻璃或透明塑料等防护眼镜，来保护眼睛。

（9）化验室停电时，应立即将电源开关拉下，以防恢复供电时由于开关未拉下而发生事故。

8.1.3 高压气瓶的安全使用

A 高压气瓶

高压气瓶俗称钢瓶，由锰钢无缝钢管制成。钢瓶的壁厚 5~8mm、容积 12~55m³。瓶的顶部有开关阀门，侧面接头是出气口。可燃气钢瓶的出气口螺纹为左旋螺纹，非可燃气的螺纹为右旋螺纹。每个钢瓶上有两个钢印标记，制造钢印标有制造单位（代号）、编号、工作压力、质量、容积、壁厚、制造年月、监督标记、寒冷地区使用标记等；检验钢印标有检验单位（代号）、检测日期、有效期等。

使用时，在出气口接减压阀，用来调节稳定的工作压力和流量。实验完毕时，先关闭总阀门，然后使管道内的气体用完，再放松减压阀。

钢瓶中的气体有三种状态：（1）压缩气体，常用的有空气、氧气、氮气、氩气等；（2）液化气体，如二氧化碳、原子吸收光谱分析使用的笑气（氧化亚氮）等；（3）溶解气体，将工作气体溶解于钢瓶内多孔性填充料中的溶剂中，如火焰原子吸收光谱分析常用的乙炔。这类钢瓶禁止横放，使用至 0.3MPa 就不再使用，重新充气。

B 钢瓶的颜色和标志（表 8-1）

表 8-1 钢瓶的颜色和标志

气 瓶	瓶面涂色	字 样	字样颜色	横条颜色
空气	黑	压缩空气	白	—
氧气	天蓝	氧	黑	—
氮气	黑	氮	黄	棕
氢气	深绿	氢	红	红
氩气	灰	氩	绿	
二氧化碳	黑	二氧化碳	黄	
氨	黄	氨	黑	
石油气体	灰	石油气体	红	
氯气	草绿，保护色	氯	白	白
氦气	棕	氦	白	
氖气	褐红	氖	白	
氧化亚氮	灰	氧化亚氮	黑	

气 瓶	瓶面涂色	字 样	字样颜色	横条颜色
乙炔	白	乙炔	红	一
乙烯	紫	乙烯	红	一
丁烯	红	丁烯	黄	黑
环丙烷	橙黄	环丙烷	黑	一
硫化氢	白	硫化氢	红	红
二氧化硫	黑	二氧化硫	白	黄
光气	草绿，保护色	光气	红	红
氟氯烷	铝白	氟氯烷	黑	一
其他可燃性气体	红	气体名称	白	一
其他非可燃性气体	黑	气体名称	黄	一

C   安全使用

钢瓶存放在通风、阴凉、干燥的小室内，隔绝火种，防曝晒雨淋，避免受腐蚀性气体侵袭；可燃性气体（如乙炔、氢气）钢瓶不可与助燃性气体（如空气、氧气、氯气）钢瓶同车运送或存放一处；钢瓶直立放置，加扣环形链或其他固定圈并张贴醒目标示牌；搬运时，钢瓶要戴好保护帽盖，不在阀门上用力；氧气钢瓶及其减压阀严禁接触油类物质；存放氢气钢瓶室内严禁一切可能产生的明火，包括电源开关产生的火花；乙炔钢瓶不放在橡皮绝缘垫板上，以利释放静电。

8.1.4   防火规定与急救措施

（1）每个实验室人员都应当具备防火知识及熟悉防火用具的使用，一旦发生事故即能采取施救。

（2）每个实验室都应备有灭火器，安放在易取下来的地方，通行灭火器的道路不可堵塞，并应经常检查是否失效。

（3）不溶于水的物质着火时应当用砂子扑灭。如果燃烧性物质能溶解于水可用水扑灭。

（4）实验室内或储存仪器药品的仓库内，绝对禁止吸烟，并禁止将未熄灭的烟头丢在废物桶内或实验室附近。

（5）所有沸点低于100℃的有机溶剂或易燃物，要在砂浴或在水浴上进行加热或蒸馏。

（6）如果人身上的衣服着火，应让受害者倒在地板上，不使火焰延及头部，设法用湿棉东西将火扑灭，或以水浇灭。

（7）实验室中应经常备有常用的救护药箱，里面应备有绷带、脱脂棉、30%碘溶液、2%硼酸溶液、2%醋酸溶液、3%～5%碳酸氢钠溶液、灼烧药膏等。

（8）强酸烧伤应先用水冲洗，然后再用3%～5%碳酸氢钠溶液冲洗。强碱灼烧后应先用水冲洗，然后再用2%醋酸冲洗。

（9）当被炽热物体或蒸汽烧伤时，在烧伤的地方要涂抹医用烧伤药膏，涂擦肥皂或浇以高锰酸钾溶液。当被热的液体烧伤时应先用棉花擦去或用水洗去，然后用棉花将烧伤处擦干，再涂上药膏。

（10）当眼睛受到烧伤，应当立即用水冲洗，如受到酸类烧伤应当用3%碳酸氢钠立即冲洗，如受碱类烧伤则应用2%醋酸溶液冲洗，再将受伤者送往医院诊治。

8.1.5 质检事故案例分析

8.1.5.1 浓硝酸燃烧事故

事故经过：某新建厂化验室刚竣工，由于室内地砖上存在建筑污垢，用普通方法难以清除干净，于是有人提议用浓硝酸，有些同志就用拖布蘸浓硝酸擦污垢，很快将污垢处理干净，但是室内弥漫大量刺激性气味使在场的人马上离开。大约1h后，有人发现室内冒出浓烟，蘸有浓硝酸的拖布化为灰烬。幸亏室内没有家具和其他可燃物，否则将出现一次重大的火灾事故。

事故原因：因为浓硝酸具有强氧化性，与易燃物和有机物（如糖、纤维素、木屑、棉花、稻草或废纱头等）接触会发生剧烈反应，甚至会引起燃烧。

8.1.5.2 原子吸收分光光度计爆炸事故

事故经过：某化验室新进一台3200型原子吸收分光光度计。在分析人员调试过程中发生爆炸，爆炸产生的冲击波将窗户内层玻璃全部震碎，仪器上的盖崩起两米多高后崩离3米多远。当场炸到3人，造成2人轻伤，1人由于一块长约0.5cm的玻璃射入眼内，而住进医院治疗。

事故原因：分析认为仪器内部用聚乙烯管连接燃气乙炔，可接头处漏气，分析人员在使用过程中安全检查不到位。查明原因后，厂家更换一台新的原子吸收分光光度计，并把仪器内部的连接管全部换成不锈钢管。

8.1.5.3 色谱仪柱箱爆炸事故

事故经过：2002年7月，某化验室正准备开启的一台102G型气相色谱仪柱箱忽然爆炸。柱箱的前门被炸出两米多远，柱箱内的加热丝、热电偶、风机等都损坏。两个月前维修人员把色谱柱自行卸下，而另一名化验员在不知情的情况下，开启氢气,通电后发生了这起事故。幸亏当时化验员站在仪器旁边而未被炸到。

事故原因：化验员在每次开机前都应检查一下气路,仪器维修人员对仪器进行改动后,应通知相关的使用人员并挂牌,而两人都没有按规定操作。同时单位管理也不到位。

8.1.5.4　硫酸灼伤事故

事故经过：2008 年 3 月 19 日上午 8 点 55 分左右,中心化验室副组长朱某在溶液室配制氨性氯化亚铜溶液（1 体积氯化亚铜,加入 2 体积 25% 的浓氨水）时,量取 200mL 氯化亚铜溶液于 500mL 烧杯,加入 400ml 的氨水。她从溶液室临时摆放柜里拿了自认为是两个 500mL 的瓶装氨水试剂（每瓶约 200mL,其中一瓶实际为 98% 的浓硫酸）,将第一瓶氨水倒入烧杯后又拿起第二瓶,在没有仔细查看瓶子标签时就顺势倒入,此时立即发生剧烈反应,烧杯被炸裂,溶液溅到她脸上和手上,当时恰好某化验员去溶液室拿水瓶经过,脸上也被溶液喷溅,造成化学灼烧。

事故原因：朱某在配制时没有仔细查看试剂瓶标签,错把浓硫酸当作是氨水,注意力不集中、操作责任心不强。中心化验室的零散试剂管理不到位,酸、碱试剂长期混放,存在习惯性违章现象。在配制有刺激性试剂时,没有按照规定在通风橱中操作,执行规范标准不到位。自我防范意识差,未按规定佩戴防护用品。

8.1.5.5　误服甲醇事故

事故经过：某化验室在 2005 年 5 月收到一用矿泉水瓶装的甲醇样品,并且没有做任何标记,只是口头传达,也没有立即送到分析室,而是放在办公室的窗台上。一会儿,另一名化验员进入办公室,误将样品当作水喝了一口并咽下,发现不对劲,紧急送医院进行洗胃处理。

事故原因：样品瓶不贴标签,实验室管理不到位。食物和餐具要放在规定地点,而两名化验员却都违背了这一操作原则。

8.2　质检工作岗位安全规程和交接班制度

8.2.1　质检岗位安全规程

质检岗位安全规程主要包括科技科、理化科、质检科、计量科等岗位安全规程。以下仅对主要岗位进行讲述。

8.2.1.1　物理化学检验工岗位安全规程

A　物理检验工岗位安全规程

（1）检验人员必须经过本岗位相应级别的应知应会考试,合格方可允许工作。

（2）检验人员在使用试验设备时须严格按照"试验规程"进行，不任意拆卸设备。

（3）非试验人员不得开动设备仪器，试验时人员要紧密配合，以防意外事故发生。

（4）试验设备仪器开动前，必须详细检查电器、机械等各安全情况，一切正常后方可使用，运转中发现有不正常现象时要停车检查，如有故障，须修好后再使用。

（5）检修后须经试车验收方可使用。送电时参加人员要相互联系避免发生意外。

（6）开始或停止工作时，必须将电器开关彻底扣严或拉下，水、气等开关用后必须关闭。

（7）发现不安全因素及时上报。发生安全事故后，要马上上报查明原因，采取措施、防止事故再度发生。

（8）对外单位学习或新进人员要进行安全教育。在学习期间必须在本班人员协助下进行工作。

（9）确保人身安全和设备正常运行，对安全规程在实践中不断地完善和补充。

（10）另两条岗位安全规程见 2.9.1.1 节中（1）项和 6.5.1.1 节中（1）项。

B　大型仪器化验工岗位安全规程

a　红外碳硫仪安全规程

（1）仪器在投入使用前必须按仪器安装说明书的要求配备单独地线，开机前应检查外接电路和地线是否连接正确。

（2）开机顺序：打开外部电源开关—打开稳压器开关—打开主机开关—打开计算机开关。仪器通电后严禁打开外壳，避免触电和烫伤。

（3）仪器内部动力气压力设定在 0.35MPa，氧气压力设定在 0.30 ~ 0.35MPa。

（4）当仪器电源完全处于切断状态时，从通电开始到仪器完全稳定为止需预热 2h 以上。分析前应通入载气 30min 以上。

（5）仪器进行正常维护时，必须先断开主机电源，维护后的仪器重新开机前，应由两人检查确认方可。

（6）仪器在使用过程中如出现报警应告知维护人员及时进行检查排除，报警无法排除时应停止使用，通知维修部门和仪器厂家联系进行维修。如突然断电应立即关闭主机和计算机。

（7）仪器分析试样过程中，应避免用手接触坩埚和炉头部分，防止发生烫伤。

b　ICP 光谱仪安全规程

氩气压力设定在 0.80MPa，光谱室温度设定为 40℃。当仪器电源完全处于切断状态时，从通电开始到仪器完全稳定为止需预热 4h 以上。开机后应通入氩气。

仪器使用前、开机顺序、使用过程和正常维护同 8.2.1.1 节 B a 中的（1）、（2）、（5）、（6）项。

c　X–荧光光谱仪安全规程

当仪器电源完全处于切断状态超过 24h 时，开机后应对 X 光管进行老化，从通电开始到仪器完全稳定为止需预热 2h 以上。

仪器使用前、开机顺序、使用过程和正常维护同 8.2.1.1 节 B a 中的（1）、（2）、（5）、（6）项。

d　光电直读光谱仪安全规程

载气压力设定在 0.30~0.35MPa。当仪器电源完全处于切断状态时，从通电开始到仪器完全稳定为止需预热 2h 以上。分析前应通入载气 30min 以上。

仪器使用前、开机顺序、使用过程和正常维护同 8.2.1.1 节 B a 中的（1）、（2）、（5）、（6）项。

C　锅炉水质化验工岗位安全规程

（1）必须持有效证件上岗，掌握《低压锅炉水质标准》的规定。

（2）熟悉水处理设备及操作系统的工作原理、性能及操作程序。

（3）根据化验项目的具体要求，备齐化学药品和试剂，并认真检查其成分、浓度、有效期等。

（4）备齐化验所需的各种仪器、量具，应标定合格，保证其准确、可靠性。器具使用前应认真洗涤、保证清洁无污染。

（5）采集水样用的容器应是玻璃或陶瓷器皿。采水样时应先用水样冲洗三次后采集。采集水样的数量应能满足化验和复核的要求。

（6）采集原水样时，应先冲洗管道 5~10min 后再取样。每天化验一次硬度。采集锅炉给水水样，应在水泵的出口或水流动部位取样，每班化验一次硬度。

（7）采集炉水水样时，佩戴劳动保护用品，使用耐热器皿，缓慢开启阀门，人员避开水流方向。

（8）化验的水质应符合标准的规定，达不到要求应分析原因，采取措施，在使用具有腐蚀性药品时，严格按药品使用规定执行。

（9）离子交换器输出的软水每运行 2h 化验一次硬度、pH 值和碱度，炉水应每2h化验一次碱度、pH值和氯根。

（10）根据炉水化验结果由化验员监督锅炉排污或向团队提出采取相应措施建议。

（11）认真填写水质化验记录。清洗化验用具，整理并妥善保管化验药品及仪器，保持环境清洁卫生。要使锅炉给水达到或接近国家标准，使锅内不结垢或少结垢，减缓内部腐蚀，笔者建议采取以下措施加以防范：锅炉房应因炉、因水制宜选用水处理方法，小于2t/h、1MPa的锅炉、水管式锅炉，应尽量采用锅外化学处理；大于2t/h、1MPa的锅炉、水管与水火管组合式锅炉，必须采用锅外化学处理，且应积极除氧；大于或等于10t/h、1.6MPa锅炉，除锅外化学处理外，锅炉应加磷酸盐补充处理，且必须除氧。

（12）加强水质化验人员培训，完善管理体制。对于水处理化验人员和锅炉房有关人员，必须严格要求，要进行水处理知识的普及教育，特别对水处理化验操作人员要实行持证上岗。领导要尽量少调度他们的工作，便于他们学习技术积累经验。

（13）未经试验鉴定的各类药剂不要使用。因为各单位水源水质不同，有些药剂在甲地可用，在乙地则不一定可用；因为压力不同，传热面结构和热负荷不同，在火管锅炉上能用，在水管锅炉上可能会发生事故，故在选择药剂方面要先做试验，经当地锅炉检验部门鉴定同意后再使用，这样才能做到安全可靠。

（14）加强铁制罐体检查，保证软水质量。采用锅外化学水处理铁制罐体，特别是使用树脂交换剂时必须作好防腐工作，定期检查设备，才能保证软水设备的正常运行。发现树脂"铁中毒"及时找出原因，同时用10%的盐酸和树脂进行复苏处理。

（15）严格水质标准，化验项目齐全，数据准确。结合自己的炉型，严格水质标准，对锅炉水处理不仅要控制给水硬度和锅水酸碱度，同时还要控制锅水含盐量。凡利用锅内加药水处理方法的，必须坚持对锅水的日常化验分析。

（16）制定正确的排污处理制度和排污方法：1）对于具有底部定期排污和表面连续排污两种装置的锅炉，底排每班至少一次，表排阀门保持一定开度。每隔1~2h取锅水样一次，分析总碱度、pH值、溶固物，与标准对照，如某项超标则适当调整阀门开度，直至各项合格。2）对于具有底部排污耐表面排污装置的锅炉，底排每班至少一次，分析总碱度、pH值、溶固物（或氯离子），与标准对照比较。

D 给水化验工岗位安全规程

禁止使用有缺陷的化验器具，折断和插入玻璃棒时，要用布包住。需用烧杯、锥形瓶将溶液煮沸时，容器内液体不得超过实际容积的3/4。每个装有药品的瓶子上均应贴上明显的标志，氧化剂、还原剂要分类存放，禁止使用无标签的药品。加热溶液时，容器口不得对准工作人员，易挥发物品蒸馏时，禁止用电炉子直接加热，应采用热水浴法。不准在量筒或普通玻璃瓶中进行热溶液配制或处理。

E　供氧化验工岗位安全规程

（1）操作室内严禁吸烟，如需动火时，应按动火制度执行。

（2）新进入岗位的化验员，必须进行安全教育，安全考试合格后方准上岗操作。

（3）涉及有毒易燃及惰性气体分析，室内须通风良好，防止毒害或窒息。

（4）排取低温液体时，应站在阀门侧面，排放要缓慢，不要过猛，穿好防护用品，防止冻伤。

（5）不要将盛热溶液的容器塞紧，以免冷却后产生真空造成瓶壁破裂。

（6）用强酸强碱时，必须戴胶皮手套，并用玻璃瓶密封，置于安全处所。

（7）化验室使用放射性物质应妥善保管和使用，防止人身伤害。

（8）严格执行液氧中乙炔及总碳氢化合物的控制指标。

（9）气瓶使用前要进行安全检查，防止高压气体泄出伤人。

F　煤气化验工岗位安全规程

上岗前进站不得携带火种、易燃品；如发现有人中毒，应通知调度和煤防站及时抢救；经常检查仪器连接部位胶管和球胆是否变质脱落，以免跑气中毒；取样时，要站在上风侧，并携带 CO 报警器，一人操作一人监护；更换试剂时，注意强酸、强碱溅烫伤害。

8.2.1.2　炼钢炉前检验工岗位安全规程

A　砂轮机岗位安全规程

见 6.5.1.8 节中砂轮机岗位安全规程。

B　钻床安全操作规程

使用钻床取样，样块要放稳，不能用手或脚稳样块，样块的平面要与钻头保持垂直方向，精神集中，用力均匀。取样屑时，必须待钻床停稳后进行。

C　切样机、磨样机岗位安全规程

（1）切样机安全操作规程：切样机使用前要进行全面检查，电机外壳要接地。切割片安装要牢固，有裂纹的不能使用，切割片上方设防护罩。切割样子前先启动切样机，检查电机运转是否正常，不要带病作业。切割样子时用力不要过猛。取样时，待切样机停止运转后取样。

（2）磨样机安全操作规程：磨样机使用前要进行全面检查，电机外壳要接地。磨样前先启动磨样机，检查电机运转是否正常，磨盘转动是否平稳。磨样时，要拿稳样品，用力均匀，不要戴手套。磨样完毕后，关闭磨样机。

8.2.1.3 原料质量检验工岗位安全规程

（1）在平台取样时要等汽车停稳，熄火后方能上车取样，防止滑倒和摔伤。

（2）用手锤砸样时首先要检查工具，保证工具牢靠，多人操作时要注意相互位置，防止被飞溅的样块崩伤。

（3）取白灰试样时，严禁用手直接接触白灰。皮带上取样时要和皮带保持一定距离，谨防绞伤；料仓取样时等打灰输送管减压安全后方可进行取样。

（4）上垛检查取样时，需做好防滑，防倒塌检查，以免砸伤和摔伤。

（5）焦炭现场取样时，注意检查铲车及其他车辆运行情况，避免意外伤害，送样时要遵守交通规则，防止发生交通事故。

（6）另一条岗位安全规程见2.9.1.1节中（1）项。

8.2.1.4 炼铁质量检验工岗位安全规程

（1）注意各种车辆及周围环境有无交叉作业。

（2）上下取样平台时要注意不被凝固后小渣粒滑倒；雨雪天气保持行走楼梯清洁防止滑倒。

（3）取样前必须检查样模、样勺，确保清洁干燥，并提前进行烘烤预热。

（4）取样时应先少量试取2~3次，确定样勺温度适宜后方可取样，取样要做到稳准无误，不准用手直接接触试样。

（5）不到与工作无关的地方去，谨防煤气中毒，避免烫伤和砸伤。

（6）另一条岗位安全规程见2.9.1.1节中（1）项。

8.2.1.5 炼钢质量检验工岗位安全规程

（1）在车间工作时须集中精神，注意天车行驶，天车正在吊物运行时必须躲开，防止砸伤和甩伤。通过电瓶车道时，严禁抢道。不准在两根铁轨中间停留或休息。

（2）在生产工人码摆连铸坯或天车吊钢时，注意防止连铸坯垛倒塌砸伤，发现连铸坯垛超高、不稳时，不准从中间穿过。

（3）浇注工取样时，送样人员需在安全地方等待，防止烫伤、碰伤。送样行走时注意来往道路，不准冒险行进。

（4）加工连铸坯时，禁止检验人员在砂轮机或割把火焰前方通过或停留，防止被火星烫伤或砂轮破碎击伤。

（5）用手锤检验连铸坯时，必须戴好防护眼镜，防止飞溅物击伤眼睛。

（6）翻检连铸坯时，要与生产人员对面站立，防止操作失误碰伤。

（7）另两条岗位安全规程见 2.9.1.1 节中（1）项和 8.2.1.2 节 C 中（5）项。

8.2.1.6 高线质量检验工岗位安全规程

（1）电气、机械设备一律不准乱动。

（2）天车吊钢时，不准站在坯料之间，不准在其下方停留、通过；上料台架放钢后，不准在台架上验钢，不准在剔坯处停留。天车运行时，检验人员应面向天车，不准进入料架。

（3）通过加热炉区域时注意煤气泄漏，严禁长时间逗留，防止煤气中毒。

（4）横向通过轧机时，须走安全桥，纵向离轧机 2m 处不准进入。

（5）从吐丝机通过时，须确认吐丝机未吐丝方可迅速通过。

（6）进入轧制区，注意轧线情况，只准在粗轧处停留，其他地方不准停留。

（7）车间行走时注意观察汽车、天车、C 形钩、地面杂物等，确认后方能通行。

（8）成品检验时，先检查 C 形钩是否牢固；注意不要被地面废钢等杂物伤害。

（9）另一条岗位安全规程见 2.9.1.1 节中（1）项。

8.2.1.7 棒材质量检验工岗位安全规程

（1）天车吊钢时，不准进入料架内，不准在重物下停留、通过。天车在吊钢运行中，检验人员应面向天车，站在料架外面。

（2）上料台架上放钢后，检验人员不准在台架上验钢。出钢机工作时，不准在附近停留。

（3）检验人员取样、量尺寸须戴好手套以防烫伤；定尺长度检验时，须事先联系停止剪切后方可测量。不准在天车重物下停留和通过，不准在吊钢过程中核实牌号，不准在货架中停留。随时注意成品发货汽车和火车运行，以免发生交通事故。

（4）另见 2.9.1.1 节中（1）项和 8.2.1.2 节 E 中（1）项。

8.2.1.8 带钢质量检验工岗位安全规程

（1）在传送链条上检验卡量钢带时要做到快准、无误，谨防烫伤，同时，要避开拨料臂的活动区域，防止被钢卷烫伤、砸伤。

（2）禁止在运动的链板上检验钢带，需要检验时，必须与精整操作台联系待链板机停稳后再检验，质检工离开链板后才能去开动链板机。

（3）取样时，质检工要通知精整工，按规定取样，不准随意动用精整设备和剪切设备。

（4）检验人员横过生产线时须从安全桥上通过，严禁跨越链条辊道，同时注意天车运行情况和脚下的油水，防止碰伤或滑倒。

（5）见2.9.1.1节中（1）项。

8.2.2　质检交接班制度

质检交接班内容：

（1）仪器设备：记录接班状况及本班的使用状况。

（2）试样和标样：交班人员必须将本班试样全部收好，并保存至规定日期，超过规定时间的要由两人以上统一销毁。标样应盖好瓶盖，用完后放入干燥器内。接班人员应进行检查，确认后方准接班。

（3）化学药品：接班人员接班后班长应检查化学药品情况，该支领的支领，该配制的配制，绝对不准发生班中因没有化学药品而导致不能化验试样的现象。

（4）临时指示：交班人员必须将本班接到的临时指示、指令登记在交接班记录本上，并提醒下班人员注意。

（5）交接班记录：交接班必须有详细记录，除交接班人员必须签字外，交接班内容必须全部登记在交接班记录本上。

交接班时间、地点、交接双方守则及班前班后制度等内容见2.9.2.1～2.9.2.7节。

参 考 文 献

[1] 谢振华，谢宏伟. 讲案例 学安全 [M]. 北京：中国劳动社会保障出版社，2010.

[2] 郝素菊，蒋武峰，方觉. 高炉炼铁设计原理 [M]. 北京：冶金工业出版社，2005.

[3] 张殿有. 高炉冶炼操作技术 [M]. 北京：冶金工业出版社，2007.

[4] 张东胜. 冶金企业新工人三级安全教育读本 [M]. 北京：中国劳动社会保障出版社，2009.

[5] 薛正良. 钢铁冶金概论 [M]. 北京：冶金工业出版社，2008.

[6] 任贵义. 炼铁学 [M]. 北京：冶金工业出版社，2008.

[7] 贾艳，李文兴. 铁矿粉烧结生产 [M]. 北京：冶金工业出版社，2006.

[8] 唐立新，杨自厚，王梦光，等. 钢铁企业生产管理与生产工艺特点分析 [J]. 冶金自动化，1996，(1)：25~29.

[9] 郦秀萍，张春霞，周继程，等. 钢铁行业发展面临的挑战及节能减排技术应用 [J]. 电力需求侧管理，2011，(3)：4~9.

[10] 李晓飞，岑元刚. 目前我国冶金企业安全生产管理存在的主要问题 [J]. 工业安全与环保，2009，35 (10)：60~62.

[11] 李静. 浅析钢铁冶金企业防火对策 [J]. 消防科学与技术，2006，25 (3)：403~404.

[12] 许树芳，许开立. 冶金企业重大危险源辨识 [J]. 安全，2008，(7)：45~47.

[13] 张继平. 八钢炼铁危险因素分析与技术对策 [J]. 新疆钢铁，2001，(2)：43~46.

[14] 张淑会，刘淑萍，吕朝霞，等. 炼铁系统安全生产存在的问题及预防 [J]. 河北冶金，2012，(1).

冶金工业出版社部分图书推荐

书　名	作　者	定价(元)
中国冶金百科全书·钢铁冶金	冶金信息研究院	187.00
现行钢坯　型钢　铁道用钢行业标准汇编	冶金信息研究院	180.00
现行炭素产品及理化方法行业标准汇编	冶金信息研究院	120.00
现行焦化产品及理化方法行业标准汇编	冶金信息研究院	110.00
粉末冶金工艺及材料	陈文革	33.00
冶金过程控制基础及应用	钟良才	33.00
冶金研究	朱鸿民	80.00
炼钢厂生产安全知识	邵明天	29.00
转炉钢水的炉外精炼技术	俞海明	59.00
现代冶金工艺学——钢铁冶金卷	朱苗勇	49.00
带钢连续热镀锌生产问答	李九岭	48.00
氧气转炉炼钢工艺与设备	张　岩	42.00
冶金工业节能与余热利用技术指南	王绍文	58.00
电渣冶金的理论与实践	李正邦	79.00
冶金设备	朱　云	49.80
湿法冶金——净化技术	黄　卉	15.00
湿法冶金——浸出技术	刘洪萍	18.00
火法冶金——粗金属精炼技术	刘自力	18.00
火法冶金——备料与焙烧技术	陈利生	18.00
湿法冶金——电解技术	陈利生	22.00
冶金设备及自动化	王立萍	29.00
锡冶金	宋兴诚	46.00
高炉喷煤技术（第2版）	金艳娟	25.00
结晶器冶金学	雷　洪	30.00
金银提取技术（第2版）	黄礼煌	34.50
金银冶金（第2版）	孙　戬	39.80